一部造物文化科技史

中国农业、工业、手工业生产技术的集大成之作

注释精当　图文并茂

图解
天工开物

〔明〕宋应星 / 著　　唐译 / 编

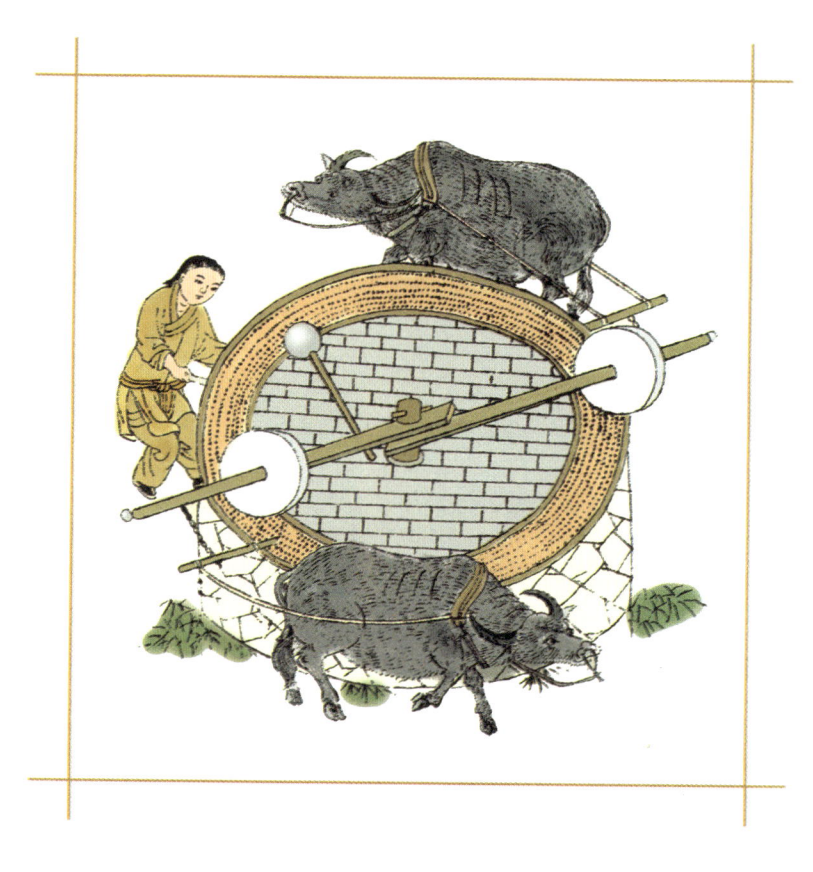

时代文艺出版社
SHIDAI WENYI CHUBANSHE

图书在版编目（CIP）数据

图解天工开物 /（明）宋应星著；唐译编. -- 长春：时代文艺出版社，2024.7
ISBN 978-7-5387-7312-5

Ⅰ.①图… Ⅱ.①宋… ②唐… Ⅲ.①《天工开物》—普及读物 Ⅳ.①N092-49

中国国家版本馆CIP数据核字(2023)第222676号

图解天工开物
TUJIE TIANGONG KAIWU
〔明〕宋应星 著 唐译 编

出品人：	吴 刚
责任编辑：	卢宏博
装帧设计：	宋双成
排版制作：	南岸书香

出版发行：	时代文艺出版社
地 址：	长春市福祉大路5788号 龙腾国际大厦A座15层（130118）
电 话：	0431-81629751（总编办） 0431-81629758（发行部）
官方微博：	weibo.com/tlapress
开 本：	787mm×1092mm 1/16
印 张：	17.5
字 数：	474千字
印 刷：	三河市同力彩印有限公司
版 次：	2024年7月第1版
印 次：	2024年7月第1次印刷
书 号：	ISBN 978-7-5387-7312-5
定 价：	128.00元

图书如有印装错误 请与印厂联系调换（电话：13601200746）

前言

作为世界上第一部记载农业、手工业生产的综合性著作，《天工开物》是由我国明末科技史家宋应星所著，囊括了明代中叶以前众多生产技术与科技成就的，中国古代百科全书式的传世佳作，并享有"17世纪工艺百科全书"的赞誉。

该书的命名取自《尚书·皋陶谟》"天工人其代之"、《周易·系辞上》"开物成务"。作者分别由这两句中各择一词，合而为一，即《天工开物》，意为自然界中借助人工技巧开发出的有用之物。

出于经世致用的目的，作者通过亲身考证和搜集，整理了大量农业、手工业生产的品类原料、产地、工艺流程、工具设备、技术经验等，涉及农业、纺织、陶瓷、冶炼、机械、兵器、酿造等30多个行业，130多项生产技术及相关资料，并附有图样。《天工开物》基本上涵盖了古代人衣食住行的方方面面，反映了我国明朝时期的生产力水平和生产状况，凝聚着中华儿女勤劳、智慧与创造力的结晶。

本着延续优秀科技古籍经典，传承工匠精神，讲好中国故事，传播中国创造、中国价值的原则，我们对古本《天工开物》进行了重新整理和编辑。为最大限度保留原貌，全书共计18卷。遵循作者"贵五谷而贱金玉"的初衷，有关五谷的内容被放置在开篇，具体顺序及简介如下：

《乃粒》，粮食作物的栽培技术；《乃服》，衣服原料的来源及加工方法；《彰施》，植物染料的染色方法；《粹精》，谷物的加工过程；《作咸》，食盐的生产方法；《甘嗜》种植甘蔗、制糖、养蜂的方法。

《陶埏》，砖、瓦、陶瓷的制作；《冶铸》，金属器物的铸造；《舟车》，船舶、车辆的结构、型式及制作；《锤煅》，用锤锻方法制作铁器和铜器；《燔石》，石灰、煤炭等的烧制技术；《膏液》，植物油脂的提取方法；《杀青》，造纸的程序。

《五金》，金属的开采和冶炼；《佳兵》，各种武器的制造方法；《丹青》，墨和颜料的制作；《曲糵》，做酒的方法；《珠玉》，珠宝玉石的来源。

在体例方面，我们选择了古文、译文加注释的经典格式。在将选定的善本严格校勘之后，一方面力图回归本真，另一方面也要保证通俗易懂。以现代白话文

1

对照原书古文辅助阅读，再对较为晦涩的词句加以注释，使之前后呼应。既能满足古籍爱好者对原汁原味的追求，也能让对文言文阅读感到吃力的读者怡然自得、开卷有益。

本书选用古籍《天工开物》原图进行手工上色，以符合现代阅读审美。有部分图片受限于古籍本身的印刷水平，有所缺失无法补全，但不影响读者根据图片理解图片所表现的内容。另外，我们也补充了大量精美的手绘插图和实物影像，与正文或一一对应，或互为补充。灵活多变的图文设计让阅读更直观，更细致，更易于理解，也减轻了纯文字带给人的枯燥感与视觉压力。

一部《天工开物》汇集了中国古人对力学、热学、土壤、气候、栽培技术等诸多学科的智慧与成就。由于本书涉及的内容宽泛浩渺，编者水平有限，在本书的编写过程中，疏漏之处实属难免，还请广大读者海涵、斧正。

我们满怀对历史与文化的敬畏之心，虽不敢妄称典藏，但也企望能凭蚍蜉之力为优秀古籍注入新的活力，赋予其更多、更广泛的价值。如能收获读者的认同，我们将倍感荣幸与欣慰。

卷序

【原文】

　　天覆地载，物数号万，而事亦因之，曲成而不遗，岂人力也哉？事物而既万矣，必待口授目成而后识之，其与几何？万事万物之中，其无益生人与有益者，各载其半。世有聪明博物者，稠人推焉。乃枣梨之花未赏，而臆度"楚萍"；釜鬵之范鲜经，而侈谈"莒鼎"；画工好图鬼魅而恶犬马，即郑侨、晋华，岂足为烈哉？

　　幸生圣明极盛之世，滇南车马纵贯辽阳，岭徼宦商，横游蓟北。为方万里中，何事何物不可见见闻闻。若为士而生东晋之初、南宋之季，其视燕、秦、晋、豫方物，已成夷产；从互市而得裘帽，何殊肃慎之矢也？且夫王孙帝子，生长深宫，御厨玉粒正香，而欲观耒耜；尚宫锦衣方剪而想象机丝。当斯时也，披图一观，如获重宝矣！

　　年来着书一种，名曰《天工开物》卷。伤哉贫也，欲购奇考证，而乏洛下之资；欲招致同人，商略赝真，而缺陈思之馆。随其孤陋见闻，藏诸方寸而写之，岂有当哉？吾友涂伯聚先生，诚意动天，心灵格物，凡古今一言之嘉，寸长可取，必勤勤恳恳而契合焉。昨岁《画音归正》，由先生而授梓；兹有复命，复取此卷而继起为之，其亦夙缘之所召哉！

　　卷分前后，乃"贵五谷而贱金玉"之义。《观象》《乐律》二卷，其道太精，自揣非吾事，故临梓删去。丐大业文人，弃掷案头，此书与功名进取毫不相关也。

　　时崇祯丁丑孟夏月，奉新宋应星书于家食之问堂。

【译文】

　　天地之间的物种数以万计，而万事万物的随机变化，更成就了自然界物种形态的多样性，且在每一个方面都没有一点儿遗漏，这些绝对不是人力能够达到的。事物种类之多，仅凭着从别人的口头讲述中或自己亲眼见到所了解的是根本不够的。万事万物之中，对人类没有益的和有益的各占一半。所以那些聪明博通事物的人，会受到众人的推崇。然而，有些人连交梨和火枣都没有见过，就妄想要揣度楚王得萍的吉凶；连釜的具体模样都没见过，就想大谈如何辨别莒鼎的真假。画图的人总是喜欢画没有人见过的鬼魅，而讨厌画有实物可参考的犬马，这是因为没有现实根据的事物只要凭借想象来画就可以了。像郑国的子产、晋朝的张华这样博学广闻的人，不是本来就应该受到人们的称颂吗？

我幸运地生在圣明强盛的时代，西南地区的云南有车马可以直通东北的辽阳；岭南边地的游宦和商人，可以横游河北一带。在这幅员万里的疆域内，有什么事物不能耳闻目见呢？如果士人生在东晋初期或南宋末期，他们也许会把河北、陕西、山西、河南等地的土产，看成是从外国传来的物品；在与外国通商过程中换得的皮袭、帽子，和古代得到肃慎国进贡的弓矢，对于他们来说又有什么不同呢？而那些从小生活在深宫内院的皇子皇孙们，每天都是锦衣玉食，可他们更感兴趣的是粮食是如何种出来的，布是怎样织成的。在这个时候，能够有准确的图案让他们观看了解，他们能不觉得自己是获得了至宝吗？

我近年来写了一部名为《天工开物》的书。本来想要购买一些奇巧的东西作为实物考证，但由于缺少银钱，只好作罢。因为家中拮据，连招待来一起讨论物品真伪的趣味相投的朋友的地方都没有。所以在写作过程当中，很多时候只能照着自己心中的孤陋见闻写出来，这其中就难免有欠妥当的地方。我的好友涂伯聚先生是一位诚意可感动上天，心智可以探知事理的人，凡是古往今来的简短嘉言，只要有一点儿可取的，他一定诚心诚意地照着去做。去年，我所写的《画音归正》，就由先生帮助印刷；现在又全心全意地要帮忙接着印刷这部书，这种情谊或许是前世因缘所带来的吧！

本书分成上中下三卷，之所以将五谷的种植等放在最前面，是依照"以五谷为贵而以金玉为贱"的意思，本来还有《观象》《乐律》两卷，但感觉自己并不擅长其中过于精深的道理，所以在将要印刷时，把它们删去了。因为这书对求取功名没有什么帮助，所以追求功名的文士，可以将此书丢弃在桌子上，不用理会。

崇祯十年（1637年）四月，奉新宋应星写于家食之问堂。

目录

卷一·乃粒
粮食作物的栽培技术

总名	2
稻	4
稻宜	6
稻工	8
稻灾	10
水利	12
麦	16
麦工	18
麦灾	22
黍稷、粱粟	23
麻	24
菽	26

卷二·乃服
衣服原料的来源及加工方法

蚕种	30
蚕浴	32
种忌	34
种类	35
抱养	36
养忌	37
叶料	38
食忌	39
病症	40
老足	40
结茧	42
取茧	43
择茧	44
造绵	45
治丝	46
调丝	49
纬络	50
经具	51
过糊	52
边维	53
经数	53
花机式	54
腰机式	55
结花本	56
穿经	57
分名	57
熟练	58
龙袍	58
倭缎	59
布衣	60
枲着	63
夏服	63
裘	64
褐、毡	66

卷三·彰施
植物染料的染色方法

诸色质料 …… 70
蓝淀 …… 71
红花 …… 72
造红花饼法 …… 73
附：燕脂 …… 74
附：槐花 …… 74

卷四·粹精
谷物的加工过程

攻稻 …… 76
攻麦 …… 84
攻黍、稷、粟、粱、麻、菽 …… 88

卷五·作咸
食盐的生产方法

盐产 …… 94
海水盐 …… 94
池盐 …… 98
井盐 …… 99
末盐 …… 105
崖盐 …… 105

卷六·甘嗜
种植甘蔗、制糖、养蜂的方法

蔗种 …… 108
蔗品 …… 109

造糖 …… 110
造白糖 …… 111
饴饧 …… 112
蜂蜜 …… 112
附：造兽糖 …… 114

卷七·陶埏
砖、瓦、陶瓷的制作

瓦 …… 116
砖 …… 118
罂、瓮 …… 122
白瓷 附：青瓷 …… 125
附：窑变、回青 …… 130

卷八·冶铸
金属器物的铸造

鼎 …… 132
钟 …… 134
釜 …… 137
像 …… 139
炮 …… 139
镜 …… 140
钱 …… 140
附：铁钱 …… 144

卷九·舟车
船舶、车辆的结构、型式及制作

舟 …… 146
漕舫 …… 146

海舟	151
杂舟	152
车	156

卷十·锤锻
用锤锻方法制作铁器和铜器

冶铁	162
斤斧	163
锄、镈	163
锉	164
锥	164
锯	165
刨	165
凿	166
锚	166
针	168
治铜	169

卷十一·燔石
石灰、煤炭等的烧制技术

石灰	172
蛎灰	174
煤炭	175
青矾、红矾、黄矾、胆矾	178
硫黄	180
砒石	181

卷十二·膏液
植物油脂的提取方法

油品	184
法具	185
皮油	189

卷十三·杀青
造纸的程序

纸料	192
造竹纸	192
造皮纸	198

卷十四·五金
金属的开采和冶炼

黄金	202
银	205
附：朱砂银	211
铜	211
附：倭铅	214
铁	215
锡	219
铅	222
附：胡粉	224
附：黄丹	224

卷十五·佳兵
各种武器的制造方法

弧矢 ··· 226
弩 ··· 230
干 ··· 233
火药料 ·· 233
硝石 ··· 234
硫黄 ··· 235
火器 ··· 236

卷十六·丹青
墨和颜料的制作

朱 ··· 242
墨 ··· 244
附 ··· 248

卷十七·曲蘖
做酒的方法

酒母 ··· 250
神曲 ··· 251
丹曲 ··· 251

卷十八·珠玉
珠宝玉石的来源

珠 ··· 256
宝 ··· 260
玉 ··· 262
附：玛瑙 ······································· 267
附：水晶 ······································· 267
附：琉璃 ······································· 268
后记 ··· 269

卷一·乃粒

粮食作物的栽培技术

宋子曰：上古神农氏若存若亡，然味其徽号，两言至今存矣。生人不能久生，而五谷生之，五谷不能自生，而生人生之。土脉历时代而异，种性随水土而分。不然，神农去陶唐，粒食已千年矣，耒耜之利，以教天下，岂有隐焉。而纷纷嘉种必待后稷详明，其故何也？

纨袴之子，以赭衣视笠蓑；经生之家以"农夫"为诟詈。晨炊晚饷，知其味而忘其源者众矣！夫先农而系之以神，岂人力之所为哉！

总名 谷物的总称

【原文】

　　凡谷无定名，百谷指成数言。五谷[1]则麻、菽、麦、稷、黍，独遗稻者，以著书圣贤起自西北也。今天下育民人者，稻居十七，而来、牟、黍、稷居十三。麻、菽二者功用已全入蔬、饵[2]、膏馔[3]之中，而犹系之谷者。从其朔[4]也。

【译文】

　　"谷"并不是指某种特定的粮食；而"百谷"是谷物的总称。因为称呼五谷的一些著书的圣贤都诞生在西北地区，所以在"五谷"一词刚出现时是指麻、豆、麦、稷、黍这五种谷物，而其中唯独没有稻子。然而稻子这种农作物在全国民用的口粮中，占了十分之七，而小麦、大麦、黍、稷只占了其中的十分之三。麻、豆这两种农作物的功用在长期的农业发展过程中，已经完全归入了蔬菜、糕点、油脂等食品中，之所以还归到五谷里，只是沿用旧时的说法而已。

五谷丰登

　　谷类作为中国人的传统饮食，几千年来一直是老百姓餐桌上不可缺少的食物之一，在我国的膳食中占有重要的地位，被当作传统的主食。

1.五谷：此处五谷所指的内容是作者沿用的《周礼·天官·疾医》中的说法，而关于五谷所指内容的说法还有好几种。2.饵：糕饼。3.馔：食品。4.朔：农历每个月的初一被称为朔。在这里比喻开始。

卷一·乃粒

华夏始祖炎帝神农

中国上古时期姜姓部落的首领尊称炎帝，号神农氏，是我国古代"三皇"之一。相传炎帝牛首人身，他亲自尝百草，了解百草的性味功效，教会人们用草药治病；他发明了刀耕火种，教会了人们发展农业。

神农尝百草

"神农尝百草"的故事中国人大都耳熟能详。清代学者吴乘权在《纲鉴易知录》中记载了这个故事。先民有病，但还没有发明医药。神农氏开始尝遍百草的滋味。他曾经一天就遇到了70种剧毒，之后神农神奇地化解了这些剧毒，他用文字记下药性，用来治疗百姓的疾病。

神农执耕图

此图发现于山东省嘉祥县武氏墓群内，原为拓片。本图根据拓片绘制，图中描绘了神农耕作的场景。相传神农看到野猪在林中拱地，野猪拱过的地方，土地就被翻松了，适合种植作物。神农受此启发，发明了最初的农具，使谷物产量大大增加。

稻 稻的品种、育种和插秧

【原文】

凡稻种最多。不黏者，禾曰秔，米曰粳。黏者，禾曰稌，米曰糯。（南方无黏黍，酒皆糯米所为。）质本粳而晚收带黏（俗名婺源光之类）不可为酒，只可为粥者，又一种性也。凡稻谷形有长芒、短芒（江南名长芒者曰浏阳早，短芒者曰吉安早）、长粒、尖粒、圆顶、扁面不一，其中米色有雪白、牙黄、大赤、半紫、杂黑不一。

湿种[1]之期，最早者春分以前，名为社种[2]（遇天寒有冻死不生者），最迟者后于清明。凡播种，先以稻、麦稿包浸数日，俟其生芽，撒于田中，生出寸许，其名曰秧。秧生三十日即拔起分栽。若田亩逢旱干、水溢，不可插秧。秧过期，老而长节，即栽于亩中，生谷数粒，结果而已。凡秧田一亩所生秧，供移栽二十五亩。

凡秧既分栽后，早者七十日即收获（粳有救公饥、喉下急，糯有金包银之类。方语百千，不可殚述），最迟者历夏及冬二百日方收获。其冬季播种、仲夏即收者，则广南之稻，地无霜雪故也。凡稻旬日失水，即愁旱干。夏种冬收之谷，必山间源水不绝之亩，其谷种亦耐久，其土脉亦寒，不催苗也。湖滨之田，待夏潦[3]已过，六月方栽者，其秧立夏播种，撒藏高亩之上，以待时也。

南方平原，田多一岁两栽两获者。其再栽秧，俗名晚糯，非粳类也。六月刈初禾，耕治老稿田，插再生秧。其秧清明时已偕早秧撒布。早秧一日无水即死，此秧历四、五两月，任从烈日旱干无忧，此一异也。凡再植稻遇秋多晴，则汲灌与稻相终始。农家勤苦，为春酒之需也。凡稻旬日失水则死期至，幻出旱稻一种，粳而不黏者，即高山可插，又一异也。香稻一种，取其芳气以供贵人，收实甚少，滋益全无，不足尚也。

【译文】

水稻的品种最多。不黏的稻子称作秔（粳稻），所产的米叫作粳米。黏的稻子叫作稌稻，所产的米叫作糯米。（南方没有黏黄米，酒都是用糯米酿成的。）属于粳稻但晚成熟而带黏性的米（俗称"婺源光"一类的），只可以用来煮粥，而不能用来酿酒，这又是一种稻子。从稻谷的外形来看，各个品种有长芒、短芒（江南将长芒的稻子称为"浏阳早"，短芒的稻子称为"吉安早"）和长粒、尖粒以及圆顶、扁粒的不同。从稻米的颜色来看，有雪白、牙黄、大红、半紫和杂黑等品种。

浸稻种的日期，最早在春分以前，称为"社种"（这时遇到天寒，有冻死不生的），最晚是在清明节以后。播种时，先用稻、麦的秆包住种子在水里浸泡几天。待种子发芽后再播撒在田地里，长到一寸左右高时叫作秧。稻秧长到三十天后就要拔起分栽。如果遇到稻田干旱或积水过多，都不能插秧。育秧期已过而仍不能插秧，秧苗很快就会老得长节了，即使再栽种到田地里，最后也不过能结出几粒稻谷而已，不会再结更多的稻实了。一亩秧田所育出来的稻秧，可供移栽二十五亩田地。

稻秧分栽后，早熟的品种分栽七十天后就可收获（粳稻有"救公饥""喉下急"，糯稻有"金包银"等品种。各地的稻种名称很多，不胜枚举）最晚熟的要经过整个夏季的生长，直到冬天，前后要二百天才能收获。有在冬季播种，到仲夏就能收获的稻子品种，这就是广东的稻，因为此地气候温暖，没有霜雪，但稻田里十天左右没有水，便

---

1. 湿种：浸泡稻种。2. 社种：指的是在社日浸泡种子。在古代，以立春、立秋后的第五个戊日称为春社、秋社。文中此处的社日指的是春社。3. 夏潦：夏季雨水多的季节。

要担心是否会出现干旱。夏天播种冬天收获的稻子，必须种在山间水源不断的田地里，这种稻子生长期长，兼之地温又低，所以不能催苗迅速生长。靠湖边的田地要等夏天的汛期过后，六月才能插秧。培育这种秧的稻种，要在立夏时撒播在地势高的土里，以待农时。

南方平原地区的农作物大多是一年两熟。第二次插的秧俗称为晚糯稻，不属于粳稻一类。六月，早稻收割完后，将稻茬翻耕在田里，然后插晚稻秧。晚稻秧在清明时已经和早稻秧同时播种。早稻秧不可一日无水，而晚稻秧经过了四月和五月这两个月的成长，任凭烈日暴晒也不怕，这真是一件奇怪的事。遇到秋季晴天多的时候，晚稻也始终都需要灌溉。农家不惜勤苦，是为了用稻米酿造春酒的需要。因为水稻一旦离开水十天就会死，于是人们便培育出一种旱稻，品种属于粳稻但不带黏性，即使在高山地区也可插秧种植，这又是一个奇特的现象。还有一种香稻，只取其香味以供贵人食用。但这种香稻米的产量不高，而且滋养全无，不值得推崇。

水稻

水稻是禾本科一年生植物，喜高温、多湿、短日照的环境。水稻的子实即稻谷，大米是稻谷经过加工后制成的食物，是世界上将近一半人口的主食。稻谷除了可以食用外，还可以酿酒，做工业原料，稻壳和稻秆可以作为牲畜饲料。

稻谷的分类

稻谷 → 籼稻 / 粳稻
按亚种划分

稻谷 → 早稻 / 中晚稻
按生长季节划分

稻谷 → 糯稻 / 非糯稻
按淀粉性状差异划分

水稻是制作汤液醪醴的原料

汤液醪醴是以五谷制成的，在五谷之中，最好的原料就是水稻。这是因为稻米之气最为完备，稻秆的性质最坚实。

在煮出汤液后，再对汤液进行发酵处理，就得到醪醴。

用稻秆来熬煮稻米，煮出的清液就是汤液。稻秆在秋季收割，得到天地的平和之气而滋生，又得到秋的金石之气，格外坚韧。

稻宜[1]　土壤改良

【原文】

　　凡稻，土脉焦枯，则穗、实萧索。勤农粪田，多方以助之。人畜秽遗、榨油枯饼（枯者，以去膏而得名也。胡麻、莱菔子为上，芸苔次之，大眼桐又次之，樟、柏、棉花又次之），草皮木叶，以佐生机，普天之所同也。（南方磨绿豆粉者，取溲浆[2]灌田肥甚。豆贱之时，撒黄豆于田，一粒烂土方三寸，得谷之息倍焉。）土性带冷浆者，宜骨灰蘸秧根，（凡禽兽骨）石灰淹苗足[3]，向阳暖土不宜也。土脉坚紧者，宜耕垄，叠块压薪而烧之，埴垆[4]松土不宜也。

【译文】

　　在贫瘠的土地上种稻子，稻穗、稻粒的长势就差。为了能够丰收，勤劳的农民便多施肥，想尽各种办法帮助秧苗成长。人、畜的粪便以及榨油的枯饼（因其中油脂已经被榨取，所以称为枯饼。芝麻、萝卜籽榨油后的枯饼最好，油菜籽饼稍微差一些，大眼桐的枯饼又稍微差一些，樟树籽、乌桕子和棉籽饼更差一些），还有草皮、树叶，这些作为肥料都能帮助水稻生长，普天之下所用的肥料都差不多。（南方地区用磨绿豆粉时产生的溲浆来灌溉田地，肥力很大。豆子便宜的时候，将黄豆撒在田地里，一粒豆在腐烂后可肥土三寸见方，所得稻谷的收益要比所耗的黄豆的价值翻一倍。）含冷水的土地，适合用骨灰蘸稻根（任何禽兽的骨灰都可以），或用石灰将秧根埋上，向阳的暖土就不用这样做了。田地里的土质坚硬时，要耕成垄，把硬土块堆压在柴草上烧碎，黏土和土质稀松的稻田就不用这样做了。

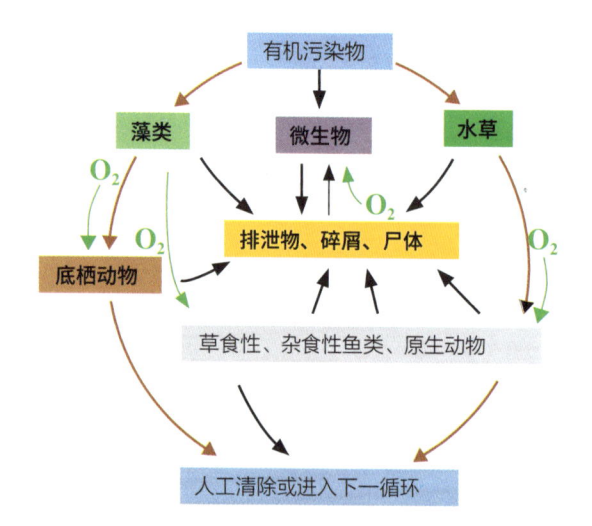

利用湖泥做肥料

　　在南方地区，很多水田都在湖泊的旁边。人们将湖泥作为肥料撒进田地里。湖泥是湖泊沉积形成的淤泥。湖泥当中的有机成分很多，同时又含有一定的无机物，是很好的肥料。对于在湖泊附近的水田，用湖泥来作为肥料，取材非常方便，相对于其他肥料，节省了大量的运输时间，相当实惠有效。

1.稻宜：指适宜种稻的土地，这里指土壤改良。2.溲浆：做绿豆粉滤出来的浆水，可用作肥料。3.苗足：秧苗的根。4.埴垆：埴土是黏土；垆土是壤土。这里是指细砂和黏土含量比较接近的土壤，土粒粗大而疏松，没有过黏或过燥的现象，能保水、保肥，适合种植各种植物。

种植水稻的步骤

传说中水稻的种植方法是神农氏教导给人们的,据考古发现,7000年前在中国长江流域生活的先民们就开始种植水稻了。现在,水稻的种植有传统的人工耕种方式,也有高度机械化的耕种方式,但多分为以下步骤。

整地

在种植水稻之前,要先对稻田进行翻土,稻田的土壤要松软,有利于水稻的种植。勤劳的农民往往要进行三次整地,让肥分在土中散开,过去人们主要靠牛来耕地,现在很多地方已经开始使用机器耕地了。

插秧

插秧是指将秧苗栽插于水田中,插秧也是有技巧的,秧苗要全根下地,运秧、插秧不伤根,插秧深度控制在2~3厘米左右,插秧后发现有问题时要及时补苗。现代平整、大块的土地可以使用插秧机插秧,但在土地起伏大,形状不是方形的稻田中,还是需要人工插秧。

施肥

水稻是需肥较多的作物之一,秧苗在长出第一节稻茎的时候称为分蘖期,这一时期往往需要施肥。施用氮肥能提高稻谷的淀粉含量,施用磷肥能促进根系发育和养分吸收、增强分蘖,施用硅肥能增强水稻对病虫害的抵抗能力和抗倒伏能力,施用锌肥能增加水稻有效穗数、穗粒数、千粒重等。合理施肥可以让稻苗健壮的成长,对稻米的产量和质量有直接影响。

收成

当稻穗金黄饱满下垂时,就可以开始收割了。现代大块平整的土地可以使用收割机,直接将稻穗与稻茎分离开来。小块的土地或不平整的土地还需要人工收割,一般用镰刀割下,再扎起小捆。

整地 → 育苗 → 插秧 → 除草除虫 → 施肥 → 灌排水 → 收成 → 筛选

育苗

育苗就是农民在秧田中培育秧苗。秧田要合理地配置营养土,稻种在播种之前要适当晾晒和选种,秧苗出土后还要根据情况进行除草。在秧苗长高约8厘米时,就可以进行插秧了。

除草除虫

秧苗在成长的时候,需要农民的悉心照顾,及时拔除杂草,在拔草的时候要避免对水稻的根部造成影响。稻田出现害虫时需要使用农药来除掉害虫,每种药剂都会有相应的杀虫种类,可以相互配合使用多种药剂避免多种病虫害的发生。

灌排水

水稻在插秧后、抽穗开花期和灌浆时,要加强水分灌溉,保持水稻根系强壮和叶子发育良好,可以提高水稻产量。一般来说,在水稻种植早期应保持稻田湿润,而在水稻种植后期稻田可以保持适当的干燥,根据土壤中的水量、天气和稻谷的成熟度的实际情况变通。

筛选

收割之后的稻谷需要先进行干燥,多在阳光下晾晒,让稻谷变得干燥。然后再进行筛选,就是将稻谷中的瘪谷等杂质筛掉,筛选稻谷时可以利用电动分谷机、风车或手工抖动来进行。

稻工 稻田耕作、耕作工具和管理

【原文】

凡稻田刈获不再种者，土宜本秋耕垦，使宿稿化烂，敌粪力一倍。或秋旱无水及怠农春耕，则收获损薄也。凡粪田若撒枯浇泽，恐霖雨至，过水来，肥质随漂而去。谨视天时，在老农心计也。凡一耕之后，勤者再耕、三耕，然后施耙，则土质匀碎，而其中膏脉释化也。

凡牛力穷者，两人以扛悬耜，项背相望而起土。两人竟日仅敌一牛之力。若耕后牛穷，制成磨耙，两人肩手磨轧，则一日敌三牛之力也。凡牛，中国唯水、黄两种。水牛力倍于黄。但畜水牛者，冬与土室御寒，夏与池塘浴水，畜养心计亦倍于黄牛也。凡牛春前力耕汗出，切忌雨点，将雨则疾驱入室。候过谷雨，则任从风雨不惧也。

吴郡力田者，以锄代耜，不藉牛力。愚见贫农之家，会计牛值与水草之资，窃盗死病之变，不若人力亦便。假如有牛者，供办十亩。无牛用锄而勤者半之。既已无牛，则秋获之后，田中无复刍牧之患，而菽、麦、麻、蔬诸种，纷纷可种，以再获偿半荒之亩，似亦相当也。

凡稻分秧之后数日，旧叶萎黄而更生新叶。青叶既长，则耔可施焉（俗名挞禾）。植杖于手，以足扶泥壅根，并屈宿田水草，使不生也。凡宿田菵草之类，遇耔而屈折。而稊、稗与荼、蓼非足力所可除者，则耘以继之。耘者苦在腰手，辨[1]在两眸。非类既去，而嘉谷茂焉。从此泄以防潦，溉以防旱，旬月而"奄观铚刈[2]"矣。

耕

耕也就是种植水稻时整地的过程。耕的目的是使土壤松软、田地平整，以便于下一步插秧。平整土地可以增加土壤孔隙、改善土壤通气状况、清除有毒物质、消灭杂草和防治病虫害。耕地分为秋耕和春耕，秋耕应该深一些，春耕宜浅一些并配合增施有机肥料。

1.辨：涂本《天工开物》中作辩，从杨本开始改成辨。2.奄观铚刈：此语出自《诗经·周颂·臣工》。铚，是指古代的一种收割用的镰刀。

耘

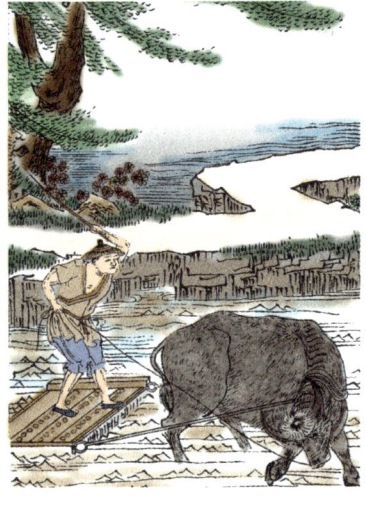

　　耘是指为农作物进行除草、培土，可以使用一种叫作耒的农具。图中是农民用手拔的方式来除草。

耔

　　耔在古代是用手把着木棍，用脚给作物培土，并把稻田里的水草踩弯，埋在泥里，使其不能生长。

耙

　　耙是农业生产中传统的翻地农具，把碎土、堆肥、杂草摊开，还可以把播施的肥料均匀地混入土中。

【译文】

　　稻子收割后田里如果不再种植作物，就应当在当年的秋天翻耕土地，使旧的稻茬烂在田地的土壤里，腐烂的稻茬作为肥料可相当于粪肥一倍的肥力。如果秋天干旱无水，或农民拖延到第二年的春天才耕地，土地就会减产。如果撒枯饼或浇粪水在田里，就怕连雨天的到来，因为雨水会把肥质冲走。要密切注意天时，这就要靠老农的智慧了。耕过一次地之后，勤劳的人还可以再耕、三耕。然后再耙地碎土，使土质匀碎，肥分自然会在土中散开。

　　没有耕牛的农户，会采用两人以木杠悬着犁铧，一前一后地推拉而翻土的做法，两人一天的劳动只能抵一头牛的工作量。要是耕地以后没有牛可以驱使，便用一磨耙，两个人用肩和手拉着耙来碎土，这样一天的劳动可以抵三头牛的工作量。中原地区只有水牛与黄牛两种是用来农耕的，水牛比黄牛的力气大一倍。但畜养水牛也比黄牛费事了一倍。牛在春分前用力耕地时会出汗，这个时候千万不要让牛被雨淋了，将要下雨时赶快将牛赶回室内。待过了谷雨，牛就可以任凭风吹雨淋都不怕了。

　　苏州一带的耕田人不借助牛力，而是用锄代替犁。按照笔者的看法，对于贫苦的农家来说，买牛和水草的费用，以及承担牛被盗和病死的风险，还不如用人力更为便宜。如果有牛的人家耕种十亩地，勤劳的人家没有牛而用锄头耕种五亩。既然没有牛，秋收之后就无须考虑田里是种作为饲料的草，还是放牧了，而豆、麦、麻、菜等都可以在作物收获后种植。用第二次的收获来补偿少耕种五亩地的损失，似乎也能够得失相当，再加上不用照顾牛而省下的时间，还是比较划算的。

　　水稻插秧几天后，旧的叶子就会枯黄，然后长出新的叶子来。新叶长出来后，就可以耔田（壅根，俗称为"挞禾"）。耔田的方法是手把着木棍，用脚把泥培在稻秧根上，并用脚把稻田里的水草踩弯，埋在泥里，使其不能生长。稻田里稗草之类的野草可用脚踩折。但稊、稗与茶、蓼等杂草不是用脚力就可以除去的，必须接着用手来耘（除草）。除草的人由于劳作时动作的要求，使得腰、手都非常辛苦，而分辨秧苗和杂草是要靠经验和眼力的。只有将杂草除尽，禾苗才能长得茂盛。此后，便是排水防涝、灌溉防旱，一个月后就可以准备开镰收割了。

稻灾 影响稻的收成的灾害

【原文】

　　凡早稻种，秋初收藏，当午晒时烈日火气在内，入仓廪中关闭太急，则其谷粘带暑气（勤农之家，偏受此患）。明年田有粪肥，土脉发烧，东南风助暖，则尽发炎火，大坏苗穗，此一灾也。若种谷晚凉入廪，或冬至数九天收贮雪水、冰水一瓮（交春即不验），清明湿种时，每石以数碗激洒，立解暑气，则任从东南风暖，而此苗清秀异常矣。（崇在种内，反怨鬼神。）

　　凡稻撒种时，或水浮数寸，其谷未即沉下，骤发狂风，堆积一隅，此二灾也。谨视风定而后撒，则沉匀成秧矣。凡谷种生秧之后，防雀聚食，此三灾也。立标飘扬鹰俑，则雀可驱矣。凡秧沉脚未定，阴雨连绵，则损折过半，此四灾也。邀天晴霁三日，则粒粒皆生矣。凡苗既函[1]之后，亩上肥泽连发，南风熏热，函内生虫（形似蚕茧），此五灾也。邀天遇西风雨一阵，则虫化而谷生矣。凡苗吐穑[2]之后，暮夜"鬼火"游烧，此六灾也。此火乃朽木腹中放出。凡木母火子[3]，子藏母腹，母身未坏，子性千秋不灭。每逢多雨之年，孤野坟墓多被狐狸穿塌。其中棺板为水浸，朽烂之极，所谓母质坏也。火子无附，脱母飞扬。然阴火不见阳光，直待日没黄昏，此火冲隙而出，其力不能上腾，飘游不定，数尺而止。凡禾穑、叶遇之立刻焦炎。逐火之人见他处树根放光，以为鬼也。奋梃击之，反有鬼变枯柴之说。不知向来鬼火见灯光而已化矣（凡火未经人间传灯者[4]，总属阴火，故见灯即灭）。

　　凡苗自函活以至颖栗[5]，早者食水三斗，晚者食水五斗，失水即枯（将刈之时少水一升，谷数虽存，米粒缩小，入碾臼中亦多断碎），此七灾也。汲灌之智，人巧已无余矣。凡稻成熟之时，遇狂风吹粒殒落，或阴雨竟旬，谷粒沾湿自烂，此八灾也。然风灾不越三十里，阴雨灾不越三百里，偏方厄难亦不广被。风落不可为。若贫困之家，苦于无霁，将湿谷盛于锅内，燃薪其下，炸去糠膜，收炒糗[6]以充饥，亦补助造化之一端矣。

【译文】

　　早稻稻种在秋初收藏时，如果在正午的烈日高温下暴晒，稻种内就会有火气，匆忙封闭于仓库中，会使谷中粘带着热气（勤劳的农家偏受此害）。第二年播种后，田里有粪肥的话会使土壤的温度上升，再遇上东南风带来的暖热之气，会使稻子"发烧"，苗穗受到损坏，这是第一个灾害。如果稻种在晚上凉快的时候收入仓库之中，或在冬至后的数九寒天收贮一缸雪水、冰水（立春后收集的雪水、冰水就没有效果了），清明浸泡稻种时每石稻种激洒几碗，能够立刻消除热气，这样处理过的稻种播种后任凭东南暖风再吹，禾苗也会长得清秀异常。（这种灾害的症结在于稻种内部，却有人埋怨是鬼神在作怪。）

　　撒播稻种时，如果田地内水深数寸，种子还没来得及沉下，此时如果突然刮起狂风，则会把稻种吹走并堆积在一角，这是第二个灾害。为了防止这种灾害，在播种时要等待风停以后再撒种，如此稻种就会均匀下沉并育成秧苗。稻谷长出秧

1.函：此处指刚生出尚未展开的新叶。2.吐穑：抽穗。3.木母火子：宋应星按古代五行相生说，以为火生于木，故木为母，火为子。4.未经人间传灯者：古时日常用火，多靠保存火种，日日相传，或从人家借火。而"鬼火"没有经过人们传燃。5.颖栗：生成稻穗并形成稻粒。6.炒糗：作为干粮的炒米。

苗后最怕雀鸟聚食，这是第三个灾害。很多农家会在田地里立上标杆，在上面悬挂假鹰让其随风飘动，这样可驱赶鸟雀。稻秧扎根未定的时候，如果遇上阴雨连绵的天气，稻秧就会损伤过半，这是第四个灾害。如果在稻秧扎根未定的时候，能够遇到连续三天以上的晴天，就都能成活了。秧苗长出新叶后，土里肥料不断散发，南风吹暖，稻叶上就会生虫（虫子的形状像蚕茧），这是第五个灾害。这时如果能够来一场西风阵雨，虫子就会死了，而稻谷也就有了长势。第六个灾害是在稻秧抽穗后，夜晚稻秧被"鬼火"游烧。这种火是从朽烂的木头中释放出来的。按照五行之说，木能生火，火藏于木中，木没有坏而火便会永远存在其中。每逢多雨的年份，野外的坟墓大多会被狐狸穿塌，而坟墓里面的棺材板子很快就被水浸透而腐烂，于是便有"鬼火"四处飞扬。这就是所谓母体坏了，火子失去依附而四散。然而阴火是见不得阳光的，所以只有到黄昏太阳落山以后，这种鬼火才会从坟墓的缝隙里冲出来，但只能在几尺高的地方飘游不定，不能飞得更高，禾叶和稻穗一旦遇上立刻就被烧焦。驱逐"鬼火"的人，一看见树根处有火光，便以为是鬼，举起棍棒用力去打，于是就有了"鬼变枯柴"的说法。他不知道"鬼火"向来都是一见灯光就会消失的（没有经过人们灯火传燃的都属于阴火，所以一见到灯光就熄灭了）。

根据品种的不同，秧苗自返青到抽穗结实所需要的水量也不同，早熟稻每亩需要水量三斗，晚熟稻每亩需要水量五斗，如果没有水就会枯死（快要收割之前如果缺少一升水，稻谷的数目虽然还是那么多，但米粒会变小，用碾或臼加工的时候，也会多有破碎），这是第七种灾害。人们的聪明才智在引水灌溉方面已经得到充分的发挥了。如果稻子成熟的时候遇到刮狂风，就会将稻粒吹落；如果遇上连续十来天的阴雨天气，谷粒就会受水湿后腐烂发霉，这是第八种灾害。但是风灾的范围一般不会超过方圆三十里。阴雨成灾的范围一般也不会超过方圆三百里，这些灾害涉及的范围并不广，属于局部地区的灾害。稻谷颗粒被风吹落这是没有办法的。如果贫苦的农家遇到阴雨灾害，可以把湿稻谷放在锅里，烧火爆去谷壳，做炒米饭来充饥，这也算是度过天灾的一种补救办法吧！

稻草人

一般指农田间用来驱赶鸟雀、防止其偷食粮食的偶人，因以稻草为主要制作材料，故名"稻草人"。早期的稻草人的作用其实和"立标飘扬鹰俑"的作用一样，都是为了避免农作物受飞鸟的啄食。

水利 水利和灌溉设备

【原文】

凡稻防旱藉水，独甚五谷。厥土沙、泥、硗[1]、腻[2]，随方[3]不一。有三日即干者，有半月后干者。天泽不降，则人力挽水以济。凡河滨有制筒车者，堰陂障流，绕于车下，激轮使转，挽水入筒，一一倾于枧[4]内，流入亩中。昼夜不息，百亩无忧（不用水时，拴木碍止，使轮不转动）。其湖池不流水，或以牛力转盘，或聚数人踏转。车身长者二丈，短者半之。其内用龙骨拴串板，关水逆流而上。大抵一人竟日之力，灌田五亩，而牛则倍之。

其浅池、小浍[5]不载长车者，则数尺之车，一人两手疾转，竟日之功可灌二亩而已。扬郡以风帆数扇，俟风转车，风息则止。此车为救潦，欲去泽水以便栽种。盖去水非取水也，不适济旱。用桔槔、辘轳，功劳又甚细已。

【译文】

水稻是"五谷"之中最怕旱灾的，与其他各种谷物相比，水稻需要的水量更多。稻田的土质各地情况都不一样，有沙土、黏土及地力贫瘠、肥沃的差别。有的稻田灌水三天之后就干涸了，也有的半个月以后才干。在天不降雨的时候，就要靠人力引水浇灌来补救。靠近江河边的农人有使用筒车的，先筑堤坝来阻挡水流，使水流绕过筒车的下部，冲激筒车的水轮旋转，并装水进入筒内，这样一筒筒的水便会倒进引水槽，然后导流进入田里。这样昼夜不停地引水，即便浇灌上百亩田地也不成问题（不用水时，可用木栓卡住水轮，不让水轮转动）。在没有流水的湖边、池塘边，有的使用牛力拉动转盘进而带动水车，有的用几个人一起踩踏来转动水车。水车车身长的达两丈，短的也有一丈。车内用龙骨连接一块块串板，笼住一格格的水使它向上逆行。一人用水车干一整天活儿，大概能浇灌田地五亩，用牛力效率就可以高出一倍。

浅水池和小水沟，如果安放不下长水车，就可以使用几尺长的手摇水车。一个人用两手握住摇把迅速转动，一天的工夫能浇灌两亩田地。扬州一带使用几扇风帆，以风力带动水车，刮风时水车旋转，风停止时水车不动。这种车是专为排涝使用的，排除积水以便于栽种。因为是用来排涝而不是用于取水灌溉的，所以并不适于抗旱。至于使用桔槔和辘轳取水灌溉，那效率就更加低了。

水牛

水牛体格粗壮，被毛稀疏，多为灰黑色；角粗大而扁，并向后方弯曲；皮厚，汗腺极不发达，热时需要浸水散热，所以得名水牛；腿短蹄大，适合耕作，也可以用来转动水车。

1.硗：音同"敲"，意思是瘦土。2.腻：肥土。3.随方：根据地方。4.枧：音同"减"，指水槽。5.浍：音同"快"，指水沟。

卷一·乃粒

堰

堰的本义是修筑在河流上的能蓄水又能排水的小型水利工程，水超过堰的高度后会通过堰的顶部继续往下流。

陂

陂是池塘的意思。古代人运用陂塘系统来储水，在需要水的时候从池塘中引水用来浇灌水稻。

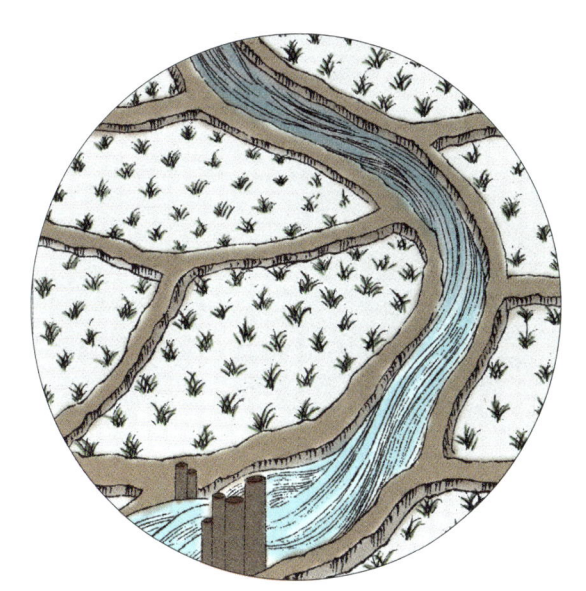

高转筒车

高转筒车是一种用来提水的机械，适用于水很低而岸很高的地方，巧妙地运用水力带动长链环运转将竹筒在水中盛水后倾入引流槽。

13

图解天工开物

拔车

拔车是一种用于人力灌溉的提水机械，即用手摇动的翻车。用手摇转曲柄，使轮轴旋转，带有龙骨板叶的木链沿木槽上移，龙骨板叶刮水上岸。适用于水比较浅的地方。

筒车

筒车是一种灌溉提水的机械，发明于唐代。利用水流本身的动力转动筒车，把水引到岸上的沟渠中以方便利用。

牛车

牛车以木板为槽，槽的尾部浸入水流中，另一端的轮轴固定于堤岸的木架上，用牛来牵引，带动水槽内的板叶刮水上行，将水倾注到地势较高的农田中。

水车

水车是一种提水的机械。它利用水流的动力来运转，用齿轮带动套着水斗的大立轮旋转，提水上升，用来灌溉农田。

辘轳

辘轳是一种利用轮轴原理制成的在水井边打水的起重装置，辘轳由辘轳头、支架、井绳、水斗等部分构成。人通过摇转手柄，使水桶落入井中打满水后再提起来。

桔槔

桔槔是一种井上汲水的工具。人们在井旁架上设一杠杆，用一条横木支在木架上，一端挂着汲水的木桶，一端挂着重物，用不大的力量即可将灌满水的木桶提起来。

踏车

踏车是一种人力提水机械，由水车和踏车轴以及附件组成。踏车的人两脚向下用力，使踏车轴不停地旋转，水车就会运转起来，车口里就有了流淌不息的河水。

麦 麦的品种

【原文】

凡麦有数种，小麦曰来，麦之长也；大麦曰牟、曰穬；杂麦曰雀、曰荞；皆以播种同时、花形相似、粉食同功而得麦名也。四海之内，燕、秦、晋、豫、齐鲁诸道，烝民粒食[1]，小麦居半，而黍、稷、稻、粱仅居半。西极川、云，东至闽、浙、吴、楚腹焉，方长六千里中种小麦者，二十分而一，磨面以为捻头、环饵、馒首、汤料之需，而饔飧不及焉[2]。种余麦者五十分而一，闾阎作苦[3]以充朝膳，而贵介不与焉。

穬麦独产陕西，一名青稞，即大麦，随土而变。而皮成青黑色者，秦人专以饲马，饥荒人乃食之（大麦亦有黏者，河洛用以酿酒）。雀麦细穗，穗中又分十数细子，间亦野生。荞麦实非麦类[4]，然以其为粉疗饥，传名为麦，则麦之而已。

凡北方小麦，历四时之气，自秋播种，明年初夏方收。南方者种与收期，时日差短。江南麦花夜发，江北麦花昼发，亦一异也。大麦种获期与小麦相同，荞麦则秋半下种，不两月而即收。其苗遇霜即杀，邀天降霜迟迟，则有收矣。

【译文】

麦子有好多种。小麦叫作"来"，是麦子中最主要的一种。大麦有叫作"牟"的，也有叫作"穬"的。其他的杂麦有叫作"雀"的，有叫作"荞"的。因为它们的播种时间相同，花的形状相似，又都是磨成面粉来食用的，所以都称为麦。在我国，河北、陕西、山西、河南、山东等地，老百姓吃的粮食当中，小麦占了一半，而黍子、小米、稻子、高粱等加起来总共占了一半。最西到四川、云南，最东到福建、浙江以及江苏、江西、湖南、湖北等中部地区，方圆六千里之中，种植小麦的大约占了二十分之一。人们将小麦磨成面粉用来做花卷、饼糕、馒头和汤面等食用，但早晚正餐都不吃它。种植其他麦类的只有五十分之一，民间贫苦百姓拿来当早餐吃，富贵人家是不会吃它们的。

穬麦只产在陕西一带，又叫青稞，也就是大麦，它随土质的差别而皮色相应变化。麦皮是青黑色的，陕西人专门用它来喂马，只有在饥荒的时候人们才吃它（大麦也有带黏性的，在黄河、洛水之间的地区，人们用它来酿酒）。雀麦的麦穗比较细小，每个麦穗中又分长开十多个麦粒，这种麦偶尔也有野生的。至于荞麦，它实际上并不算是麦类，但因为人们也用它磨粉来充饥，麦的名称流传下来，所以也就归为麦类了。

北方的小麦，经历秋、冬、春、夏四季的气候变化，秋天时播种，第二年初夏时节才收获。南方的小麦，从播种到收割的时间相对短一些。江南麦子晚间开花，江北麦子白天开花，这也算一件奇事。大麦的播种和收割的日期与小麦基本相同。荞麦则应在中秋时播种，不到两个月就可以收割了。荞麦苗遇到霜就会冻死，所以希望得天时，降霜的时间相对晚些，荞麦就可以获得丰收了。

1.烝民粒食：老百姓以粮为食。2.饔飧不及焉：饔音同"拥"，飧音同"孙"。此语指常吃的主食中麦粉不在其内。3.闾阎作苦：市井百姓中做苦力的人。4.荞麦实非麦类：在现代的植物分科中，麦为禾本科，而荞麦属蓼科。

小麦

我们常说的"麦"就是小麦,我国南北各地广为栽培,品种很多。小麦的颖果磨碎后是面粉,是人们的主食之一,可以制作多种面食。

大麦

大麦是世界上最古老的种植作物之一。古代欧洲人吃麦主要还是吃大麦,直到 16 世纪后被小麦代替。现在大麦还被用来酿制啤酒这种世界级别饮料。

麦工 麦的耕种与工具

【原文】

凡麦与稻初耕垦土则同，播种以后则耘、耔诸勤苦皆属稻，麦唯施耨而已。凡北方厥土坟垆易解释[1]者，种麦之法耕具差异，耕即兼种。其服牛起土者，耒不用耜，并列两铁于横木之上，其具方语曰镪。镪[2]中间盛一小斗，贮麦种于内，其斗底空梅花眼。牛行摇动，种子即从眼中撒下。欲密而多，则鞭牛疾走，子撒必多；欲稀而少，则缓其牛，撒种即少。既播种后，用驴驾两小石团，压土埋麦。凡麦种紧压方生。南地不与北同者，多耕多耙之后，然后以灰拌种，手指拈而种之。种过之后，随以脚跟压土使紧，以代北方驴石也。

耕种之后，勤议耨锄。凡耨草用阔面大镈[3]，麦苗生后，耨不厌勤（有三过四过者），余草生机尽诛锄下，则竟亩精华尽聚嘉实矣。功勤易耨，南与北同也。凡粪麦田，既种以后，粪无可施，为计在先也。陕、洛之间忧虫蚀者，或以砒霜拌种子，南方所用唯炊烬也（俗名地灰）。南方稻田有种肥田麦者，不粪麦实。当春小麦、大麦青青之时，耕杀田中，蒸罨土性，秋收稻谷必加倍也。

凡麦收空隙，可再种他物。自初夏至季秋，时日亦半载，择土宜而为之，唯人所取也。南方大麦有既刈之后乃种迟生粳稻者。勤农作苦，明赐无不及也[4]。凡荞麦，南方必刈稻，北方必刈菽、稷而后种。其性稍吸肥腴，能使土瘦。然计其获入，业偿半谷有余，勤农之家何妨再粪也。

【译文】

无论是种麦子还是种水稻，在最初的翻土整地上的工序都是相同的。但在播种完以后，种水稻还需要进行多次耘、耔等工序，而麦田却只需要锄锄草就可以了。北方的土壤多是容易耕作的疏松黑土，适合种小麦。种麦的方法和工具都与种稻子有所不同，耕和种是同时进行的。用牛拉着起土的农具，不装犁头，而装一根横木，在横木上并排着安装两块尖铁，方言称它们为"镪"。"镪"的中间装个小斗，斗内盛放麦种，斗底有钻好的梅花眼。牛走动时会摇动斗，种子就会从梅花眼中撒下。如想要种得又密又多，就把牛赶得快一些，种子就会撒得多；如要稀些少些，就让牛慢走，撒种就少。播种后，用驴拖两个小石磙压土埋麦种。土压紧了，麦种才能发芽。南方土壤

锄头

耨用铁锻，呈三角形，上有弯如鹅颈短把，插入木柄里，用铁环相箍，俗称"锄头"，为除草的农具，北方地区常见。还有一种锄杆较短，干活时需大弯腰。

1.厥土坟垆易解释：其土质疏松易于耕种。2.镪：疑为"耩"，北方又叫耧。其具可耕可播，单耕叫耩地，兼播则叫摇耧。3.镈：锄。4.勤农作苦，明赐无不及也：勤劳的农民付出了劳苦，大自然总是会给他相应的回报的。

卷一·乃粒

耨

耨

耨草，就是除草的意思。耨装有铁柄，用于与长木柄的衔接，方便铲除地面的杂草，便于在植株间来回运动，不会伤及农作物，还可收拢地面散乱的谷物或沙土等。

19

南種牟麥圖

蹠力蓋繁

南方种麦

南方土壤与北方的不同，先将麦田经过多次地耕、耙，然后用草木灰拌种，用手指拈着种子点播，接着用脚跟把土踩紧，代替北方用驴拉石磙子压土。

与北方的不同，先将麦田经过多次耕翻耙松之后，然后用草木灰拌种，用手指拈着种子点播，接着用脚跟把土踩紧，代替北方用驴拉石磙子压土。

播种后，要勤于锄草。锄草要用宽面大锄。麦苗生出来后，锄得越勤越好（有锄三四次的），杂草锄尽，田里的肥分就都可以全部用来结成饱满的麦粒了。农夫勤奋，草就容易除净，这在南方和北方都是一样的。麦田应当预先施足基肥，在播种后就不要施肥了。陕西和河南洛水流域，怕害虫蛀蚀麦种，有用砒霜拌种的，南方则只用草木灰（俗称地灰）拌种。南方稻田有种麦子来肥田的，并不要求收获麦粒，当春小麦或大麦还在青绿的苗期时，就把它们耕翻压死在田里，作绿肥来改良土壤，秋收时稻谷的产量必定能倍增。

麦收后的空隙，可以再种其他作物。从夏初到秋末，有近半年时间，完全可以因地制宜地来选种其他一些作物。南方就有在大麦收割后再种植晚熟粳稻的。农民的辛勤劳动，总会得到报酬。荞麦是在南方收割水稻后和北方收割完豆子或谷子后才种的。荞麦的特性是吸收肥分较多，会使土壤变瘦。但算来它的产量抵得上原先谷物的一半还多，因此，勤劳的农家又何妨再施些肥料呢！

北耕兼種圖

麥粟梁皆用此具

種子

鐵尖
鐵尖

北方种麦

  北方的土壤多是容易耕作的疏松黑土,适合种小麦。种麦时,耕和种是同时进行的。用牛拉着"耩"。"耩"的中间装盛放麦种的小斗,斗底有眼,牛走动时会摇动斗,种子就会撒下。播种后,压紧土,麦种就能发芽。

麦灾 影响麦子收成的灾害

【原文】

　　凡麦防患抵稻三分之一。播种以后，雪、霜、晴、潦皆非所计。麦性食水甚少，北土中春再沐雨水一升，则秀华成嘉粒矣。荆、扬以南[1]唯患霉雨。倘成熟之时晴干旬日，则仓廪皆盈，不可胜食。扬州谚云"寸麦不怕尺水"，谓麦初长时，任水灭顶无伤；"尺麦只怕寸水"，谓成熟时寸水软根，倒茎沾泥，则麦粒尽烂于地面也。

　　江南有雀一种，有肉无骨，飞食麦田数盈千万，然不广及，罹害者数十里而止。江北蝗生，则大祲[2]之岁也。

蚜虫

　　小麦蚜虫刺吸小麦的茎叶和嫩穗的汁液，影响小麦的生长，会导致麦叶逐渐发黄，麦粒不饱满，严重时小麦甚至整株枯死，严重影响产量。

倒伏

　　麦子成熟的时候，麦田里的水如果超过一寸就能把麦根泡软，茎秆就会倒伏在泥里，麦粒也就都烂在地里了。

【译文】

　　种麦子的灾害相当于种植稻子的三分之一。播种以后，遇上雪天、霜天、晴天、洪涝天气都没有什么影响。麦子的特性是它需要的水量很少，北方在中春时节再下一场痛快的能浇透土地的大雨，麦子就能开花并结出饱满的麦粒了。在荆州、扬州这类长江以南的地区，最怕的就是"霉雨"（梅雨）天气，如果在麦子成熟的时候，天气晴上十来天，麦子就能确保大丰收，吃也吃不完了。扬州有句农业谚语说"寸麦不怕尺水"，这就是说麦子刚成长的时候，任水淹没都没有什么关系；"尺麦只怕寸水"，那是说等到麦子成熟的时候，哪怕一寸深的水就能把麦根泡软，茎秆就会倒伏在泥里，麦粒也就都烂在地里了。

　　江南有一种鸟雀，有肉无骨，成千上万地飞来啄食麦子，但受灾的范围不广，不过方圆几十里罢了。而长江以北的地区，一旦闹蝗虫灾害，那就会变成很大的灾患。

1.荆、扬以南：泛指长江流域及以南地区。　2.大祲：大灾。

黍稷、粱粟 各种小米、黄米

【原文】

　　凡粮食，米而不粉者种类甚多。相去数百里，则色、味、形、质随方而变，大同小异，千百其名。北人唯以大米呼粳稻，而其余概以小米名之。

　　凡黍与稷同类，粱与粟同类。黍有黏有不黏（黏者为酒），稷有粳无黏。凡黏黍、黏粟统名曰秫，非二种外更有秫也。黍色赤、白、黄、黑皆有，而或专以黑色为稷，未是。至以稷米为先他谷熟，堪供祭祀，则当以早熟者为稷，则近之矣。凡黍在《诗》《书》有虋[1]、芑[2]、秬[3]、秠[4]等名，在今方语有牛毛、燕颔、马革、驴皮、稻尾等名。种以三月为上时，五月熟；四月为中时，七月熟；五月为下时，八月熟。扬花、结穗总与来、牟不相见也。凡黍粒大小，总视土地肥硗、时令害育。宋儒拘定以某方黍定律，未是也。

　　凡粟与粱统名黄米。黏粟可为酒，而芦粟一种名曰高粱者，以其身高七尺如芦、荻也。粱粟种类名号之多，视黍稷犹甚，其命名或因姓氏、山水，或以形似、时令，总之不可枚举。山东人唯以谷子呼之，并不知粱粟之名也。

　　以上四米皆春种秋获，耕耨之法与来、牟同，而种收之候则相悬绝云。

【译文】

　　各种粮食之中，碾成粒而不磨成粉来食用的品种有很多。相距仅几百里地，这些粮食的颜色、味道、形状和质量就大不一样了。虽然大同小异，但名称却是成百上千。北方人只把粳稻叫大米，其余的都叫小米。

　　黍与稷同属一类，粱与粟又属同一类。黍也有黏的与不黏的之分（黏的可以做酒），稷只有不黏的，没有黏的。黏黍、黏粟统称为"秫"，除了这两种以外，还另有叫"秫"的作物。黍有红色、白色、黄色、黑色等色，有人专把黑黍称为稷，这不正确。至于说因为稷米比其他谷类早熟，更适宜于祭祀，因此把早熟的黍称作稷，这个说法还

小米

　　中国北方许多妇女在生育后，都有用小米加红糖来调养身体的习俗。小米熬粥营养价值丰富，有"代参汤"之美称。

1.虋：音同"门"，粟的一种。2.芑：音同"起"，意思是白色的粟米。3.秬：黑黍。4.秠：音同"批"，指秬米。

高粱

高粱是禾本科一年生植物，种子经过加工就是我们常吃的高粱米，在中国北方地区广泛种植，高粱还可以用来酿酒或制作饴糖，高粱还有一定的药用功效，可以治疗消化不良、脾虚湿困等。

差不多。在《诗经》《尚书》中记载蘷、芑、秬、秠等名称，现在的方言中也有牛毛、燕颔、马革、驴皮、稻尾等名称。黍最早的在三月下种，五月成熟；稍晚的也是在四月下种，七月成熟；最晚则是五月下种，八月成熟。开花和结穗的时间总和麦子（大麦、小麦）不同时。黍粒的大小是由土地肥力的厚薄、时令的好坏所决定的。宋朝的儒生死板地以某个地区的黍粒为依据来规定度量衡的标准，这是错误的。

粟与梁统称黄米，其中黏粟还可以用于酿酒。此外，有一种名叫高粱的芦粟，是因为它的茎秆高达七尺，很像芦、荻。粱粟的种类、名称，比黍和稷的还要多。它们有的用人的姓氏或山水来命名，有的则根据其形状和时令来命名，总之无法一一列举出来。山东人并不知道粱粟有这些名称，把它们都统称为谷子。

以上四种米，都是在春天播种而秋天收获的。耕作的方法与麦子的耕作方法相同，但播种和收割的时间，却和麦子相差很远。

麻 麻的种类

【原文】

凡麻可粒可油者，唯火麻、胡麻[1]二种。胡麻即脂麻，相传西汉始自大宛来。古者以麻为五谷之一，若专以火麻当之，义岂有当哉？窃意《诗》《书》五谷之麻，或其种已灭，或即菽、粟之中别种，而渐讹其名号，皆未可知也。

今胡麻味美而功高，即以冠百谷不为过。火麻子粒压油无多，皮为疏恶布，其值几何？胡麻数龠[2]充肠，移时不馁。粔籹[3]、饴饧得粘其粒，味高而品贵。其为油也，发得之而泽，腹得之而膏，腥膻得之而芳，毒厉得之而解。农家能广种，厚实可胜言哉。

1.火麻、胡麻：火麻即大麻，为中国本土所有，汉人列入"五谷"以诠释经籍，即指此。胡麻，即芝麻，又作脂麻，因据说是汉代张骞从西域引进，故称胡麻。下文宋应星以为古之"五谷"中的麻，不应仅为火麻，或另有他种，而已绝迹。此亦一猜测，但20世纪60年代，在浙江湖州新石器时期遗址中发现了芝麻，可证宋氏的猜测是有道理的。但必须指出，周、秦时代所言之"五谷"，并未指明其中有麻一种。2.龠：音同"月"，是古代容量单位，等于半合。3.粔籹：指米糕。

种胡麻法，或治畦圃，或垄田亩。土碎草净之极，然后以地灰微湿，拌匀麻子而撒种之。早者三月种，迟者不出大暑前。早种者花实亦待中秋乃结。耨草之功唯锄是视。其色有黑、白、赤三者。其结角长寸许有四棱者，房小而子少，八棱者房大而子多。皆因肥瘠所致，非种性也。收子榨油每石得四十斤余，其枯用以肥田。若饥荒之年，则留供人食。

【译文】

麻类既可以作为粮食又可以作为油料的，只有大麻和胡麻两种。胡麻就是芝麻，据说是西汉时期才从中亚的大宛国传来的。古时把麻列为"五谷"之一，如果是专指大麻，难道是恰当的吗？在我看来，古代《诗经》《尚书》中所说"五谷"中的麻，或者已经绝种了，或者就是豆、粟中的某一种，后来逐渐被传错了名称，这都很难确定。

现在的芝麻，味道好，用途广，即使把它摆在百谷的首位也不过分。大麻子榨不出多少油，麻皮做成的又是粗布，它的价值不大。芝麻只要有少量进肚，很久都不会饿。糕饼、糖果上粘点儿芝麻，就会使味道好而质量高。芝麻油搽发能使头发有光泽，吃了能增加脂肪，煮食能去腥膻而生香味，还能治疗毒疮。农家如果能多种些芝麻，那好处是说不尽的。

种植芝麻的方法，有的起畦，有的作垄。把土块尽可能地打碎并把杂草清除，然后用潮湿的草木灰拌匀芝麻种子来撒播。早种的芝麻在三月种，晚种的芝麻要在大暑前播种。早种的芝麻要到中秋才能开花结实。除草全靠用锄。芝麻有黑、白、红三种颜色。所结的果实，长约一寸多。果实有四棱的，果小粒少；有八棱的，果大粒多。这都是由于土地肥瘠所造成的，跟品种的特性没有关系。每石芝麻可榨油四十多斤，剩下的枯渣用来肥田；若碰上饥荒的年份，就留给人吃。

火麻

火麻是桑科大麻属植物，是一年生草本植物。火麻的茎皮纤维较长而且坚韧，可以用来织麻布，或者用来纺线、造纸。火麻的种子可以用来榨油，中医称为"火麻仁"，有润肠的功效。

芝麻

胡麻，即芝麻，传说是汉代张骞从西域引进的，故称胡麻。芝麻可以用来榨油，榨出来的油又叫香油，既可以食用，也可以用于医药用途。

芝麻一般在春、秋两季播种，要选择疏松肥沃、排水性比较好的土壤。播种时有点播、撒播和条播三种方法，播种后都需要覆土、浇水。在芝麻苗长到三片叶子时可以间苗。间苗后，可追施一次稀薄的粪水，芝麻开花期要重施肥。芝麻要选在早晚的时间段进行采收，用刀把地上部分割下后，放在太阳下暴晒至开裂。

菽 豆类

【原文】

　　凡菽种类之多，与稻、黍相等，播种、收获之期，四季相承。果腹之功在人日用，盖与饮食相终始。

　　一种大豆，有黑、黄两色，下种不出清明前后。黄者有五月黄、六月爆、冬黄三种。五月黄收粒少，而冬黄必倍之。黑者刻期八月收。淮北长征骡马必食黑豆，筋力乃强。

　　凡大豆视土地肥硗、耨草勤怠、雨露足悭，分收入多少。凡为豉、为酱、为腐，皆于大豆中取质焉。江南又有高脚黄，六月刈早稻方再种，九十月收获。江西吉郡种法甚妙：其刈稻田竟不耕垦，每禾稿头中[1]拈豆三四粒，以指扱之，其稿凝露水以滋豆，豆性充发，复浸烂稿根以滋。已生苗之后，遇无雨亢干，则汲水一升以灌之。一灌之后，再耨之余，收获甚多。凡大豆入土未出芽时，防鸠雀害，驱之唯人。

　　一种绿豆，圆小如珠。绿豆必小暑方种，未及小暑而种，则其苗蔓延数尺，结荚甚稀。若过期至于处暑，则随时开花结荚，颗粒亦少。豆种亦有二，一曰摘绿，荚先老者先摘，人逐日而取之。一曰拔绿，则至期老足，竟亩拔取也。凡绿豆磨、澄、晒干为粉，荡片、搓索[2]，食家珍贵。做粉溲浆灌田甚肥。凡畜藏绿豆种子，或用地灰、石灰、马蓼，或用黄土拌收，则四五月间不愁空蛀。勤者逢晴频晒，亦免蛀。凡已刈稻田，夏秋种绿豆，必长接斧柄，击碎土块，发生乃多。

　　凡种绿豆，一日之内遇大雨扳土[3]则不复生。既生之后，防雨水浸，疏沟浍以泄之。凡耕绿豆及大豆田地，耒耜欲浅，不宜深入。盖豆质根短而苗直，耕土既深，土块曲压，则不生者半矣。"深耕"二字不可施之菽类。此先农之所未发者。

　　一种豌豆，此豆有黑斑点，形圆同绿豆，而大则过之。其种十月下，来年五月收。凡树木叶迟者，其下亦可种。

　　一种蚕豆，其荚似蚕形，豆粒大于大豆。八月下种，来年四月收。西浙桑树之下遍环种之。盖凡物树叶遮露则不生，此豆与豌豆，树叶茂时彼已结

大豆

　　中国是大豆的故乡。大豆是世界上最古老的农作物之一，又是新兴起来的世界性五大主栽作物之一。可以说，现在世界上的大豆几乎都是直接或间接从中国引进的。中国的大豆大约在两千年前传到日本和朝鲜，1740年引进法国，1790年传到英国，1875年传入奥地利，1881年传入德国。1873年在奥地利首都维也纳举行的万国博览会上，中国大豆第一次展出即引起轰动，被人们视为珍品，称为"奇迹豆"，从此，中国大豆大步走向世界。

1.禾稿头中：禾稿指收割后的稻茬。2.荡片、搓索：做成粉皮，搓成粉条。3.遇大雨扳土：遇上大雨后土地板结。

荚而成实矣。襄、汉上流[1]，此豆甚多而贱，果腹之功不啻黍稷也。

一种小豆，赤小豆入药有奇功，白小豆（一名饭豆）当餐助嘉谷。夏至下种，九月收获，种盛江淮之间。

一种穞（音吕）豆，此豆古者野生田间，今则北土盛种。成粉荡皮可敌绿豆。燕京负贩者，终朝呼穞豆皮，则其产必多矣。

一种白扁豆，乃沿篱蔓生者，一名蛾眉豆。

其他豇豆、虎斑豆、刀豆，与大豆中分青皮、褐色之类，间繁一方[2]者，犹不能尽述。皆充蔬代谷以粒烝民者，博物者其可忽诸！

一种是绿豆，像珍珠一样又圆又小。绿豆须在小暑播种，如果在小暑前下种，豆秧就会蔓生至好几尺长，结的豆荚非常稀少。如果过了小暑甚至到了处暑时才播种，那就会随时开花结荚，豆粒数目会很少。绿豆也有两个品种，一种叫作"摘绿"，其豆荚先老的先摘，人们每天都要摘取。另一种叫作"拔绿"，要等全部成熟时再一起收获。把绿豆磨成粉浆，澄去浆水，晒干可制成淀粉、粉皮、粉条，这都是人们十分喜爱的食品。做豆粉剩下的粉浆水可以用来浇灌田地，肥效很高。

【译文】

豆子的种类与稻、黍的种类一样繁多，播种和收获的时间，在一年四季中接连不断。人们将豆子视为日常饮食中始终离不开的重要食品。

一种是大豆，有黑色和黄色两种，播种期都在清明节前后。黄色的有"五月黄""六月爆"和"冬黄"三种。"五月黄"产量低，"冬黄"则要比它高一倍。黑豆一定要到八月才能收获，淮北地区长途运载货物的骡马，一定要吃黑豆，才能筋强力壮。

大豆收获的多少，要视土质的好坏、锄草勤与不勤、雨水充足与否而定。豆豉、豆酱和豆腐都是以大豆为原料做成的。江南还有一种叫作"高脚黄"的大豆，等到六月割了早稻时才种，九、十月便可收获。江西吉安一带大豆的种法十分巧妙，收割后的稻茬田，竟不再翻耕，只在每蔸稻茬中用手指捅进三四粒种豆。稻茬所凝聚的露水滋润着种豆，豆子胚芽长出以后，又有浸烂的稻根来滋养。豆子出苗后，遇到干旱无雨的时候，每蔸需浇灌约一升水。浇水以后，再除草一次，就可以获得丰收了。大豆播种后没发芽之时，要防避鸠雀祸害，这时就得有人去驱赶。

蚕豆

蚕豆中国各地都有种植，是重要的粮、菜、肥兼用型作物。主要用于稻、麦田套种和中耕作物行间间种，摘青嫩荚果做蔬菜或收子食用，茎秆翻压作为绿肥。

1.襄、汉上流：湖北襄阳汉水的上游一带。 2.间繁一方：间或繁盛于一地。

绿豆

绿豆又名青小豆，因其颜色青绿而得名，在中国已有两千余年的栽培史。绿豆具有粮食、蔬菜、绿肥和医药等用途，是中国人民的传统豆类食物。

储藏绿豆种子，有的人用草木灰、石灰，有的人用马蓼，有的人用黄土和种子拌匀后再进行收藏，这样，即使在四五月间也不必担心被虫蛀。勤快的人，每逢晴天时就将绿豆拿出进行多次晾晒，这样也能避免虫蛀。夏秋两季在已经收割后的稻田里种绿豆，必须使用接长了柄的斧头，将土块打碎，这样才能长出较稠的苗。

绿豆播种后，如果在当天遇上了大雨，土壤板结后，就长不出豆苗来了。绿豆出苗以后，要防止雨水浸泡，应该及时将田地里的水排出。种绿豆和大豆时，耕地要浅而不能太深。因为豆子是根短苗直的作物，耕土过深的话，豆芽就会被土块压弯，起码会有一半长不出苗来。因此，"深耕"并不适用于豆类，这是过去的农民所不曾了解的。

一种是豌豆，这种豆有黑斑点，形状圆圆的有些像绿豆，但又比绿豆大。十月播种，第二年五月份收获。春天出叶晚的落叶树下也可以种植。

一种是蚕豆，它的豆荚像蚕形，豆粒比大豆要大。八月下种，第二年四月收获，浙江西部地区的人普遍在桑树下种植。一般来说，有树叶遮盖，作物就长不好，但蚕豆和豌豆等到树叶繁茂时，已经结荚长成豆粒了。在湖北襄阳汉水上游一带，蚕豆很多而且价格便宜，当作粮食来吃，其价值并不比黍稷小。

一种是小豆，红小豆入药有很高的特殊疗效，白小豆（也叫饭豆）可以当饭吃，饭食里掺进它就会更好吃了。小豆夏至时播种，九月份收获，大量种植于长江、淮河之间的地区。

一种是穞（音吕）豆，从前野生在田里，现在北方已经大量种植了。用来做淀粉、粉皮，可以抵得上绿豆。北京的小商贩整天叫卖"穞豆皮"，可见它的产量一定是很多的了。

一种是白扁豆，它是沿着篱笆而蔓生的，也叫蛾眉豆。

其他如豇豆、虎斑豆、刀豆与大豆中的青皮、褐皮等品种，仅在个别地方有种植的，就不能一一详尽叙述了。这些豆类都是寻常百姓用来当作蔬菜或代替粮食吃的，关心自然的见识广博的读书人，怎么能够忽视它们呢！

卷二·乃服
衣服原料的来源及加工方法

　　宋子曰：人为万物之灵，五官百体，赅而存焉。贵者垂衣裳，煌煌山龙，以治天下。贱者短褐、枲裳，冬以御寒，夏以蔽体，以自别于禽兽。是故其质则造物之所具也。属草木者为枲、麻、苘、葛，属禽兽与昆虫者裘褐、丝绵。各载其半，而裳服充焉矣。

　　天孙机杼，传巧人间。从本质而见花，因绣濯而得锦。乃杼柚遍天下，而得见花机之巧者，能几人哉？"治乱""经纶"字义，学者童而习之，而终身不见其形象，岂非缺憾也！先列饲蚕之法，以知丝源之所自。盖人物相丽，贵贱有章，天实为之矣。

蚕种 做种用的蚕卵

【原文】

　　凡蛹变蚕蛾，旬日破茧而出，雌雄均等。雌者伏而不动，雄者两翅飞扑，遇雌即交，交一日、半日方解。解脱之后，雄者中枯而死，雌者即时生卵。承藉卵生者，或纸或布，随方所用（嘉、湖[1]用桑皮厚纸，来年尚可再用）。一蛾计生卵二百余粒，自然粘于纸上，粒粒匀铺，天然无一堆积。蚕主收贮，以待来年。

马头娘浮雕

　　相传帝喾高辛氏时，蜀中某女之父被人掠去，只剩所骑白马返回。其母伤心至极，发誓道：谁只要能将其夫救得生还，就把女儿嫁给他！白马闻言仰天长啸，挣脱缰绳疾驰而去。几天后，白马载着其父返回家中。其母见此反悔，不再提及嫁女之事。从此白马整日嘶鸣不止，不思饮食。其父见状，心中为女着急，取箭将马射杀，并把马皮剥下晾在院子里。但那马皮突然飞起将姑娘卷走，不知去向……数日后，家人在一棵树上找到了姑娘，但见那马皮还紧紧包裹着她，而头已经变成了马头的模样，正伏在树枝上吐丝缠绕自己。家人将其从树上取回饲养，养蚕吐丝结茧缫丝的历史从此开始。由于这种虫子总是吐丝缠绕自己，人们就把它叫作"蚕（缠）"；又因为姑娘是在树上丧失生命的，大家就把这种树叫"桑（丧）"。后世人们为感激小姑娘为人们带来了丝绸锦衣，把她尊为蚕神，称为"马头娘"或"马头神"。

1.嘉、湖：今浙江嘉兴、湖州一带。

【译文】

　　蚕由蛹变成蚕蛾，破茧而出需要经过约十天的时间，雌蛾和雄蛾数目大致相等。雌蛾伏着不活动，雄蛾振动两翅飞扑，人们遇到雌蛾就要交配，交配半天甚至一天才脱身。分开之后，雄蛾因体内精力枯竭而死，雌蛾立刻就开始产卵。人们用纸或布来承接蚕卵，各地的习惯有所不同（嘉兴和湖州使用桑皮做的厚纸，第二年仍然可以再使用）。一只雌蛾可产卵二百多粒，所产下的蚕卵自然地粘在纸上，一粒一粒均匀铺开，天然无一堆积。养蚕的人把蚕卵收藏起来，准备第二年用。

先蚕嫘祖

　　黄帝元妃嫘祖，是世界上蚕桑丝绸的发明家，历来受到人们的尊崇。嫘祖终身为教导和推广蚕桑事业，奔走劳碌，老来逝世于南巡的衡山道。嫘祖被朝廷祀为"先蚕"，民间祀为蚕神。由于她巡行全国教民蚕桑而逝于道上，也被人们祀为"道神""行神""祖神"，即保佑出行平安之神，并演变为"旅游之神"。

蚕浴 育种选蚕

【原文】

凡蚕用浴法[1]，唯嘉、湖两郡。湖多用天露、石灰，嘉多用盐卤水。每蚕纸一张，用盐仓走出卤水二升，参水浸于盂内，纸浮其面（石灰仿此）。逢腊月十二即浸浴，至二十四，计十二日，周即漉起，用微火烘干。从此珍重箱匣中，半点风湿不受，直待清明抱产。其天露浴者，时日相同。以篾盘盛纸，摊开屋上，四隅小石镇压，任从霜雨、风雨、雷电，满十二日方收。珍重待时如前法。盖低种经浴，则自死不出，不费叶故，且得丝亦多也。晚种不用浴。

【译文】

对蚕种进行浸浴的只有嘉兴、湖州两地。湖州多采用天露浴法和石灰浴法，嘉兴则多采用盐水或卤水浴法。每张蚕纸用从盐仓流出来的卤水约两升，掺水倒在一个盆盂内，纸便浮在水面（石灰浴仿照此法）。每逢腊月开始浸种，从腊月十二日到二十四日，共浸浴十二天，然后把蚕纸捞起，用微火烤干。然后妥善保管在箱、盒里，不让蚕种受风寒湿气，一直到清明节才取出蚕卵进行孵化。天露浴的时间与前述方法相同。将蚕纸摊开平放在屋顶的竹篾盘上，将蚕纸的四角用小石块压住，任凭它经受霜雪、风雨、雷电吹打，放够十二天后再收起来。用前述相同方法珍藏起来等到时候再用。大概是孱弱的蚕种经过浴种就会死掉不出，所以不会浪费桑叶，而且这样处理后蚕吐丝也多。而对于一年中孵化、饲养两次的"晚蚕"则不需要浴种。

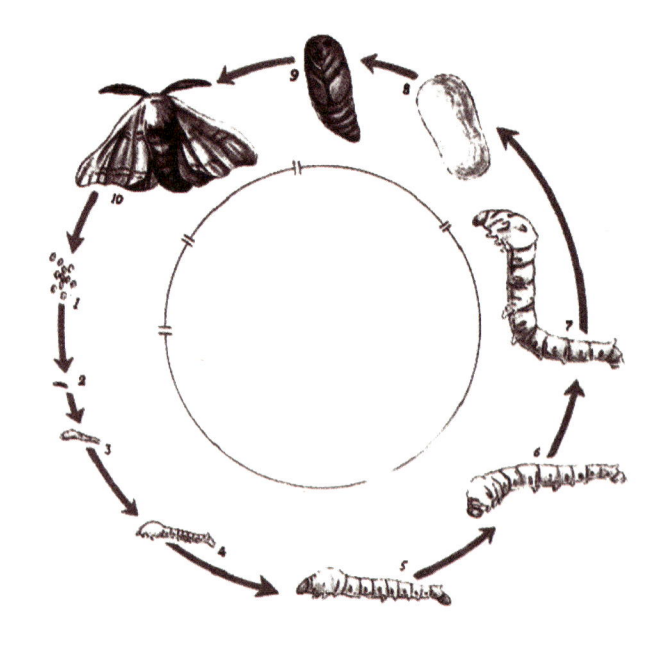

蚕的一生

蚕中最常见的是桑蚕，又称家蚕，是以桑叶为食料的吐丝结茧的经济昆虫之一。

蚕的一生要经过蚕卵、蚁蚕、幼虫、蚕茧、蚕蛾等阶段，共四十多天的时间。

刚从卵中孵化出来的蚕宝宝黑黑的像蚂蚁，人们称为"蚁蚕"。蚁蚕的身上长满细毛，经过大约两天的成长，毛就不明显了。

蚕宝宝以桑叶为生，不断吃桑叶后身体变成白色，一段时间后它便开始脱皮。脱皮时约有一天的时间，这时它如睡眠般不吃也不动，这叫"休眠"。经过一次脱皮后，就是二龄幼虫。它脱一次皮就算增加一岁，蚕共要脱皮四次，成为五龄幼虫才开始吐丝结茧。

五龄幼虫需二天二夜的时间，才能结成一个茧，并在茧中进行最后一次脱皮，成为蛹。约十天后，羽化成为蚕蛾，破茧而出。出茧后，雌蛾和雄蛾进行交尾，交尾后雄蛾即死亡，雌蛾约花一个晚上来产卵。产完卵后，雌蛾也会慢慢死去。而产下的卵又会开始新一轮的生长过程。

1.蚕用浴法：浴蚕是古人人工淘汰低劣蚕种的办法。

浴蚕

蚕浴

中国是世界上最早开始养蚕的国家，男耕女织是古代农业经济的一个特点，农妇养蚕、缫丝、纺织是常见现象。蚕浴是嘉兴、湖州两地对蚕种进行浸浴，嘉兴采用盐水或卤水浴法，湖州采用天露浴法或石灰浴法，蚕浴或可以使蚕生得快，不会死掉不出，长大的蚕吐丝也会多。

种忌[1] 保存蚕卵的禁忌

【原文】

凡蚕纸用竹木四条为方架，高悬透风避日梁枋[2]之上，其下忌桐油、烟煤火气。冬月忌雪映，一映即空。遇大雪下时，即忙收贮，明日雪过，依然悬挂，直待腊月浴藏。

【译文】

装蚕种的纸，是用四根竹棍或者木棍做成的方架，将方架挂在高高的通风避阳光的梁枋上，进而把蚕纸撑开。方架下面忌讳放桐油和烟熏火燎。冬天要避免雪的反射光映照，蚕卵一经雪光映照就会变成空壳。因此，遇到下大雪时，要赶紧将蚕种收藏起来，等到第二天雪停了以后，依旧把它挂起来，一直等到十二月浴种之后再进行收藏。

圆漏蚕匾

蚕匾是一种养蚕的用具，用竹篾或苇子等编成，用以盛桑叶和放养蚕。

蚕匾与蚕匾架

蚕匾架是用来摆放蚕匾的架子。用蚕匾架来摆放蚕匾可以更好地利用空间，使得在有限的空间内能够放更多的桑蚕。蚕匾架为木质，中间不设挡板或隔板，保证了空气的流通。

1.种忌：培育蚕种的禁忌。2.枋：房屋两柱之间起连接作用的方形横木。

种类 蚕的种类

【原文】

凡蚕有早、晚二种[1]。晚种每年先早种五六日出（川中者不同），结茧亦在先，其茧较轻三分之一。若早蚕结茧时，彼已出蛾生卵，以便再养矣（晚蛹戒不宜食）。凡三种浴种，皆谨视原记。如一错误，或将天露者投盐浴，则尽空不出矣。凡茧色唯黄、白二种。川、陕、晋、豫有黄无白，嘉、湖有白无黄。若将白雄配黄雌，则其嗣变成褐茧。黄丝以猪胰漂洗，亦成白色，但终不可染漂白、桃红二色。

凡茧形亦有数种。晚茧结成亚腰葫芦样，天露茧尖长如榧子形，又或圆扁如核桃形。又一种不忌泥涂叶者[2]，名为贱蚕，得丝偏多。

凡蚕形亦有纯白、虎斑、纯黑、花纹数种，吐丝则同。今寒家有将早雄配晚雌者，幻出嘉种，一异也。野蚕自为茧，出青州、沂水[3]等地，树老即自生。其丝为衣，能御雨及垢污。其蛾出即能飞，不传种纸上。他处亦有，但稀少耳。

【译文】

蚕分早蚕和晚蚕两种，晚蚕每年比早蚕先孵化五六天（四川的蚕不是这样的），结茧也在早蚕之前，但它的茧约比早蚕的茧轻三分之一。当早蚕结茧的时候，晚蚕已经出蛾产卵了，可用来继续喂养（晚蚕的蚕蛹不能吃）。用三种不同方法浸浴的蚕种，无论采用其中任何一种都要认真记准原来的标记，一旦弄错了，例如将天露浴的蚕种放到盐卤水中进行盐浴，那么蚕卵就会全部变空，培育不出蚕来了。茧的颜色只有黄色和白色两种，四川、陕西、山西、河南有黄色的茧而没有白色的茧，嘉兴和湖州有白色的茧而没有黄色的茧。如果将白色茧的雄蛾和黄色茧的雌蛾相交配，它们的下一代就会结出褐色的茧。黄色的蚕丝如果用猪胰漂洗，也可以变成白色，但终究不能漂成纯白，也不能染上桃红色。

茧的形状也有几种。晚蚕的茧结成束腰的葫芦形，经过天露浴的蚕的茧尖长很像榧子形，也有的茧结得像核桃形。还有一种不怕吃带泥土的桑叶的蚕，名叫"贱蚕"，吐丝反而会比较多。

蚕的体色有纯白、虎斑、纯黑、花纹色几种，吐丝都是一样的。现在的贫苦人家有用雄性早蚕蛾与雌性晚蚕蛾相交配而培育出良种的，真是很不寻常啊！有一种野蚕，它不用人工饲养管理而能自己结茧，多产于山东的青州及沂水一带。当树叶枯黄时自然就会有长出的野蚕蛾。用这种蚕吐的丝织成的衣服，能防雨且耐脏。野蚕蛾钻出茧后就能飞走，不在蚕纸上产卵传种。别的地方也有野蚕，只是不多罢了。

天蚕

天蚕是以壳斗科柞属植物的叶（如辽东柞、蒙古柞、拴皮柞、尖柞等树叶）为食料的吐丝结茧的经济昆虫之一。主要分布于中国、朝鲜、韩国、日本等地。天蚕是一化性完全变态昆虫。天蚕茧色为绿色，能缫丝，丝质优美、轻柔，不需要染色而能保持天然绿色，并具有独特的光泽。织成丝绸色泽艳丽、美观，是高级的丝织品。

1.早、晚二种：指早蚕和晚蚕两个蚕的品种。早蚕为一年孵化一次，晚蚕则一年孵化两次。2.不忌泥涂叶者：桑叶沾了泥，蚕就不吃了，只有此种蚕不忌。3.青州、沂水：皆在今山东境内。此处所生野蚕即柞蚕。

抱养 养蚕的方法

【原文】

凡清明逝三日，蚕蚁[1]即不偎衣衾暖气，自然生出。蚕室宜向东南，周围用纸糊风隙，上无棚板者宜顶格[2]，值寒冷则用炭火于室内助暖。凡初乳蚕，将桑叶切为细条。切叶不束稻麦稿为之，则不损刀。摘叶用瓮坛盛，不欲风吹枯悴。

二眠以前，腾筐[3]方法皆用尖圆小竹筷提过。二眠以后则不用箸，而手指可拈矣。凡腾筐勤苦，皆视人工。怠于腾者，厚叶与粪湿蒸，多致压死。凡眠齐时，皆吐丝而后眠。若腾过，须将旧叶些微拣净。若粘带丝缠叶在中，眠起之时，恐其即食一口，则其病为胀死。三眠已过，若天气炎热，急宜搬出宽凉所，亦忌风吹。凡大眠后，计上叶十二餐方腾，太勤则丝糙。

【译文】

清明节过后三天，蚕卵不必依靠衣被的遮盖来保暖就可以自然地生出了。蚕室最好是面向东南方，蚕室周围墙壁上透风的缝隙要用纸糊好，室内房顶上如果没有天花板要装上天花板。遇到天气寒冷温度低的时候，蚕室内还要使用炭火来加温。喂养初生的蚕宝宝时，要把桑叶切成细条。切桑叶的砧板要用稻麦秆捆扎成，这样就不会损坏刀口了。摘回来的桑叶要用陶瓮、陶坛子装好，不要被风吹干了水分。

蚕在二眠以前，腾筐的方法都是用尖圆的小竹筷子把蚕夹过去。二眠以后就用不着竹筷子，可以直接用手捡了。腾筐次数的多少关键在于人是不是真的勤劳。如果人懒得腾筐，堆积的残叶和蚕粪太多了，就会变得湿热，往往会把蚕给压死。蚕总是先吐丝而后一齐睡眠。在这个时候腾筐，需要把零碎的残叶都拣干净了，如果还有粘着丝的残叶留下来的话，蚕觉醒之后，哪怕只吃一口残叶也会得病胀死。三眠过后，如果天气十分炎热，就应该赶快搬到宽敞凉爽的房间里，但也忌受风。大眠之后，要喂食十二次桑叶以后再腾筐，腾筐次数太多，蚕吐的丝就会变得粗糙。

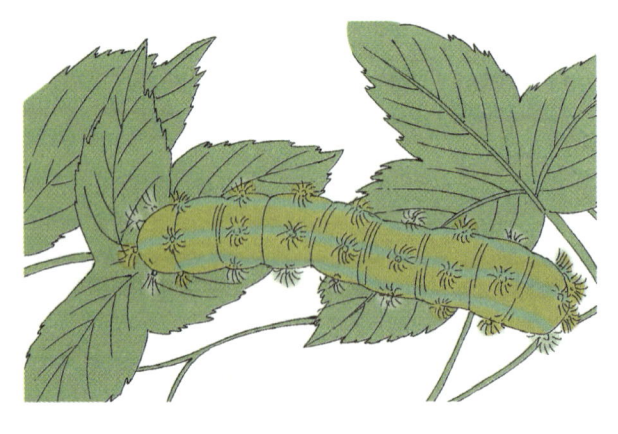

樟蚕

樟蚕是以樟树叶为食料的吐丝结茧的经济昆虫之一，又称天蚕、枫蚕、渔丝蚕等。樟蚕主要食樟树叶，丝质较优，也食枫树叶、柜柳叶、野蔷薇、沙梨、蕃石榴、紫壳木及柯树叶等，但丝质较差。樟蚕主要分布于中国、越南、印度等国，产量最多的地方是中国的海南岛。樟蚕每年一代，蛹态滞育。饲养樟蚕者一般不让其结茧，而是在其成熟期时，先将熟蚕浸死在水中，然后手工撕破蚕腹，取出两条丝腺浸入冰醋酸中，5～7秒后，即进行拉丝，经水洗后光滑透明，坚韧耐水，在水中透明无影，是最佳的钓鱼线。除供钓鱼外，还可精制成外科用的优质缝合线。樟蚕茧也可缫丝，但数量很少。

1.蚕蚁：指幼蚕。2.顶格：以木为格，扎于屋顶，糊纸。3.腾筐：养蚕想要给蚕做清洁工作，也就是为清除蚕筐中的蚕粪及残叶，须将蚕移入另一筐内，称腾筐。

养忌 养蚕的禁忌

【原文】

凡蚕畏香，复畏臭。若焚骨灰、淘毛圊[1]者，顺风吹来，多致触死。隔壁煎鲍鱼、宿脂，亦或触死。灶烧煤炭，炉蓺沉、檀[2]，亦触死。懒妇便器[3]摇动气侵，亦有损伤。若风则偏忌西南，西南风太劲，则有合箔皆僵者。凡臭气触来，急烧残桑叶烟以抵之。

【译文】

蚕既害怕香味，又害怕臭味。如果烧骨头或掏厕所的臭味顺风吹来，接触到蚕，往往会把蚕熏死。隔壁煎咸鱼或不新鲜的肥肉之类的气味也能把蚕熏死。灶里烧煤炭或香炉里燃沉香、檀香，这些气味接触到蚕时也会把蚕熏死。懒妇的便桶摇动时散发出的臭气，也会损伤蚕。如果是刮风，蚕特别怕西南风，西南风太猛时，有满筐的蚕都得僵蚕病的情况。每当臭气袭来时，要赶紧烧起残桑叶，用桑叶烟来抵挡它。

徐砚养蚕图

养蚕时禁忌甚多。金代《务本新书》载蚕之杂忌有："忌食湿叶，忌食热叶。蚕初生时，忌屋内扫尘。忌煎鱼肉。不得将烟火纸捻于蚕房内吹灭。忌侧近舂捣。忌敲击门、窗、槌、箔及有声之物。忌蚕屋内哭泣、叫唤。忌秽语淫辞。夜间无令灯火光忽照射蚕屋窗孔。未满月产妇，不宜作蚕母。蚕母不得频换颜色衣服，洗手长（常）要洁净。忌带酒人切桑饲蚕及抬解、布蚕。蚕生至老，大忌烟熏。不得放刀于灶上、箔上。灶前忌热汤拨灰。忌产妇、孝子入家。忌烧皮、毛、乱发。忌酒、醋、五辛、膻、腥、麝香等物。"文中所禁多合科学道理，现在蚕乡也有此类禁忌。嘉、湖一带还有许多语言禁忌，如忌"亮"字，忌说"酱"，因亮蚕、僵（与"酱"同音）蚕是蚕病，等等。

1.毛圊：圊音同"青"。毛圊指粪坑。 2.沉、檀：沉香和檀香。 3.懒妇便器：懒惰的妇人所用的便溺器具，这里形容污秽。

叶料 桑叶的选用

【原文】

凡桑叶无土不生。嘉、湖用枝条垂压,今年视桑树傍生条,用竹钩挂卧,逐渐近地面,至冬月则抛土压之,来春每节生根,则剪开他栽。其树精华皆聚叶上,不复生葚与开花矣。欲叶便剪摘,则树至七八尺即斩截当顶,叶则婆娑可扳伐,不必乘梯缘木[1]也。其他用子种者,立夏桑葚紫熟时取来,用黄泥水搓洗,并水浇于地面,本秋即长尺余。来春移栽,倘灌粪勤劳,亦易长茂。但间有生葚与开花者,则叶最薄少耳。又有花桑叶薄不堪用者,其树接[2]过,亦生厚叶也。

又有柘叶三种以济桑叶之穷。柘叶浙中不经见,川中最多。寒家用浙种桑叶穷时,仍啖[3]柘叶,则物理一也。凡琴弦、弓弦丝,用柘养蚕,名曰棘茧,谓最坚韧。

凡取叶必用剪,铁剪出嘉郡桐乡者最犀利,他乡未得其利。剪枝之法,再生条次月叶愈茂,取资既多,人工复便。凡再生桑叶,仲夏以养晚蚕,则止摘叶而不剪条。二叶摘后,秋来三叶复茂,浙人听其经霜自落,片片扫拾以饲绵羊,大获绒毡之利。

【译文】

桑树在各个地方都可以生长。浙江嘉兴和湖州用压条的方法培植桑树,选当年桑树的侧枝用竹钩坠挂,使它逐渐接近地面,到了冬天就用土压住枝条。第二年春天,每节树枝都能长出根来,这时便可以剪开再进行移植了。用这种方法培植成的桑树,养分都会聚积在叶片上,不再开花结实了。为了便于剪摘桑树叶子,可以等到桑树长到七八尺高的时候截去树尖,以后繁茂的枝叶就会披散下来,不必登梯爬上树去也能随手扳摘、采叶了。此外,还可以用桑树的种子进行种植,等到立夏时紫红色的桑葚果子成熟的时候,摘下来后用黄泥水搓洗,然后连水一块浇灌在地里,当年秋天就可以长到一尺多高,第二年春天再进行移栽。如果浇水施肥较频繁,枝叶也会很容易长得茂盛。但其中也有开花结果的,叶子就会薄而又少。还有一种桑树名叫花桑,叶子太薄不能用,但这种桑树通过嫁接也能长出厚叶。

另外还有三种柘树的叶子,可以弥补桑叶的不足。柘树在浙江并不常见,而在四川最多。穷苦人家饲养的蚕在浙江种的桑叶不够喂时,也让蚕吃柘树叶,同样能够将蚕喂养大。琴弦和弓弦都是采用

桑叶

桑叶营养价值的高低会直接影响蚕的成长和发育。桑叶采摘的最佳时间是在桑叶定型不再长大时。桑叶过老或过嫩,其营养物质都比较少。

1.缘木:指爬树。2.接:指嫁接。3.啖:音同"蛋",指喂养。

喂柘叶的蚕所吐之丝做的，所得的蚕茧名叫"棘茧"，据说这种丝最为坚韧。

采摘桑叶，必须要用剪刀，以嘉兴桐乡出的铁剪刀最为锋利，其他地方出产的都比不上桐乡的好。桑树经过剪枝之后，新生枝条一个月后就会长出许多叶子，枝条也就很茂盛了，而且还便于采摘。再生枝条的桑叶，农历五月份便可用来喂养晚蚕，那时就只采摘桑叶而不再进行剪枝了。第二茬的桑叶在摘取以后，第三茬叶子到秋天又长得很茂盛了，浙江人让它经霜自落，然后将落叶全都收拾起来，用来饲养绵羊，剪取更多羊毛，从而能取得更加可观的收益。

采摘荆桑

英国维多利亚阿伯特博物馆收藏的 1870—1890 年间的纸本水彩画。在不同区域、地理环境的影响下，桑树的品种也不一样，荆桑为乔木类，其枝干高大，采叶时需要踏梯攀爬。

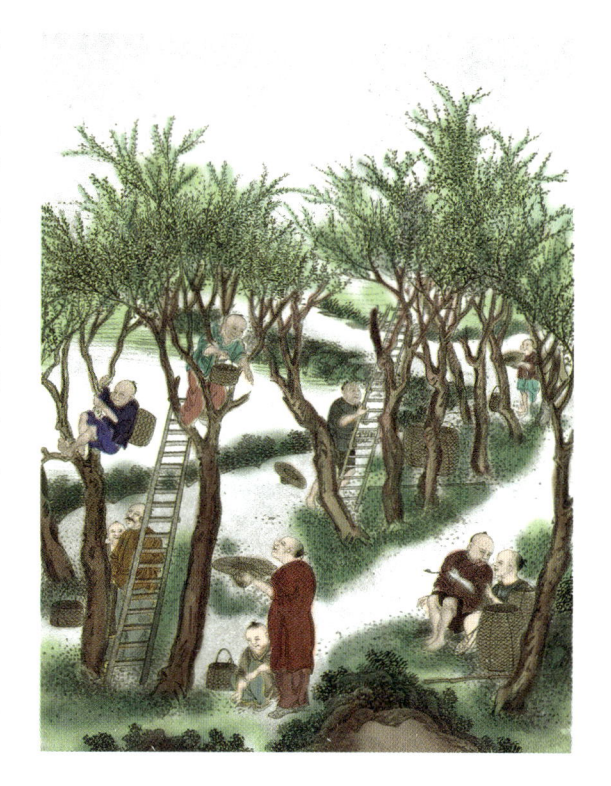

食忌 食用桑叶的禁忌

【原文】

凡蚕大眠以后，径食[1]湿叶。雨天摘来者，任从[2]铺地加餐；晴日摘来者，以水洒湿而饲之，则丝有光泽。未大眠时，雨天摘叶用绳悬挂透风檐下，时振其绳，待风吹干。若用手掌拍干，则叶焦而不滋润，他时丝亦枯色。凡食叶，眠前必令饱足而眠，眠起即迟半日上叶无妨也。雾天湿叶甚坏蚕，其晨有雾，切勿摘叶。待雾收时，或晴或雨，方剪伐也。露珠水亦待旴干[3]而后剪摘。

【译文】

蚕到大眠以后，就可以直接吃潮湿的桑树叶子了。下雨天摘来的叶子，也可以随便放在地上拿来给它吃；天晴时摘来的叶子，还要用水淋湿后再去喂蚕，这样结出的丝才更有光泽。但在还没有到大眠的时候，雨天摘来的桑叶要用绳子悬挂在通风的屋檐下，经常抖动绳子，让风吹干桑叶。如果是用手掌轻轻拍干的，叶子就不会新鲜滋润了，将来蚕吐的丝也就没有什么光泽。喂养蚕的时候，一定要让蚕在睡眠前能吃饱吃足，在蚕睡醒之后，即使晚半天喂叶子也不会有什么影响。雾天里潮湿的桑树叶子对蚕的危害很大，因此一旦看见早晨有雾，就一定不要再去采摘桑叶了。等雾散以后，无论晴雨都可以对桑叶进行剪摘了。带露珠的桑叶要等太阳出来把露水晒干后再进行剪摘。

1.径食：直接喂食。 2.任从：随便，任意。 3.旴干：旴音同"于"。旴干指晾干。

病症 蚕的病症

【原文】

　　凡蚕卵中受病，已详前款[1]。出后湿热积压，防忌在人。初眠腾[2]时，用漆合者不可盖掩逼出氽水。凡蚕将病，则脑上放光，通身黄色，头渐大而尾渐小；并及眠之时，游走不眠，食叶又不多者，皆病作也。急择而去之，勿使败群。凡蚕强美者必眠叶面，压在下者或力弱或性懒，作茧亦薄。其作茧不知收法，妄吐丝成阔窝者，乃蠢蚕，非懒蚕也。

【译文】

　　蚕在卵期受的病害，已经在前面谈过了。蚕孵化出来后要防止湿热、堆压，这关键在于养蚕人的工作状况。在蚕初眠腾筐时，如果是用漆盒装的，就不要盖上盖，以便于水分蒸发。当蚕将要发病的时候，脑部透明发亮，全身发黄，头部渐渐变大而尾部慢慢变小。此外，有些蚕在该睡眠的时候仍然游走不眠，吃的桑叶又不多，这都是病态的表现。应该立即挑拣出去扔掉，以免传染蚕群。健康而色泽美好的蚕一定会在叶面上睡眠，压在桑叶下面的蚕，不是体弱，就是不健康的，所结的蚕茧也薄。那种结茧、吐丝都不按规则形状排列而是胡乱吐丝结成松散丝窝的，是不正常的蚕而不是懒于活动的蚕。

老足[3] 蚕的成熟

【原文】

　　凡蚕食叶足候[4]，只争时刻。自卵出少多在辰、巳二时，故老足结茧亦多辰、巳二时。老足者，喉下两唊通明，捉时嫩一分则丝少。过老一分，又吐去丝，茧壳必薄。捉者眼法高，一只不差方妙。黑色蚕不见身中透光，最难捉。

【译文】

　　当蚕吃够了桑叶并日趋成熟的时候，要特别注意抓紧时间捉蚕结茧。蚕卵孵化在上午七点至十一点，所以成熟的蚕结茧也多在这个时间。老熟的蚕胸部透明。捉成熟的蚕时，如果捉的蚕嫩一分、不够成熟的话，吐丝就会少些；如果捉的蚕过老一分，因为它已吐掉一部分丝，这样茧壳必然会比较薄些。捉蚕的人要善于分辨蚕的成熟程度，如果能够做到一只不错才算高手。体色黑的蚕，它即便到了老熟时也看不见身体透明的部分，因此最难辨捉。

1.前款：指前面的章节。2.腾：指清理蚕的排泄，除沙。3.老足：发育成熟的蚕。 4.足候：成熟的时候。

老足

当蚕吃足了桑叶，到了成熟的时候，必须抓紧时机捉蚕作茧。成熟的蚕胸部会变得透明，由于蚕的成熟度不一样，需要有经验的养蚕人拣出已经成熟的开始吐丝的蚕，让它在蚕架上结茧。

图解天工开物

结茧 吐丝成茧

【原文】

凡结茧必如嘉、湖,方尽其法。他国不知用火烘,听蚕结出,甚至丛杆之内,箱匣之中,火不经,风不透。故所为屯、漳[1]等绢,豫、蜀等绸,皆易朽烂。若嘉、湖产丝成衣,即入水浣濯百余度,其质尚存。其法析竹编箔,其下横架料木约六尺高,地下摆列炭火(炭忌爆炸),方圆去四五尺即列火一盆。初上山时,火分两略轻少,引他成绪[2],蚕恋火意,即时造茧,不复缘走。

茧绪既成,即每盆加火半斤,吐出丝来随即干燥,所以经久不坏也。其茧室不宜楼板遮盖,下欲火而上欲风凉也,凡火顶上者不以为种,取种宁用火偏者。其箔上山用麦稻稿斩齐,随手纠捩成山,顿插箔上。做山之人最宜手健。箔竹稀疏用短稿略铺洒,妨蚕跌坠地下与火中也。

【译文】

处理蚕所结的茧时,必须要采用嘉兴、湖州那样的方法,才算最好的方法。其他地方都不懂得怎样用火烘烤除湿,而是任由蚕随便吐丝、四处结茧,导致蚕茧有时结在丛杆当中或者箱匣里,既不通风也不透气。因此,用这种蚕丝织成的屯溪、漳州等地的绢,河南、四川等地的绸,都容易朽烂。如果用嘉兴、湖州产的蚕丝做衣服,即使放在水里洗上一百多次,丝质还是完好的。嘉兴、湖州的做法是,削竹篾编成蚕箔,在蚕箔下面用木料搭上一个离地约六尺高的木架子,地面放置炭火(注意在这里不能用会爆炸的炭),前后左右每隔四五尺就摆放一个火盆。蚕开始上山结茧时,火力稍微小一些,蚕因为喜欢暖和而被诱引马上开始结茧,不再到处爬动。

当茧衣结成之后,每盆炭火再添上半斤炭,使温度升高。蚕吐出的丝随即干燥,所以这种丝能经久不坏。供蚕结茧的屋子不应当用楼板遮盖,因为结茧时下面要用火烘,而上面需要通风。凡是火盆正顶上的蚕茧不能用作蚕种,取种要用离火盆稍远的。蚕箔上的山簇,是用切割整齐的稻秆和麦秸随手扭结而成的,垂直插放在蚕箔上。做山簇的人最好是手艺纯熟的。蚕箔编得稀疏的,可以在上面略铺一些短稻草秆,以防蚕掉到地下或火盆中。

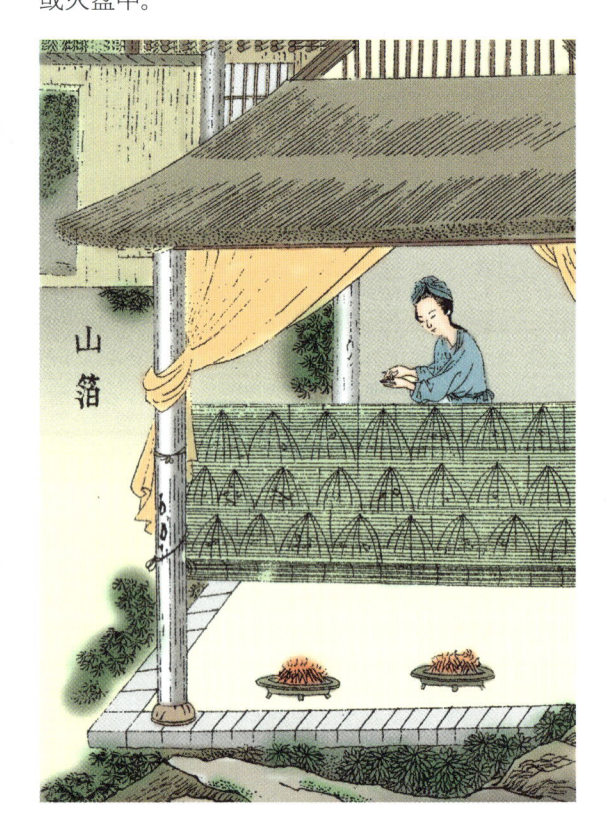

山箔

结茧

嘉兴、湖州等地削竹篾制成蚕箔,在蚕箔下用木料搭成离地约六尺高的架子,地面放置炭火。蚕因为喜欢这种暖和、通风、干燥的环境,马上开始结茧。蚕箔上面的山簇是用切割整齐的稻秆和麦秸制成的,垂直放置在蚕箔上。

1.屯、漳:安徽屯溪、福建漳州。 2.成绪:吐出丝缕的头绪。

42

卷二·乃服

取茧 摘取蚕茧

【原文】

　　凡茧造三日，则下箔而取之。其壳外浮丝一名丝匡者，湖郡老妇贱价买去（每斤百文），用铜钱坠打成线，织成湖绸。去浮[1]之后，其茧必用大盘摊开架上，以听[2]治丝、扩绵[3]。若用厨箱掩盖，则浥郁[4]而丝绪断绝矣。

【译文】

　　蚕上山簇上结茧三天之后，就可以拿下蚕箔进行取茧。蚕茧壳外面的浮丝名叫"丝匡"（茧衣），湖州的老年妇女用很便宜的价钱买回去（每斤约一百文钱），用铜钱坠子做纺锤，打线，织成湖绸。剥掉浮丝以后的蚕茧，必须摊在大盘里，放在架子上，准备缫丝或者造丝绵。如果用橱柜、箱子装盖起来，就会因湿气郁结疏解不良而造成断丝。

取茧

　　蚕在山簇上结茧三天之后，就可以进行取茧。取茧前要把死茧、烂茧拣出，取茧是费时费力的工作，大多由妇女完成。

1.去浮：除去浮丝。2.听：准备。3.治丝、扩绵：缫丝、制丝绵。4.浥郁：受潮，霉湿。

43

择茧 选择缫丝的茧

【原文】

凡取丝必用圆正[1]独蚕茧，则绪不乱。若双茧[2]并四五蚕共为茧，择去取绵用。或以为丝则粗甚。

【译文】

缫丝用的茧，必须选择茧形圆滑端正的单茧，这样缫丝时丝绪就不会乱。如果是双宫茧（即两条蚕共同结的茧）或由四五条蚕一起结的同宫茧，就应该挑出来造丝绵。如果用来缫丝，丝就会太粗而容易断头。

茧择

择茧

择茧时，要把茧进行分类，缫丝用的茧必须圆滑、端正，这样缫丝时，丝绪就不会乱。双宫茧和同宫茧可以挑出来制造丝绵。

1.圆正：形状圆滑、端正。2.双茧：两条蚕共同结的茧，茧的外形比一般蚕茧要大。

造绵[1]　制作丝棉

【原文】

　　凡双茧并缫丝锅底零余，并出种茧壳，皆绪断乱不可为丝，用以取绵。用稻灰水煮过（不宜石灰），倾入清水盆内。手大指去甲净尽，指头顶开四个，四四数足，用拳顶开又四四十六拳数，然后上小竹弓。此《庄子》所谓洴澼絖[2]也。

　　湖绵独白净清化者，总缘手法之妙。上弓之时唯取快捷，带水扩开。若稍缓水流去，则结块不尽解，而色不纯白矣。其治丝余者名锅底绵，装绵衣衾内以御重寒，谓之挟纩。凡取绵人工，难于取丝八倍，竟日只得四两余。用此绵坠打线[3]织湖绸者，价颇重。以绵线登花机者名曰花绵，价尤重。

【译文】

　　双茧和缫丝后残留在锅底的碎丝断茧，以及种茧出蛾后的茧壳，丝绪都已断乱，不能再用来缫丝，只能用来造丝绵。将这些造丝绵的茧子用稻灰水煮过（不宜用石灰）之后，倒在清水盆内。将两个大拇指的指甲剪干净，用指头顶开四个蚕茧，套在左手并拢的四个指头上作为一组，连续套入四个蚕茧后，取下，为一个小抖。做完四组，再用两手拳头把它们一组一组地顶开，拉宽到一定范围，连拉四个小抖共十六个茧，然后套在小竹弓上，这就是庄子所说的"洴澼絖"。

　　唯有湖州的丝绵特别洁白、纯净，是由于造丝绵的人手法非常巧妙。往竹弓上套时，必须动作敏捷，带水拉开。如果动作稍慢一点儿，水已流去，丝绵就会板结，不能完全均匀地拉开，颜色看起来也就不是纯白了。那些缫丝剩下的，叫作"锅底绵"。把这种丝绵装入衣被里用来御寒，叫作丝绵被，即"挟纩"。制作丝绵的工夫要比缫丝所花的工夫多八倍，每人劳动一整天也只得四两多丝绵。用这种绵坠打成线织成湖绸，价值很高。用这种绵线在花机上织出来的产品叫作"花绵"，价钱更贵。

1.造绵：制造丝绵。2.《庄子》所谓"洴澼絖"：洴音同"平"，澼音同"辟"，絖音同"况"。按《庄子·逍遥游》："宋人有善为不龟手之药者，世世以洴澼絖为事。"此"洴澼絖"乃指在水中漂洗绵絮。3.绵坠打线：即前"取茧"条里面所讲的。

治丝 缫丝

【原文】

凡治丝先制丝车，其尺寸器具开载后图。锅煎极沸汤，丝粗细视投茧多寡，穷日之力一人可取三十两。若包头丝[1]，则只取二十两，以其苗长也。凡绫罗丝[2]，一起投茧二十枚，包头丝只投十余枚。凡茧滚沸时，以竹签拨动水面，丝绪自见。提绪入手，引入竹针眼，先绕星丁头[3]（以竹棍做成，如香筒样），然后由送丝竿勾挂，以登大关车。断绝之时，寻绪丢上，不必绕接。其丝排匀不堆积者，全在送丝竿与磨木之上。川蜀丝车制稍异，其法架横锅上，引四五绪而上，两人对寻锅中绪，终然不若湖制之尽善也。

凡供治丝薪，取极燥无烟湿者，则宝色不损。丝美之法有六字：一曰"出口干"，即结茧时用炭火烘。一曰"出水干"，则治丝登车时，用炭火四五两盆盛，去车关五寸许。运转如风转时，转转火意照干，是曰出水干也（若晴光又风色，则不用火）。

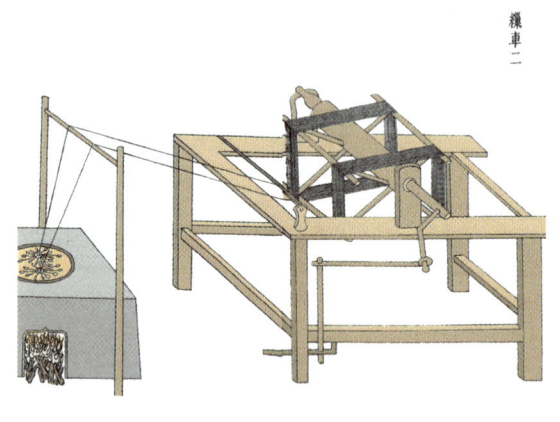

用缫车缫丝

缫丝时先把水烧开，投入蚕茧，用竹签拨动水面，会出现丝头，将丝头提在手中，穿过竹针眼，绕过星丁头，挂在送丝竿上，再连接到大关车上。

【译文】

缫丝第一步就是要制作缫车。缫车的尺寸、部件及其组合构造都列在后面的附图上。缫丝时首先要将锅内的水烧得滚开，把蚕茧放进锅中，生丝的粗细取决于投入锅中的蚕茧的多少。一个人劳累一整天，只能得到三十两丝。如果是织造头巾等用的包头丝，就只能得到二十两，这是因为那种丝缕比较细。织绫罗用的丝，一次要投进去二十个蚕茧；织造头巾等用的包头丝，只需投进去十几个蚕茧。当煮蚕茧的水滚沸的时候，用竹签拨动水面，丝头自然就会出现。将丝头提在手中，穿过竹针眼，先绕过星丁头（用竹棍做成，如香筒的形状），然后挂在送丝竿上，再连接到大关车上。遇到断丝的时候，只要找到丝绪头搭上去，不必绕结原来的丝。如果想要丝在大关车上排列均匀而不会堆积在一起，关键要靠送丝竿和脚踏摇柄相互配合好。四川生产的缫车结构稍有不同，缫丝的方法，是把支架横架在锅上，两人面对面站在锅旁寻找丝绪头，一次牵引上四五缕丝上车，但这种方法终究不如湖州制作的缫车完善。

供缫丝用的柴火，要选择非常干燥且无烟的，这样的话丝的色泽就不会损坏。使丝质量美好的办法有六字口诀：一叫"出口干"，即蚕结茧时用炭火烘干；一叫"出水干"，就是把丝绕上大关车时，用盆盛装四五两炭生火，放在离大关车五寸左右的地方。当大关车飞快旋转时，丝一边转一边被火烘干，这就是所说的"出水干"（如果是晴天又风，就不用火烘烤了）。

1.包头丝：古人以丝巾包头发，即称包头，用以织包头之丝即称"包头丝"。2.绫罗丝：用以织绫罗衣料的丝。较包头丝为粗。3.星丁头：与下文送丝竿、磨木等皆缫车部件。

卷二·乃服

治絲一

缫丝

　　缫车分为传动、机架、集绪、捻鞘、卷绕几部分。缫车最初是一个 H 形架子，后来被改进成为竹制，也是手摇缫车的雏形。在唐代，手摇缫车的使用已经相当普遍。

图解天工开物

治絲二

脚踏式缫车

图中是一种脚踏式缫车，比早期的手摇式缫车要先进，可以腾出手来理绪和添绪。

调¹ 丝 丝的整理

【原文】

　　凡丝议织时，最先用调。透光檐端宇下以木架铺地，植竹四根于上，名曰络笃²。丝匡竹上，其傍倚柱高八尺处，钉具斜安小竹偃月挂钩，悬搭丝于钩内，手中执篗³旋缠，以俟牵经织纬之用。小竹坠石为活头，接断之时，扳之即下。

【译文】

　　在织丝之前，首先要进行调丝。调丝必须在光线明亮的室内进行。调丝时将木架平放在地上，木架上竖立起四根竹竿，这就叫作"络笃"。丝套在四根竹竿上，在络笃旁边靠近立柱上方八尺高的地方，用铁钉固定一根斜向的小竹竿，上面装一个半月形的挂钩，将丝悬挂在钩子上。调丝的人手里拿着大关车旋转绕丝，以备牵经和卷纬时用。小竹竿的一头垂下一个小石块为活头。当连接断丝时，一拉小绳，小钩就落下来了。

整理蚕丝

　　整理蚕丝是一个重要的准备过程，它可以让丝线排列整齐，不重叠不交叉，以便后续的操作。

1.调：指绕丝。2.络笃：绕丝用具，江浙称丝驼，广东称为丝。3.篗：音同"月"。络丝的用具。

纬络 纬线的准备

【原文】

凡丝既篗[1]之后，以就经纬。经质用少而纬质用多，每丝十两，经四纬六，此大略也。凡供纬篗，以水沃湿丝，摇车转铤[2]而纺于竹管之上（竹用小箭竹）。

【译文】

丝绕在大关车上以后，就可以做经线和纬线了。经线用的丝少，纬线用的丝多。每十两丝，大约要用经线四两、纬线六两。绕到大关车上的丝，先用水淋湿浸透以后，才摇动大关车转铤将丝缠绕于竹管之上（竹管是用小箭竹做的）。

纺车

纺车通常有一个用手或脚驱动的轮子和纱锭。北宋后出现的纺车由加捻卷绕、传动和原动三部分组成，需要人用手来摇动，直到南宋后期，才出现了以水为动力的水转纺车。

1.既篗：指用绕丝棒绕完丝。2.铤：丝锭。

经具 溜眼、掌扇、经耙、印架

【原文】

　　凡丝既篗之后，牵经就织。以直竹竿穿眼三十余，透过篾圈，名曰溜眼。竿横架柱上，丝从圈透过掌扇，然后缠绕经耙之上。度数既足，将印架捆卷[1]。既捆，中以交竹二度，一上一下间丝，然后扱于筘[2]内（此筘非织筘）。扱筘之后，然的杠[3]与印架相望，登开五、七丈。或过糊者，就此过糊。或不过糊，就此卷于的杠，穿综[4]就织。

【译文】

　　将丝绕在大关车上以后，就可以牵拉经线准备织造了。在一根直竹竿上钻出三十多个孔，穿上一个名叫"溜眼"的篾圈。把这条竹竿横架在柱子上，丝通过篾圈再穿过"掌扇"，然后缠绕在经耙上。当达到足够的长度时，就用印架卷好、系好。卷好以后，中间用交棒两根把丝分隔成一上一下两层，然后再穿入梳筘里面（这个梳筘不是织机上的织筘）。穿过梳筘之后，把经轴与印架相对拉开五丈到七丈远。如果需要浆丝，就在这个时候进行；如果不需要浆丝，就直接卷在经轴上，这样就可以穿分配综眼而投梭织造了。

经具

　　经具指的是织布机上用于支撑经线的器具。在织布过程中，经线需要保持垂直和稳定，以使织出的布匹纹理清晰。经具的作用就是用来支撑经线，使它们保持垂直和稳定。

1.度数既足，将印架捆卷：所缠绕的丝适合于所用的时候，就用印架把这些丝捆卷起来。2.筘：音同"叩"。织筘为织机之部件，呈梳状，将经线穿入梳齿，使其按一定宽度排列，以控制织品的宽度，故又称定幅筘。3.的杠：织机上卷绕经线的经轴。4.综：织机上使经线上下交错以受纬线的部件。

过糊 用浆糊涂抹丝线

【原文】

凡糊用面筋内小粉为质。纱罗所必用,绫绸或用或不用。其染纱不存素质[1]者,用牛胶水为之,名曰清胶纱。糊浆承于筘上,推移染透,推移就干。天气晴明,顷刻而燥,阴天必藉风力之吹也。

【译文】

浆丝用的糊要用揉面筋沉下的小麦粉为原料。织纱、罗的丝必须要浆过,织绫和绸的丝则可以浆也可以不浆。有些丝染过色后失去了原来的特性,就要用牛胶水来浆,这种纱叫"清胶纱"。浆丝的糊料要放在梳筘上,来回推移梳筘使丝浆透,放干。如果天气晴朗,丝很快就能干,阴天时就要借助风力把丝吹干。

过糊

过糊的目的是为了给丝线上浆,以提高丝线的强度和硬度,同时还能防止丝线起皱和收缩。

1.素质:指丝的本来性质。

边维 织边

【原文】

凡帛不论绫罗,皆别牵边[1],两傍各二十余缕。边缕必过糊,用筘推移梳干。凡绫罗必三十丈、五六十丈一穿[2],以省穿接繁苦。每匹应截画墨于边丝之上,即知其丈尺之足。边丝不登的杠,别绕机梁之上。

【译文】

丝织品不管是厚的绫还是薄的罗,都要另外进行牵边。两边都要各牵引丝二十多根。边丝必须要上浆,用筘推移梳干。一般来说,绫罗的经丝,每三十丈或五六十丈穿一次筘,这样就可以减少穿筘的繁忙和辛苦。丝的长度每够一匹的时候就应该用墨在边丝上留个记号,就可以知道是织够一匹了。边丝不必绕在的杠上,而是另外绕在织机的横梁上。

经数 经线的数目

【原文】

凡织帛,罗纱筘以八百齿为率[3]。绫绢筘以一千二百齿为率。每筘齿中度经过糊者,四缕合为二缕,罗纱经计三千二百缕,绫绸经计五千六千缕。古书八十缕为一升[4],今绫绢厚者,古所谓六十升布也。凡织花文必用嘉、湖出口、出水皆干丝为经,则任从提挈,不忧断接。他省者即勉强提花,潦草而已。

【译文】

织相对薄的纱、罗用的筘以八百个齿为标准,织相对厚的绫、绢用的筘则以一千二百个齿为标准。每个筘齿中穿引上过浆的经线,把每四根合成两股,罗、纱的经线共计有三千二百根,绫、绸的经线总计有五六千根。古书上记载每八十根为一升,现在较厚的绫、绢也就是古时所说的六十升布。织带花纹的丝织品必须用浙江嘉兴和湖州两地在结茧和缫丝时都烘干了的丝作为经线,这种丝可以任意提拉也不必担心会断头。其他地区的丝,即使能勉强当作提花织物,也是相对粗糙而不是很精致的。

1.牵边:指织边。2.穿:指穿筘。3.率:指衡量的标准。4.古书八十缕为一升:此语出自《仪礼·表服》:"緦者十五升。"郑玄注:"以八十缕为升。"

花机式 织机的构造

【原文】

凡花机通身度长一丈六尺，隆起花楼，中托衢盘，下垂衢脚（水磨竹棍为之，计一千八百根）。对花楼下掘坑二尺许，以藏衢脚（地气湿者，架棚二尺代之）。提花小厮坐立花楼架木上。机末以的杠卷丝，中间叠助木两枝，直穿二木，约四尺长，其尖插于筘两头。

叠助，织纱罗者，视织绫绢者减轻十余斤方妙。其素罗不起花纹，与软纱绫绢踏成浪梅小花者，视素罗只加桄[1]二扇。一人踏织自成，不用提花之人，闲住花楼，亦不设衢盘与衢脚也。其机式两接，前一接平安[2]，自花楼向身一接斜倚低下尺许，则叠助力雄。若织包头细软，则另为均平不斜之机。坐处斗二脚，以其丝微细，防遏叠助之力也。

代替）。提花的小工，坐在花楼的木架子上。花机的末端用的是的杠卷丝，中间用叠助木两根，垂直穿接两根约四尺长的木棍，木棍尖端分别插入织筘的两头。

织纱、罗的叠助木比织绫、绢的要轻十多斤才算好。素罗不用起花纹。此外，要在软纱、绫、绢上织出波浪纹和梅花等小花纹，只须比织素罗多加两片综框。由一个人踏织就可以了，而不用一个人闲坐在提花机的花楼上，也不用设置衢盘与衢脚。花机的形制分为两段，前一段水平安放，自花楼朝向织工的一段，向下倾斜一尺多，这样叠助木的力量就会大些。如果织包头纱一类的细软织物，就要重新安放不倾斜的花机。在人坐的地方装上两个脚架，这是因为那种织包头纱的丝很细，要防止叠助木的冲力过大。

【译文】

提花机全长约一丈六尺，其中高高耸起的是花楼，中间托着的是衢盘，下面垂着的是衢脚（用加水磨光滑的竹棍做成，共有一千八百根）。在花楼的正下方挖一个约两尺深的坑，用来安放衢脚（如果地底下潮湿，就可以架两尺高的棚来

提花机

提花机指的是中国古代织机的一种，适用于织造复杂的大花纹织物，最早出现于汉代，是我国制造技术的代表。

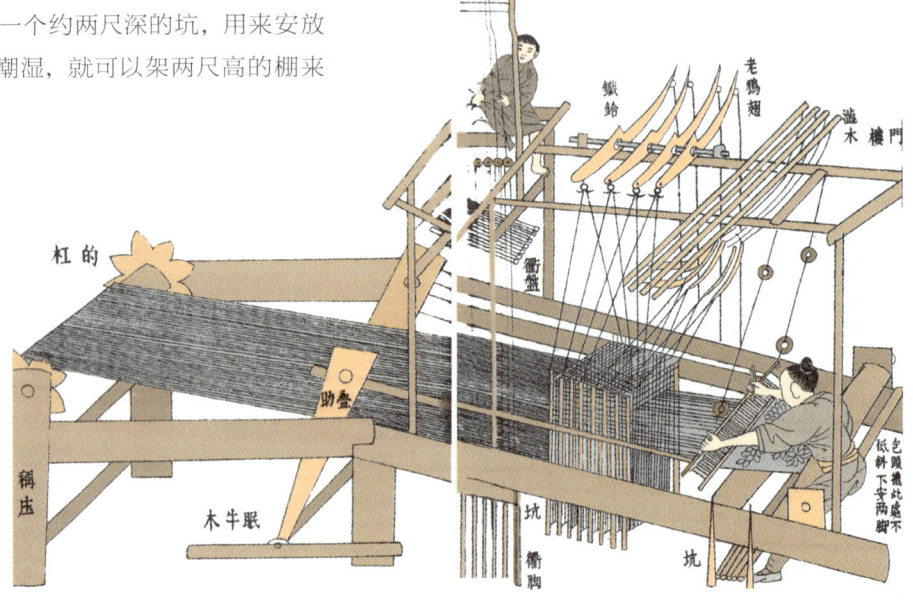

---

1. 桄：同"框"。 2. 平安：水平安装。

54

腰机式　腰机的构造

【原文】

凡织杭西、罗地等绢，轻素等绸，银条、巾帽等纱，不必用花机，只用小机。织匠以熟皮一方置坐下，其力全在腰尻之上，故名腰机。普天织葛、苎、棉布者，用此机法，布帛更整齐坚泽[1]，惜今传之犹未广也。

【译文】

织杭西和罗地等绢与轻素等绸，织银条和巾帽等纱，都不必使用提花机，而只用小织机就可以了。织匠用一块熟皮当靠背，操作时全靠腰部和臀部用力，所以又叫作腰机。各地织葛、苎麻、棉布的，都用这种织机。织品更加整齐结实而具有光泽，只是可惜这种机器的织法至今还没有普遍传开呢。

腰机

腰机可以用来织造绢、绸和纱，织匠用一块熟皮当靠背，操作时靠腰部和臀部用力，因此这种机器被称为腰机。

1.坚泽：结实，有光泽。

结花本 在布上织出花纹

【原文】

凡工匠结花本[1]者，心计最精巧。画师先画何等花色于纸上，结本者以丝线随画量度，算计分寸秒忽[2]而结成之。张悬花楼之上，即织者不知成何花色，穿综带经，随其尺寸度数提起衢脚，梭过之后居然花现。盖绫绢以浮轻而见花，纱罗以纠纬而见花。绫绢一梭一提，纱罗来梭提，往梭不提。天孙机杼，人巧备矣。

【译文】

结织花的纹样的工匠，心思最为精细巧妙。无论画师先将什么样的图案在纸上画出，结织花的纹样的工匠都能用丝线按照画样仔细量度，精确细微地算计分寸而编结出织花的纹样来。织花的纹样张挂在花楼上，即便织工不知道会织出什么花样，只要穿综带经，按照织花的纹样的尺寸、度数，提起纹针，穿梭织造，图案就会呈现出来了。绫绢是以突起的经线来形成花样的，纱罗是以绞纠纬线来形成花样的。因此，织绫绢是投一梭提一次衢脚，织纱罗是来梭时提，去梭时不提。天上织女的那种纺织技术，现在人间的巧匠也都能较全面地掌握了。

结花本

结花本，就是在布上织出花纹，是我国古代丝织提花生产上的一项关键工艺和重要环节，工匠将画师画在纸上的各种花色，用丝线随画量度，然后结成花样。

1.结花本：按照花样设计的运行于织机的底本。2.秒忽：极小，甚微，这里指计算精确。

卷二·乃服

穿经 梳理经线

【原文】

凡丝穿综度经，必用四人列坐。过筘之人，手执筘耙先插以待丝至。丝过筘则两指执定，足五、七十筘，则绲结之。不乱之妙，消息全在交竹。即接断，就丝一扯即长数寸。打结之后，依还原度，此丝本质自具之妙也。

【译文】

将蚕丝穿过综再穿过织筘，需要四个人前后排列坐着操作。掌握穿筘的人手握筘钩先穿过筘齿中，等对面的人把丝递过来准备接丝。等丝经过筘后，就用两个手指捏住，每穿好五十到七十个筘齿，就把丝合起来编一个结。丝之所以能够不乱，其中的奥妙全在将丝分开的交竹上。如果是接断丝，把丝一拉就伸长几寸。打上结后，仍会回缩到原来的长度，这种良好的弹性是丝本身就具有的。

分名 织物的种类

【原文】

凡罗，中空小路以透风凉，其消息全在软综[1]之中。衮头[2]两扇打综，一软一硬。凡五梭三梭（最厚者七梭）之后，踏起软综，自然纠转诸经，空路不黏。若平过不空路而仍稀者曰纱，消息亦在两扇衮头之上。直至织花绫绸，则去此两扇，而用桄综[3]八扇。

凡左右手各用一梭交互织者，曰绉纱。凡单经[4]曰罗地，双经曰绢地，五经曰绫地。凡花分实地与绫地，绫地者光，实地者暗。先染丝而后织者曰缎（北土屯绢，亦先染丝）。就丝绸机上织时，两梭轻，一梭重，空出稀路者，名曰秋罗，此法亦起近代。凡吴越秋罗，闽广怀素[5]，皆利缙绅当暑服，屯绢则为外官、卑官逊别锦绣用也。

【译文】

"罗"这种丝织物，中间有一小列纱孔排成横路，用来透风取凉，织造的关键全在于织机上的绞综。绞综的两扇衮头一软一硬，打综既可织成平纹，又可起绞孔。一般织五梭或者三梭（多的能织七梭）之后，提起绞综，自然就会使经丝绞起纱孔，形成清晰的网眼。如果是全面地起纱孔，不排成横路而显得稀疏的，叫作纱。织造的关键也在于绞综的两扇衮头上。至于织造其他的绫绸时，就要去掉绞综的两扇衮头，而改用桄综八扇。

用左捻、右捻的丝线，一梭一梭地交互织成的，叫作绉纱；单起单落地织成的叫作罗地；双起双落地织成的叫绢地；五枚同时织成的叫绫地。花织物分平纹地与绫纹地两种结构，绫纹地光亮，而平纹地较暗。先染丝而后织的，叫作缎（北方叫作屯绢的，也是先染色的）。如果在丝织机上织两梭平纹，一梭起绞综，形成横路的，叫作秋罗。这个织法也是近代才出现的。江苏南部和浙江的秋罗以及福建、广东的熟纱，都是大官们用来做夏服的；屯绢则是不够资格穿锦绣的地方官、小官所用的。

1.软综：即绞综，以软线制成，用以织平纹。2.衮头：相当于花机中的老鸦翅，即织地纹的提花杠杆。3.桄综：辘轳牵动的综，八扇桄综，此起彼伏，即织成花纹。4.单经：经线单起单落叫单经，双起双落叫双经。5.怀素：即熟罗。

熟练[1]　煮练的过程

【原文】

凡帛织就犹是生丝，煮练方熟。练用稻稿灰入水煮。以猪胰脂陈宿一晚，入汤浣之，宝色烨然。或用乌梅者，宝色[2]略减。凡早丝为经、晚丝为纬者，练熟之时每十两轻去三两。经纬皆美好早丝，轻化只二两。练后日干张急，以大蚌壳磨使乖钝，通身极力刮过，以成宝色。

【译文】

丝织品织成以后还是生丝，要经过煮练之后，才能成为熟丝。煮练的时候，用稻秆灰加水一起煮，并用猪胰脂浸泡一晚，再放进水中洗濯，这样丝色就能很鲜艳。如果是用乌梅水煮的，丝色就会差些。用早蚕的蚕丝为经线，晚蚕的蚕丝为纬线，煮过以后，每十两会减轻三两。如果经纬线都是用上等的早蚕丝，那么十两只减轻二两。丝织品煮过之后要用热水洗掉碱性并立即绷紧晾干。然后用磨光滑的大蚌壳，用力将丝织品全面地刮一遍，使它现出光泽来。

龙袍　制作龙袍的工艺

【原文】

凡上供龙袍，我朝局在苏、杭。其花楼[3]高一丈五尺，能手两人扳提花本，织过数寸即换龙形。各房斗合，不出一手[4]。赭黄亦先染丝，工器原无殊异，但人工慎重与资本皆数十倍，以效忠敬之谊。其中节目微细，不可得而详考云。

【译文】

凡是上供给皇帝穿着用的龙袍，都是本朝（明朝）苏州和杭州两地的织染局制作的。制作龙袍用的纱机，花楼高达一丈五尺，由两名织造能手来操作，手提花样提花，每织几寸，就变换织成另一段龙形的图案。一件龙袍制作完成需要由几部织机分段织成，而不是由一个人来完成的。制作龙袍所用的丝要事先染成赭黄色，虽然也是普通的织具，但织工须小心谨慎，也使得工作相对繁重，制作一件龙袍的人工和成本都要比制作普通的衣服多增加几十倍，而当时的织染局也是想要通过这样的制作过程表示对朝廷忠诚敬重的心意。至于织造过程中的许多细节，就无法详细考察明白了。

1.熟练：即煮练。用洗涤剂、润滑剂等加水煮练，以除去丝胶的过程。2.宝色：具有光泽。3.花楼：指织机的花楼。4.一手：一人之手。

倭缎 日本织缎

【原文】

　　凡倭缎[1]制起东夷，漳、泉海滨效法为之。丝质来自川蜀，商人万里贩来，以易胡椒归里。其织法亦自夷国传来。盖质已先染，而斫绵夹藏经面，织过数寸即刮成黑光。北虏[2]互市者见而悦之。但其帛最易朽污，冠弁之上顷刻集灰，衣领之间移日损坏。今华夷皆贱之，将来为弃物，织法可不传云。

【译文】

　　制作倭缎的方法是自日本开始的，福建漳州、泉州等沿海地区随即也加以仿造。织倭缎的丝来自四川，由商贩从很远的地方运过来卖，同时再买些胡椒回去卖。这种倭缎的织法也是从日本传来的，先将丝进行染色，作为纬线织入经线之中。织成数寸以后，就用刀削断丝锦即成绒缎，然后刮成墨光。当时北方的少数民族在互市贸易时一看见就很喜欢。但是这种丝织品最容易弄脏，用它做的帽子很快便会集满了灰尘；用它织成的衣服，衣领上的绒毛也很容易破损。因此现在我国各民族都不喜欢它，将来这种倭缎一定会被抛弃，织法也就不再流传了。

日本织缎

　　日本织缎指的是一种从日本传入中国的织物，织造的丝来自于四川，先将丝进行染色，作为纬线织入经线之中，织成数寸，用刀削断丝绵即成绒缎，然后刮成墨光。

1.倭缎：指日本织缎。2.北虏：北方的少数民族。

布衣 普通老百姓用的织物

【原文】

凡棉布御寒，贵贱同之。棉花古书名枲麻[1]，种遍天下。种有木棉、草棉两者，花有白、紫二色。种者白居十九，紫居十一。凡棉春种秋花，花先绽者逐日摘取，取不一时。其花粘子于腹，登赶车而分之。去子取花，悬弓弹化（为挟纩温衾袄者，就此止功[2]）。弹后以木板擦成长条以登纺车，引绪纠成纱缕。然后绕篗牵经就织。凡纺工能者一手握三管纺于锭上（捷则不坚）。

凡棉布寸土皆有，而织造尚松江，浆染尚芜湖。凡布缕紧则坚，缓则脆。碾石[3]取江北性冷质腻者（每块佳者值十余金），石不发烧，则缕紧不松泛。芜湖巨店首尚佳石。广南为布薮而偏取远产，必有所试矣。为衣敝浣，犹尚寒砧捣声[4]，其义亦犹是也。

外国朝鲜造法相同，唯西洋则未核其质，并不得其机织之妙。凡织布有云花、斜文、象眼等，皆仿花机而生义。然既曰布衣，太素足矣。织机十室必有[5]，不必具图。

【译文】

用棉和布来御寒，穷人和富人都一样。在古书中棉花被称为"枲麻"，全国各地都有人种植。棉花有木棉和草棉两种，花也有白色和紫色两种颜色。其中种白棉花的占了十分之九，种紫棉花的约占十分之一。棉花都是春天种下，秋天结棉桃，先裂开吐絮的棉桃先摘回，而不是所有的棉桃同时摘取。在棉花里棉籽是同棉絮粘在一起的，要将棉花放在赶车上将棉籽挤出去。棉花去籽以后，再用悬弓来弹松（作为棉被和棉衣中用的棉絮，就加工到这一步为止）。棉花弹松后用木板搓成长条，再用纺车纺成棉纱，然后绕在大关车上便可牵经织造了。熟练的纺纱工，一只手能同时握住三个纺锤，把三根棉纱纺在锭子上（纺得太快，棉纱就不结实了）。

各地都生产棉布，但棉布织得最好的是松江，浆染得最好的是芜湖。棉布的纱缕纺得紧的，棉布就结实耐用，纺得松的棉布就不结实。碾石要选用江北那种性冷质滑的（好的每块能值十多两银子）。碾布时石头不容易发热，棉布的纱缕就紧，不松懈。芜湖的大布店最注重用这种好碾石。广东是棉布集中的地方，但广东人却偏要用远地出产的碾石，一定是因为试用过后才这样做的。正如人们浆洗旧衣服时也喜欢放在性冷的石砧上捶打，道理也是如此。

朝鲜棉布的织布方法与此相同，只是对西洋的棉布还没有进行研究，也不了解那里机织上的特点。棉布上可以织出云花、斜纹、象眼等花纹，都是仿照花机的丝织品的花样而织出的。但既然叫作布衣，用最朴实的织法也就行了。每十家之中必有一架织机，可见织机在百姓中用得十分普遍。因此也就不必附图了。

1.棉花古书名枲麻：枲即麻之雄株，与棉花无涉。棉花所织成之布，称白叠，为木棉所织成。见《史记·货殖列传》裴骃注。应在东汉时传入。《水经注》有"吉贝"，亦木棉之布。2.为挟纩温衾袄者，就此止功：棉花经赶、弹之后，即成棉絮，可用来做棉被、棉袄，故曰可"就此止功"。3.碾石：浆染棉布时所用。4.为衣敝浣，犹尚寒砧捣声：布衣穿旧，在浣洗时还流行在石上捣衣。宋应星认为，这与染布用石也有一些关联。5.十室必有：每十户人家之中，至少有一机。

卷二·乃服

赶棉

中国古代称轧棉为赶棉，轧棉机是用一对儿压辊来代替手工托板和压辊，通过两辊反向回转，棉花因为压辊的摩擦而和棉籽分离。轧棉机有手摇式，也有脚踏式。

弹棉

棉花经轧车去籽后，还需要进行弹棉，弹棉是为了在弹开棉花纤维的过程中，清除混在棉花中的杂质，让棉花变得松软，使其纤维变得更加松散，便于纺纱。

61

擦条

擦条是棉花弹松之后，把棉花搓成长条。再使用纺车，就可以把棉絮纺成棉纱了。

纺线

纺线时需要左右手配合，一般右手摇纺车，左手往外均匀地拉线，是中国古代女性的常见工作。

脚踏纺车

脚踏纺车是在手摇纺车的基础上发展起来的，它和手摇纺车的功能相同，但在结构上有了改进。脚踏纺车的动力来源于脚而不是手，从而使纺纱者的双手得以解放，可以用来进行其他操作。

枲着[1] 棉衣的制作

【原文】

凡衣衾挟纩御寒，百有之中止一人用茧绵，余皆枲着著。古缊袍今俗名胖袄。棉花既弹化，相衣衾格式[2]而入装之。新装者附体轻暖，经年板紧，暖气渐无，取出弹化而重装之，其暖如故。

【译文】

做棉衣和棉被御寒，采用丝绵的人只有百分之一，其余的都是用的棉絮。古代的棉袍，大致相当于今天人们通常所说的胖袄（大棉袄，江西土语）。将棉花弹松以后，根据衣被的式样套进去。新的穿盖起来既轻柔又暖和，用过几年以后，就会变得紧实板结，逐渐不暖和了，这时再将棉花取出来弹松软，重新装制，又会变得像原来一样暖和了。

夏服 制作麻布的工艺

【原文】

凡苎麻无土不生。其种植有撒子、分头[3]两法。（池郡[4]每岁以草粪压头，其根随土而高。广南青麻撒子种田茂甚。）色有青、黄两样。每岁有两刈者，有三刈者，绩为当暑衣裳、帷帐。

凡苎皮剥取后，喜日燥干，见水即烂。破析时则以水浸之，然只耐二十刻，久而不析则亦烂。苎质本淡黄，漂工化成至白色（先用稻灰、石灰水煮过，入长流水再漂，再晒，以成至白）。纺苎纱能者用脚车，一女工并敌三工，唯破析时穷日之力只担三五铢重。织苎机具与织棉者同。凡布衣缝线，革履串绳，其质必用苎纠合。

凡葛蔓生，质长于苎数尺。破析至细者，成布贵重。又有苘麻一种，成布甚粗，最粗者以充丧服。即苎布有极粗者，漆家以盛布灰[5]，大内以充火炬。又有蕉纱，乃闽中取芭蕉皮析缉为之，轻细之甚，值贱而质枵[6]，不可为衣也。

【译文】

苎麻在我国的生长范围很广，其种植的方法分为撒播种子和分根种植两种。（安徽贵池地区每年都用草粪堆在苎麻根上，麻根随着压土而长高；广东的青麻是播撒种子在田里而种植的，生长得非常茂盛。）苎麻颜色有青色和黄色两种颜色。每年有收割两次的，也有收割三次的，纺织成布后可以用来做夏天的衣服和帐幕。

苎麻皮剥下来后，最好在太阳下晒干，浸水后就会腐烂。撕破成纤维时要先用水浸泡，但是也只能浸泡四五个小时左右，时间久了不撕破就会烂掉。苎麻本来是淡黄色的，但经过漂洗后会

1.枲着：麻布衣，这里指棉袄。2.格式：款式，样子。3.分头：分株。4.池郡：今安徽贵池。5.漆家以盛布灰：漆匠用以蘸灰，磨拭漆器使光亮。6.质枵：枵音同"消"。质枵指质地松虚。

63

变成白色（先用稻草灰、石灰水煮过，然后放到流水中漂洗晒干，就会变得特别白）。一个熟练的纺苎纱能手使用脚踏纺车，能达到三个普通纺工的效率；但是将麻皮撕破成纤维时，一个人干一整天，也只能得麻三五铢重。织麻布的机具与织棉布的相同。缝布衣的线，绱皮鞋的串绳，都是用苎麻搓成的。

葛则是蔓生的，它的纤维比苎麻的要长几尺，撕破的纤维非常细，织成布就很贵重。另外，还有一种苘麻，织成的布很粗，最粗的用来做丧服用。即使是苎麻布也有极粗的，供油漆工包油灰，皇宫里用它来制作火炬。还有一种蕉纱，是福建人用芭蕉皮破析后纺成的，非常轻盈纤细，价值低微而丝缕质地稀松，不能用来做衣服。

麻衣

苎麻纺织成布后可以用来做夏天的衣服，麻纤维的强度非常高，麻布衣服耐穿且不易损坏。麻布具有很好的吸湿性和透气性，能够迅速吸收和释放汗水，保持身体干爽舒适。这使得麻布衣服在炎热的夏季特别受欢迎。

裘 毛皮衣服的制作

【原文】

凡取兽皮制服统名曰裘。贵至貂、狐，贱至羊、麂，值分百等。貂产辽东外徼建州地[1]及朝鲜国。其鼠好食松子，夷人夜伺树下，屏息悄声而射取之。一貂之皮方不盈尺，积六十余貂仅成一裘。服貂裘者立风雪中，更暖于宇下。眯入目中，拭之即出，所以贵也。色有三种，一白者曰银貂，一纯黑，一黯黄（黑而毛长者，近值一帽套已五十金）。凡狐、貂亦产燕、齐、辽、汴诸道。纯白狐腋裘价与貂相仿，黄褐狐裘值貂五分之一，御寒温体功次于貂。凡关外狐取毛见底青黑，中国者吹开见白色以此分优劣。

羊皮裘母贱子贵。在腹者名曰胞羔（毛文略具），初生者名曰乳羔（皮上毛似耳环脚），三月者曰跑羔，七月者曰走羔（毛文渐直），胞羔、乳羔为裘不膻。古者羔裘为大夫之服，今西北缙绅亦贵重之。其老大羊皮硝熟为裘，裘质痴重，则贱者之服耳，然此皆绵羊所为。若南方短毛革，硝其鞟[2]如纸薄，止供画灯之用而已。服羊裘者，腥膻之气习久而俱化，南方不习者不堪之。然寒凉渐杀，亦无所用之。

麂皮去毛，硝熟为袄裤御风便体，袜靴更佳。此物广南繁生外，中土则积集聚楚中，望华山为市皮之所。麂皮且御蝎患，北人制衣而外，割条以缘

1.建州地：明建州地在今东北吉林、辽宁境，时已为女真族占领。2.鞟：音同"扩"，皮革去毛之后称鞟。

衾边，则蝎自远去。虎豹至文，将军用以彰身；犬豕至贱，役夫用以适足[1]。西戎尚獭皮，以为毳衣领饰。襄黄[2]之人穷山越国射取而远货，得重价焉。殊方异物如金丝猿，上用为帽套；扯里狲御服以为袍，皆非中华物也。兽皮衣人此其大略，方物则不可殚述。飞禽之中有取鹰腹、雁胁毳毛，杀生盈万乃得一袭，名天鹅绒者，将焉用之？

上的毛卷得像耳环的钩脚一样），三个月大的叫作"跑羔"，七个月大的叫作"走羔"（毛纹逐渐变直了）。用胞羔、乳羔做皮衣没有羊膻气。古时候，羔皮衣只有士大夫们才能穿，而现今西北的地方官吏也能讲究地穿羔皮衣了。老羊皮经过芒硝鞣制之后，做成的皮衣很笨重，是穷人们穿的，然而这些都是绵羊皮做的。如果是南方的短毛羊皮，经过芒硝鞣制之后皮板就变得像纸一样薄，只能用来做画灯了。穿羊皮袄的人，对于羊皮的腥膻气味，穿久了就习惯了，南方不习惯穿的人就受不了；但是，往南天气逐渐变暖，皮衣也没什么用处了。

【译文】

　　凡是用兽皮做的衣服，统称为"裘"。最贵重的比如貂皮、狐皮，最便宜的比如说羊皮、麂皮，价格的等级约有上百种之多。貂产自关外辽东、吉林等地区，直到朝鲜国一带。貂喜欢吃松子，那里的少数民族中捕貂的人，夜里悄悄躲藏在树下守候并伺机取获。一张貂皮还不到一尺见方，要用六十多张貂皮连缀起来才能做成一件皮衣。穿着这种貂皮衣的人站在风雪中，比待在屋里还觉得暖和。遇到灰沙进入眼睛，用这种貂皮毛一擦就抹出来了，所以十分贵重。貂皮的颜色有三种，一种是白色的，叫作"银貂"，一种是纯黑色的，一种暗黄色的（近来一个黑色的、毛较长的貂皮帽套，已经能值五十多两银子了）。狐狸和貉也产自河北、山东、辽宁和河南等地。纯白色的狐腋下的皮衣价钱和貂皮也差不多，黄褐色的狐皮衣价钱是貂皮衣的五分之一，御寒保暖的功效比貂皮要差些。关外出产的狐皮，拨开毛露出的皮板是青黑色的，中原出产的狐皮把毛吹开露出的皮板则是白色的，用这种方法来区分优劣。

　　羊皮衣服，老羊皮价格低贱而羔皮衣价格贵重。孕育在胎中而未生出来的羊羔叫"胞羔"（皮上略有一些毛纹），刚刚出生的叫作"乳羔"（皮

　　麂子皮去了毛，经过芒硝鞣制之后做成袄裤，穿起来又轻便又暖和，做鞋子、袜子就更好些。这种动物广东很多，此外，在中原地区则集中于湖南、湖北一带，望华山是买卖麂皮的地方。麂皮还有防御蝎子蜇人的功用，北方人除了用麂皮做衣服之外，还用麂皮做被子边，这样蝎子就会避得远远的。虎豹皮的花纹最美丽，将军们用它来装饰，显示自己的威武。猪皮和狗皮最不值钱，脚夫苦力用它来做靴子、鞋子穿。西部各少数民族最注重用水獭皮做成细毛皮衣的领子。湖北襄黄人翻山越岭去猎取它，运到很远的地方去，可以赚很多钱。异域他乡的珍奇物产，如金丝猴的皮，皇帝用来做帽套；猞猁狲皮，皇帝用来做皮袍，这些都不是中原地区的出产。以上是人类用兽皮做衣服的大致情形，各地的特产在这里就不能详细叙述了。在飞禽之中，有用鹰的腹部和大雁胳部的细毛做衣服的，杀上万只才能做一件所谓"天鹅绒"的衣服；可是，耗费巨大制成又有什么意思呢？

---

1. 适足：为皮靴。2. 襄黄：似指今湖北之襄阳一带，襄阳、房县，古称黄棘，或以襄黄称之。

褐、毡 羊毛制品的制作

【原文】

凡绵羊有二种，一曰蓑衣羊，剪其毳为毡、为绒片，帽袜遍天下，胥此出焉[1]。古者西域羊未入中国，作褐为贱者服，亦以其毛为之。褐有粗而无精，今日粗褐亦间出此羊之身。此种自徐、淮[2]以北州郡无不繁生。南方唯湖郡饲畜绵羊，一岁三剪毛（夏季稀革不生）。每羊一只，岁得绒袜料三双。生羔牝牡合数得二羔，故北方家畜绵羊百只，则岁入计百金云。

一种矞芳羊[3]唐末始自西域传来，外毛不甚蓑长，内毳细软，取织绒褐，秦人名曰山羊，以别于绵羊。此种先自西域传入临洮，今兰州独盛，故褐之细者皆出兰州。一曰兰绒，番语谓之孤古绒，从其初号也。山羊毳绒亦分两等，一曰抢绒，用梳栉抢下，打线织帛，曰褐子、把子诸名色。一曰拔绒，乃毳毛精细者，以两指甲逐茎挦下，打线织绒褐。此褐织成，揩面如丝帛滑腻。每人穷日之力打线只得一钱重，费半载工夫方成匹帛之料。若抢绒打线，日多拔绒数倍。凡打褐绒线，冶铅为锤，坠于绪端，两手宛转搓成。

凡织绒褐机大于布机，用综八扇，穿经度缕，下施四踏轮，踏起经隔二抛纬，故织出文成斜现。其梭长一尺二寸，机织、羊种皆彼时归夷[4]传来（名姓再详），故至今织工皆其族类，中国无典也。凡绵羊剪毳，粗者为毡，细者为绒。毡皆煎烧沸汤投于其中搓洗，俟其粘合，以木板定物式，铺绒其上，运轴赶[5]成。凡毡绒白黑为本色，其余皆染色。其氍俞、氆氇等名称，皆华夷各方语所命。若最粗而为毯者，则驽马诸料杂错而成，非专取料于羊也。

【译文】

绵羊有两种，一种名叫蓑衣羊，剪下它的细毛用来制成毛毡或者绒片，全国各地的绒帽、绒袜子等原料都来自这种羊。在古时候西域的羊还没有传到中原之前，专门为穷人制作的粗陋的服装，就是用的这种羊毛。毛布只有粗糙的而没有太精致的。现在的粗毛布，有的也是用这种羊毛织成的。这种羊在徐州、淮河流域喂养得很多。南方只有浙江湖州喂养绵羊，一年之中剪羊毛三次（绵羊夏季不长新毛）。每只羊的毛一年都可以得到做三双绒袜的原料。一只公羊和一只母羊配种后可生两只小羊，所以一个北方家庭如果喂养一百只绵羊，一年便可以收入一百两银子。

另外一种羊叫作"羧䍽羊"（西部民族的称呼），唐代末期才从西域地区传入。这种羊外毛不是很长，内毛很细软，用来织绒毛布。陕西人把它叫作山羊，以此区别于绵羊。这种羊先从西域地区传到甘肃临洮，现在以兰州为最多，所以细软的毛布都出自甘肃兰州，因此又名兰绒。少数民族把它叫作孤古绒，这是沿用它起先的名字。山羊的细毛绒也可以分为两种：一种叫作抢绒，是用梳子从羊身上梳下来的，打成线织成绒毛布，有褐子或把子等名称；另一种叫作拔绒，是细毛中比较精细的，用两个手指甲逐条从羊身上拔下，打成线织成绒毛布。这样织成的毛布，摸起来像丝织品那样光滑柔软。每人打线辛苦一天也只能得到一钱重的毛料，要花半年才够织成一匹织品的原料。如果是用抢绒打成线，一天能比拔绒多好几倍。打绒线的时候，用铅锤坠着线端，用手

1.胥此出焉：俱由此出。2.徐、淮：徐州及淮河流域。3.矞芳羊：此语为音译。其实就是山羊。4.归夷：归化之夷，指内附的少数民族。5.赶：同擀。

宛转揉搓而成。

　　织绒毛布的机器比织棉麻布的机器大，用综片八扇，经线从此通过，下面装四个踏轮，每踏起两根经线，才过一次纬线，因此就能织成斜纹。现在用的梭长一尺二寸，机器织绒的方法和羊种都是当时从少数民族那边传来的（名称还有待查考），所以到现在织布工匠还全是那个民族的人，没有中原地区的人。从绵羊身上剪下的细毛，粗的能做毡子，细的可以做绒。毡子都是将羊毛放到沸水中搓洗，等到黏合后，才用木板轧成一定的式样，把绒铺在上面，转动机轴轧成。毡绒的本色是白与黑，其他颜色都是染成的。至于"氍毹""氆氇"等都是各地方的方言的称呼。最粗的毯子，里面掺杂着各种劣马的毛，并不是用纯羊毛制成的。

卷三·彰施

植物染料的染色方法

宋子曰：霄汉之间云霞异色，阎浮之内花叶殊形。天垂象而圣人则之，以五彩彰施于五色，有虞氏岂无所用其心哉？飞禽众而凤则丹，走兽盈而麟则碧，夫林林青衣，望阙而拜黄朱也，其义亦犹是矣。君子曰："甘受和，白受采。"世间丝、麻、裘、褐皆具素质，而使殊颜异色得以尚焉，谓造物不劳心者，吾不信也。

诸色质料 各种颜色的染料

【原文】

大红色（其质红花饼一味，用乌梅水煎出。又用碱水澄数次，或稻稿灰代碱，功用亦同。澄得多次，色则鲜甚。染房讨便宜者，先染芦木打脚[1]。凡红花最忌沉、麝[2]，袍服与衣香共收，旬月之间其色即毁。凡红花染帛之后，若欲退转[3]，但浸湿所染帛，以碱水、稻灰水滴上数十点，其红一毫收转，仍还原质。所收之水藏于绿豆粉内，放出染红，半滴不耗。染家以为秘诀，不以告人）、莲红、桃红色、银红、水红色（以上质亦红花饼一味，浅深分两加减而成。是四色皆非黄茧丝所可为，必用白丝方现）、木红色（用苏木煎水，入明矾、棓子[4]）、紫色（苏木为地，青矾尚之）、赭黄色（制未详）、鹅黄色（黄檗煎水染，靛水盖上）、金黄色（芦木煎水染，复用麻稿灰淋，碱水漂）、茶褐色（莲子壳煎水染，复用青矾水盖）、大红官绿色（槐花煎水染，蓝淀盖，浅深皆用明矾）、豆绿色（黄檗水染，靛水盖。今用小叶苋蓝煎水盖者，名草豆绿，色甚鲜）、油绿色（槐花薄染，青矾盖）、天青色（入靛缸浅染，苏木水盖）、蒲萄青色（入靛缸深染，苏木水深盖）、蛋青色（黄檗水染，然后入靛缸）、翠蓝、天蓝（二色俱靛水分深浅）、玄色（靛水染深青，芦木、杨梅皮等分煎水盖。又一法，将蓝芽叶水浸，然后下青矾、棓子同浸，令布帛易朽）、月白草色二色（俱靛水微染，今法用苋蓝煎水，半生半熟染）、象牙色（芦木煎水薄染，或用黄土）、藕褐色（苏木水薄染，入莲子壳，青矾水薄盖）。

附：染包头青色（此黑不出蓝靛，用栗壳或莲子壳煎煮一日，漉起，然后入铁砂、皂矾锅内，再煮一宵即成深黑色）。

附：染毛青布色法（布青初尚芜湖千百年矣。以其浆碾成青光，边方外国皆贵重之。人情久则生厌。毛青乃出近代，其法取松江美布染成深青，不复浆碾，吹干，用胶水参豆浆水一过。先蓄好靛，名曰标缸。入内薄染即起，红焰之色隐然。此布一时重用）。

【译文】

大红色（这种颜色的原料是红花饼，用乌梅水煎煮出来后，再用碱水澄清几次。也可以用稻草灰代替碱水，效果差不多。经过多次澄清后，颜色就会非常鲜艳。有的染家为了降低成本，会先用黄栌木水为织物染上黄色的底色。红花最怕沉香和麝香，所以将红色衣服与这类香料放在一起，不出一个月衣服的颜色就会褪掉了。用红花染过的红色丝帛，如果想要回到原来的颜色，只要把所染的丝帛浸湿，滴上几十滴碱水或者稻灰水，红色就可以完全褪掉恢复原来的颜色了。将洗下来的红色水倒在绿豆粉里进行收藏，下次再用它来染红色，效果半点儿也不会耗损。染坊把这种方法作为秘方而不肯向外传播）、莲红色、桃红色、银红色、水红色（以上四种颜色所用的原料也是红花饼，颜色的深浅根据所用的红花饼分量的多少而定。黄色的蚕茧丝不能染成这四种颜色，只有白色的蚕茧丝才可以）、木红色（用苏木煎水，再加入明矾、五倍子染成）、紫色（用苏木水染上底色，再用青矾作为配料一起渲染而成）、赭黄色（制法不太清楚）、鹅黄色（先用黄檗煮水染上底色，再用蓝靛水套染）、金黄色（先用黄栌木煮水染色，再用麻秆灰淋水，然后用碱水漂洗）、茶褐色（用莲子壳煎水染色，再用青矾水染成）、大红官绿色（先用槐花煎水染色，再用蓝靛套染，浅色和深色都要用明矾来进行调节）、豆绿色（用黄檗水染上底色，再用蓝靛水

---

1. 打脚：打底色。 2. 沉、麝：沉香和麝香。 3. 退转：还原本色。 4. 棓子：指五倍子。

套染。现在用小叶苋蓝煎水套染的，叫作草豆绿，颜色十分鲜艳）、油绿色（用槐花稍微染一下，再用青矾水染成）、天青色（放在靛缸里稍微染一下，再用苏木水套染而成）、葡萄青色（放进靛缸里染成深蓝色，再用深苏木水套染而成）、蛋青色（用黄檗水染，然后放入靛缸中染成）、翠蓝色、天蓝色（这两种颜色都是用蓝靛水染成，只是深浅各有不同）、玄色（先用蓝靛水染成深青色，再用黄栌木和杨梅树皮各一半煎水套染。还有一种方法是：在蓝芽嫩叶水中先浸染过，然后再放进青矾、五倍子的水中一块浸泡；但是用这种方法浸染，容易使布和丝帛腐烂）、月白色、草白色（都是用蓝靛水稍微染一下，现在的方法是用苋蓝煮水，煮到半生半熟的时候染）、象牙色（用黄栌木煎水稍微染一下，或者用黄土染）、藕褐色（用苏木水稍微染一下后，再放进莲子壳和青矾一起煮的水中进行渲染）。

附：包头青色的染法（这种黑色不是用蓝靛染出来的，而是用栗子壳或莲子壳放在一块儿熬煮一整天，然后捞出来将水沥干，再加入铁砂、皂矾放进锅里面煮一整夜，就会变成深黑色）。

附：毛青布色的染法（布青色最初流行于安徽芜湖地区，到现在已有近千年的历史了。因为这种颜色的布经过浆碾之后带有青光，边远地区和国外的人都很珍爱它，将青布视为贵重的布料；但是人们用的时间长了，也就不那么稀罕它了。毛青色是近代才出现的，方法是用松江产的上等好布，先染成深青色，不再浆碾。吹干后，用掺胶水和豆浆的水过一遍，再放在预先装好的质量优良的靛蓝"标缸"里，稍微渲染一下就立即取出，于是布上就会隐隐约约带有红光。这种布曾经很受欢迎）。

蓝淀 蓝色染料

【原文】

凡蓝五种，皆可为淀[1]。茶蓝即菘蓝，插根活；蓼蓝、马蓝、吴蓝等皆撒子生。近又出蓼蓝小叶者，俗名苋蓝，种更佳。

凡种茶蓝法，冬月割获，将叶片片削下，入窖造淀。其身斩去上下，近根留数寸。熏干，埋藏土内。春月烧净山土使极肥松，然后用锥锄（其锄勾末向身长八寸许），刺土打斜眼，插入于内，自然活根生叶。其余蓝皆收子撒种畦圃中。暮春生苗，六月采实，七月刈身造淀。

凡造淀，叶者茎多者入窖，少者入桶与缸。水浸七日，其汁自来。每水浆一石下石灰五升，搅冲数十下，淀信即结。水性定时，淀沉于底。近来出产，闽人种山皆茶蓝，其数倍于诸蓝。山中结箬篓[2]，输入舟航。其掠出浮沫晒干者曰靛花。凡靛入缸必用稻灰水先和，每日手执竹棍搅动，不可计数，其最佳者曰标缸。

【译文】

用来制作深蓝色的染料的蓝有五种，即蓝淀。茶蓝也就是菘蓝，扦插就能成活。蓼蓝、马蓝和吴蓝等都是播撒种子种植的。近来又出现了一种小叶的蓼蓝，俗称"苋蓝"，是一个更好的蓝品种。

种植茶蓝的方法是，在冬天（大约农历十一

1.淀：同"靛"，一种蓝色植物染料，是将染料蓝的叶子发酵，再用石灰水处理而制成的。 2.结箬篓：装入竹篓。

月）割取茶蓝的时候，把叶子一片一片剥下来，放进花窖里制成蓝淀。把茎秆的两头切掉，只在靠近根部的地方留下几寸长的一段，熏干后再埋在土里贮藏。到第二年春天（大约农历二月）时，放火将山上的杂草烧掉，使土壤变得很疏松肥沃，然后用锥锄（这种锄的锄钩朝向内，约长八寸）掘土，在土里打出斜眼，将保存的茶蓝根茎插进去，就会自然生根长叶子。其余的几种蓝都是把种子撒在园圃中，春末就会出苗，到六月采收种子，七月就可以将蓝茎割回来用于造淀了。

制作蓝淀的时候，茎和叶多的放进花窖里，少的放在桶里或缸里，加水浸泡七天，就自然出来了。每一石蓝花汁液加入石灰五升，搅打几十下，就会凝结成蓝淀。水静放以后，蓝淀就积沉在底部。福建人在山地上普遍种植的都是茶蓝，在近来的出产中，茶蓝的数量比其他蓝的总和还要多几倍，在山上装入竹篓再装上船往外运。制作蓝淀时，把撇出的浮沫晒干后就叫"靛花"。放在缸里的蓝淀一定要先用稻灰水搅拌调匀，每天用竹棍搅拌无数次，其中质量最好的叫作"标缸"。

板蓝根

贵州种植蓝草并用以染色已有十分悠久的历史。蓝草的根就是人们都比较熟悉的中药——板蓝根。

红花 红色染料

【原文】

红花场圃撒子种，二月初下种，若太早种者，苗高尺许即生虫如黑蚁，食根立毙。凡种地肥者，苗高二三尺。每路打橛[1]，缚绳横阑，以备狂风拗折。若瘦地尺五以下者，不必为之。

红花入夏即放绽，花下作梂[2]汇多，刺花出梂上。采花者必侵晨带露摘取。若日高露晞，其花即已结闭成实，不可采矣。其朝阴雨无露，放花较少，晞摘无妨，以无日色故也，红花逐日放绽，经月乃尽。入药用者不必制饼。若入染家用者，必以法成饼然后用，则黄汁净尽，而真红乃现也。其子煎压出油，或以银箔贴扇面，用此油一刷，火上照干，立成金色。

【译文】

红花的种植都是通过在田圃里撒播种子，每年的二月初是下种的时节。种得太早，花苗长到一尺左右时，就会长出样子像黑蚂蚁的一种虫

1.每路打橛：每一行都打上桩子。 2.梂：音同"求"，指球状的花萼。

子，这种虫子咬食花的根部很快就会使花苗死亡。凡是种在肥沃的地里的红花，花苗能长到二尺到三尺高。这时候应该给每行红花打桩子，横拴绳子将红花拦起来，以防红花被狂风吹断。如果种在瘦地里，花苗高度在一尺半以下的就不必这样做。

　　红花到了夏天就会开花了，花下结出球状花托和花苞，花托的苞片上有很多刺，花就长在球状花托上。采花的人一定要在天刚亮红花还带着露水的时候摘取。如果等到太阳升起以后，露水干了，红花就已经闭合而不方便摘了。如果遇上下雨天而没有露水的早晨，花开得比较少，因为没有太阳，晚点儿摘也可以。红花是一天天开放的，大约一个月才能开完。作为药用的红花不必制成花饼。如果是要用来制染料的则必须按照一定的方法制成花饼后再用，这样黄色的汁液已经除尽了，真正的红色就显出来了。红花的子经过煎压后可以榨出油，如果用银箔贴在扇面上，再刷上一层这种油，在火上烘干后，马上就会变成金黄色。

红花

红花，又称草红花，属双子叶植物纲、菊科。原产埃及，在欧洲、美洲、大洋洲、亚洲等许多地方都有栽培。

造红花饼法 红色染料的制作方法

【原文】

　　带露摘红花，捣熟以水淘，布袋绞去黄汁。又捣以酸粟或米泔[1]清。又淘，又绞袋去汁，以青蒿覆一宿，捏成薄饼，阴干收贮。染家得法，我朱孔扬，所谓猩红也（染纸吉礼用，亦必紫矿，不然全无色）。

【译文】

　　摘取还带着露水的红花，捣烂并用水淘洗后，装入布袋里并拧去黄汁；再次捣烂，用已发酵的淘米水再进行淘洗，再次装入布袋中拧去汁液；然后用青蒿覆盖一个晚上，捏成薄饼，阴干后收藏好。如果染色的方法得当，就可以把衣裳染成鲜艳的猩红色（染喜庆、贺礼用的东西，也必须用这种紫铆[2]来染，否则就会一点儿颜色都没有）。

1.米泔：淘米水。 2.紫铆：一种植物，花可为红色或黄色染料。

附：燕脂[1]

【原文】

　　燕脂古造法以紫矿染绵者为上，红花汁及山榴花汁者次之。近济宁路但取染残红花滓为之，值甚贱。其滓干者名曰紫粉，丹青家或收用，染家则糟粕弃也。

【译文】

　　古时候的燕脂，以用紫铆做成且可染丝的为上品，而用红花汁和山榴花汁做的要差一些。近来，山东济宁一带有人用染剩的红花渣滓来做，很便宜。干的渣滓叫"紫粉"，画家们有时用到它，而染坊则把它当作废物扔掉。

附：槐花

【原文】

　　凡槐树十余年后方生花实。花初试未开者曰槐蕊，绿衣所需，犹红花之成红也。取者张度篾稠其下而承之。以水煮一沸，漉干捏成饼，入染家用。既放之。花色渐入黄，收用者以石灰少许晒拌而藏之。

【译文】

　　生长十几年的槐树才能开花结果，还没开放的槐花被称为槐蕊，槐花就像红花一样也是可以用来染色的原料，不同的是红花是用来染红色的，而槐花是用来染绿色的。采摘槐花时，将竹筐成排放在槐树下将槐蕊收集起来。将槐花加水煮开，捞起沥干后捏成饼，给染坊用。已开的花慢慢变成黄色，有的人把它们收集起来撒上少量石灰拌匀后，收藏备用。

---

1. 燕脂：又名燕支、胭脂，红色颜料及化妆品。明朝人张子列所著的《正字通》中说："燕脂以红蓝花汁凝脂为之，燕国所出。"

卷四·粹精

谷物的加工过程

宋子曰：天生五谷以育民，美在其中，有"黄裳"之意焉。稻以糠为甲，麦以麸为衣，粟、粱、黍、稷毛羽隐然。播精而择粹，其道宁终秘也。饮食而知味者，食不厌精。杵臼之利，万民以济，盖取诸《小过》。为此者岂非人貌而天者哉？

攻稻 稻谷的加工

【原文】

凡稻刈获之后，离稿取粒。束稿于手而击取者半，聚稿于场而曳牛滚石以取者半。凡束手而击者，受击之物或用木桶，或用石板。收获之时雨多霁少，田稻交湿，不可登场者，以木桶就田击取。晴霁稻干，则用石板甚便也。

凡服牛曳石滚压场中，视人手击取者力省三倍。但作种之谷，恐磨去壳尖，减削生机。故南方多种之家，场禾多藉牛力，而来年作种者则宁向石板击取也。

凡稻最佳者九穰一秕[1]，倘风雨不时，耘耔失节，则六穰四秕者容有之。凡去秕，南方尽用风车扇去；北方稻少，用扬法，即以扬麦、黍者扬稻，盖不若风车之便也。

凡稻去壳用砻，去膜用舂、用碾。然水碓主舂，则兼并砻[2]功。燥干之谷入碾亦省砻也。凡砻有二种：一用木为之，截木尺许（质多用松），斫合成大磨形，两扇皆凿纵斜齿，下合植笋穿贯上合，空中受谷。木砻攻米二千余石，其身乃尽。凡木砻，谷不甚燥者入砻亦不碎，故入贡军国漕储千万，皆出此中也。

一土砻析竹匡围成圈，实洁净黄土于内，上下两面各嵌竹齿。上合笃空受谷，其量倍于木砻。谷稍滋湿者入其中即碎断。土砻攻米二百石，其身乃朽。凡木砻必用健夫，土砻即孱妇弱子可胜其任。庶民饔飧皆出此中也。

凡既砻，则风扇以去糠秕，倾入筛中团转。谷未剖破者浮出筛面，重复入砻。凡筛大者围五尺，小者半之。大者其中心偃隆而起，健夫利用。小者弦高二寸，其中平洼，妇子所需也。凡稻米既筛之后，入臼而舂，臼亦两种。八口以上之家堀地藏石臼其上，臼量大者容五斗，小者半之。横木穿插碓头（碓嘴冶铁为之，用醋滓合上），足踏其末而舂之。不及则粗，太过则粉，精粮从此出焉。晨炊无多者，断木为手杵，其臼或木或石以受舂也。既舂以后，皮膜成粉，名曰细糠，以供犬豕之豢。荒歉之岁，人亦可食。细糠随风扇播扬分去，则膜尘净尽而粹精见矣。

凡水碓，山国之人居河滨者之所为也。攻稻之法省人力十倍，人乐为之。引水成功，即筒车灌田同一制度也。设臼多寡不一。值流水少而地窄者，或两三臼。流水洪而地室宽者，即并列十臼无忧也。

江南信郡水碓之法巧绝。盖水碓所愁者，埋臼之地卑则洪潦为患，高则承流不及。信郡造法即以一舟为地，橛桩维之。筑土舟中，陷臼于其上，中流微堰石梁，而碓已造成，不烦椓木壅坡之力也。又有一举而三用者，激水转轮头，一节转磨成面，二节运碓成米，三节引水灌于稻田，此心计无遗之所为也。凡河滨水碓之国，有老死不见砻者，去糠去膜皆以臼相终始，惟风筛之法则无不同也。

凡碾砌石为之，承藉、转轮皆用石。牛犊、马驹唯人所使，盖一牛之力日可得五人。但入其中者，必极燥之谷，稍润则碎断也。

【译文】

稻子从地里收割回来后，接下来就要进行脱粒。脱粒的方法中，用手握稻秆摔打来脱粒的约占一半，把稻子铺在晒场上，用牛拉石磙进行脱粒的也占一半。手工脱粒是手握稻秆在木桶上或石板上摔打。稻子收获的时候，如果遇上多雨少晴的天气，稻田和稻谷都很潮湿，不能把稻子收到晒场上

1.九穰一秕：十个谷壳中九个饱满，一个空瘪。 2.砻：给谷物去壳的碾磨型农具。

湿田击稻

在南方，如果稻子收获的时候碰上雨天，就直接在田里进行脱粒。把斗状的大木桶放在田中，手持刚割下的稻谷，在木桶的边缘反复用力摔打，把谷粒从稻秆上分离。

场中打稻

天气较好的时候，就在晒场进行脱粒，直接把收获的稻谷铺开晾干，在石板上摔打稻谷，使稻谷脱粒。

赶稻及耞图

用牛拉石磙在晒场上压稻谷，比手工摔打省力三倍，适用于产粮面积较大的地区。这种脱粒的方式会降低种子的发芽率，如果是留作种子的稻谷，还是要手工脱粒。

去脱粒时，就用木桶在田间就地脱粒。如果遇上晴天稻子也很干，使用石板脱粒也就很方便了。

用牛拉石磙在晒场上压稻谷，要比手工摔打省力三倍。但是留着当稻种的稻谷，恐怕会被磨掉保护谷胚的壳尖而使种子发芽率减弱，因此南方种植水稻较多的人家，大部分稻谷都是用牛力脱粒，但是留为种子的稻谷就宁可在石板上摔打脱粒。

最好的稻谷是其中九成是饱满的谷粒，只有一成是秕谷。如果风雨不调，耘耔不及时，那么稻谷也可能出现只有六成饱满而四成是秕谷的情况。去掉秕谷的方法，南方都用风车扇去。北方稻子少，多用扬场的方法，也就是用扬麦子和黍子那样的办法来扬稻子，这总的来说不如用风车那样方便。

稻谷去掉谷壳用的是砻，去掉糠皮用的是舂或者碾；但是用水碓来舂，也就同时起了砻的作用。干燥的稻谷用碾加工也可以不用砻。砻有两种：一种是用木头做的，锯下一尺多长的原木（多用松木）砍削并合成磨盘形状，两扇都凿出纵向的斜齿，下扇安一根轴穿进上扇，将上扇中间挖空以便稻谷能从孔中注入。木砻如果加工到二千多石米就不能再用了。用木砻加工，即便是不太干燥的稻谷也不会被磨碎，因此上缴的军粮和官粮，无论是大量运走还是就地储藏的大量稻谷都要用木砻加工。另一种是土砻，破开竹子编织成一个圆筐，中间用干净的黄土填充压实，上下两扇都镶上竹齿，上扇安个竹篾漏斗用来装稻谷。稻谷从上扇用竹篾围成

卷四·粹精

砻

木砻

砻

　　砻是一种用于去除稻谷外壳的工具，稻谷脱去外壳，成为糙米或精米。砻主要有两种，一种是用木料制成的砻，另一种是用石头或金属制成的砻。

木砻

　　木砻对稻谷的磨损小，但是得力气大的人才能使用。木砻多用松木制成，锯下一尺多长的原木砍削并合成磨盘形状，两扇都凿出纵向的斜齿，下扇安一根轴穿进上扇，将上扇中间挖空以便稻谷能从孔中注入。

的孔中注入，土砻的装谷量比木砻要多一倍。稻谷稍微潮湿一点，在土砻中就会磨碎。土砻加工二百石米就坏了。使用木砻的必须是身体强壮的劳动力，而土砻即使是体弱力小的妇女儿童也能胜任。老百姓吃的米都是用土砻加工的。

　　稻谷用砻磨过以后，要用风车扇去糠秕，然后再倒进筛子里团团筛过，未破壳的稻谷便浮到筛面上来，再倒入砻中进行加工。大的筛子周长五尺，小的筛子周长约为大筛的一半。大筛的中心稍微隆起，供强壮的劳动力使用；小筛的边高只有二寸，中心微凸，供妇女儿童使用。

　　稻米筛过以后，放到臼里舂，臼也有两种。八口以上的人家，一般是在地上挖坑埋石臼。大臼的容量是五斗，小臼的容量约为大臼的一半。另外用横木一条穿插入碓头（碓嘴是用铁做的，用醋滓将它和碓头粘合上），用脚踩踏横木的末端舂米。舂得不够时，米就会粗糙，舂得太过分，米就细碎了，精米都是这样加工出来的。人口不多的人家就截木做成手杵，用木头或石头做臼来舂米。舂过以后糠皮都变成了粉，叫作"细糠"，用来喂猪狗。遇到荒年，人也可以吃。细糠被风车扇净后，糠皮灰尘都去除干净，留下的就是加工出来的大米了。

　　水碓是山区住在河边的人们创造的。用它来加工稻谷，要比人工省力十倍，因此人们都乐意使用水碓。利用水力带动水碓和利用筒车浇水灌田是同样的方法。设臼的多少没有一定的限制，

79

土砻

土砻

　　土砻是一种加工稻谷的工具，破开竹子编织成一个圆筐，中间用干净的黄土填充压实，上下两扇都镶上竹齿，上扇安个竹篾漏斗用来装稻谷。稻谷从上扇用竹篾围成的孔中注入，土砻的装谷量比木砻要多一倍。土砻即使是体弱力小的妇女儿童也能胜任。

砻磨

砻磨是一种利用磨齿研磨原理来加工稻谷的工具，砻磨通常使用畜力将稻谷的外壳脱去，成为糙米或精米。

风车

风车是中国古代农业生产中的重要工具，谷子脱去谷壳之后，要用风车将米和谷皮分离。使用风车时用手摇动风车，用风车产生的风将谷皮等吹走，只留下米。

如果流水量小而地方也狭窄，就设置两至三个臼。如果流水量大而地方又宽敞，那么并排设置十个臼也不成问题。

江西上饶一带建造水碓的方法非常巧妙。建造水碓的困难在于选择埋臼的地方，如果臼石设在地势低处，可能会被洪水淹没，臼石设在地势太高的地方，水又流不上去。上饶一带造水碓的方法是用一条船作为地，把船系在木桩上。在船中填土埋臼，再在河的中流筑一个小石坝，这样小碓也就造成功了，打桩筑坡的劳力也就可以节省下来了。此外，水碓还有一举三用：利用水流的冲击来使水轮转动，用第一节带动水磨磨面，第二节带动水碓舂米，第三节用来引水浇灌稻田，这是考虑得非常周密的人们所创造的。在使用水碓的河滨地区，有人一辈子也没有见过砻，那里的稻谷去壳去糠皮始终都是用臼，唯独使用风车和筛子，各个地方都相同。

碾则是用石头砌成的，碾盘和转轮都是用石头做的。用牛犊或马驹来拉碾都可以，随人自便。一头牛干一天的劳动量，相当于五个人一天的劳动量，但是要碾的稻谷必须是晒得很干燥的，稍微潮湿一点儿，米就细碎了。

篩穀

舂臼

篩谷

稻谷用砻磨去除外壳之后，再用风车吹掉谷糠和空谷，再倒进筛子里晃动，那些没有破壳的稻谷就会浮在筛面上，可以收集起来再进行加工。

舂臼

碓是一种舂米的工具，由一块大的石头或木制碓头和一个支撑碓头的木架组成。臼也是一种舂米工具，由一个臼和一把杵组成，杵不断上下运动，将臼中带壳的稻谷加工成米粒。

卷四·粹精

水碓

盖利用茅

碓

碓是一种舂米的工具，架起一根木杠，木杠的前端装一块圆形的石头，操作者用脚连续踏动木杠，随着木杠的一起一落，石头砸到下面石臼中的粮食，可以把稻谷加工成米或把米加工成粉。

水碓

水碓是利用水流的力量来自动舂米的机具，河水流过水车进而转动轮轴，再拨动碓杆上下舂米。水碓建在溪流江河的岸边，还可以根据水势大小设置多个水碓。

83

攻麦 麦子的加工

【原文】

凡小麦其质为面。盖精之至者，稻中再舂之米；粹之至者，麦中重罗之面也。

小麦收获时，束稿击取如击稻法。其去秕法北土用扬，盖风扇流传未遍率土也。凡扬不在宇下，必待风至而后为之。风不至，雨不收，皆不可为也。

凡小麦既扬之后，以水淘洗尘垢净尽，又复晒干，然后入磨。凡小麦有紫、黄二种，紫胜于黄。凡佳者每石得面一百二十斤，劣者损三分之一也。

凡磨大小无定形，大者用肥健力牛曳转，其牛曳磨时用桐壳掩眸，不然则眩晕。其腹系桶以盛遗，不然则秽也。次者用驴磨，斤两稍轻。又次小磨，则止用人推挨者。

凡力牛一日攻麦二石，驴半之。人则强者攻三斗，弱者半之。若水磨之法，其详已载《攻稻》"水碓"中，制度相同，其便利又三倍于牛犊也。

凡牛、马与水磨，皆悬袋磨上，上宽下窄。贮麦数斗于中，溜入磨眼。人力所挨则不必也。

凡磨石有两种，面品由石而分。江南少粹白上面者，以石怀沙滓，相磨发烧，则其麸并破，故黑参和面中，无从罗去也。江北石性冷腻，而产于池郡之九华山[1]者美更甚。以此石制磨，石不发烧，其麸压至扁秕之极不破，则黑疵一毫不入，而面成至白也。凡江南磨二十日即断齿，江北者经半载方断。南磨破麸得面百斤，北磨只得八十斤，故上面之值增十之二，然面勔、小粉皆从彼磨出，则衡数已足，得值更多焉。

凡麦经磨之后，几番入罗，勤者不厌重复。罗匡之底用丝织罗地绢为之。湖丝所织者，罗面千石不损，若他方黄丝所为，经百石而已朽也。凡面既成后，寒天可经三月，春夏不出二十日则郁坏[2]。为食适口，贵及时也。

凡大麦则就舂去膜，炊饭而食，为粉者十无一焉[3]。荞麦则微加舂杵去衣，然后或舂或磨以成粉而后食之。盖此类之视小麦，精粗贵贱大径庭也。

【译文】

对小麦而言，它的精华部分是面。稻谷最精华的部分是舂过多次的稻米，小麦最精粹的部分是反复罗过多次的小麦面。

收获小麦的时候，用手握住麦秆摔打脱粒，和稻子手工脱粒的方法相同。去掉秕麦的方法，北方多用扬场的办法，这是因为风车的使用还没有普及全国。扬场不能在屋檐下，而且一定要等有风的时候才能进行。没风或者下雨时都不能扬场。

小麦扬过后，用水淘洗将灰尘污垢完全洗干净，再晒干，然后入磨。小麦有紫皮和黄皮两种，其中紫皮的比黄皮的好些。好的小麦每石可磨得面粉一百二十斤，差一点儿的所得要减少三分之一。

磨的大小没有一定的规格，大的磨要用肥壮有力的牛来拉。牛拉磨时要用桐壳遮住牛的眼睛，否则牛就会转晕了。牛的肚子上要系上一只桶用来盛装牛的排泄物，否则就会把面弄脏了。小一点儿的磨用驴来拉，重量相对较轻些。再小一点儿的磨则只需用人来推。

一头壮牛一天能磨两石麦子，一头驴一天只能磨一石，强壮的人一天能磨麦三斗，而体弱的人只能磨一斗半。至于使用水磨的办法，已经在

1.池郡之九华山：今安徽贵池之南的九华山。 2.郁坏：受潮而变质。 3.为粉者十无一焉：把大麦磨成面粉来食用的十中无一。

84

磨

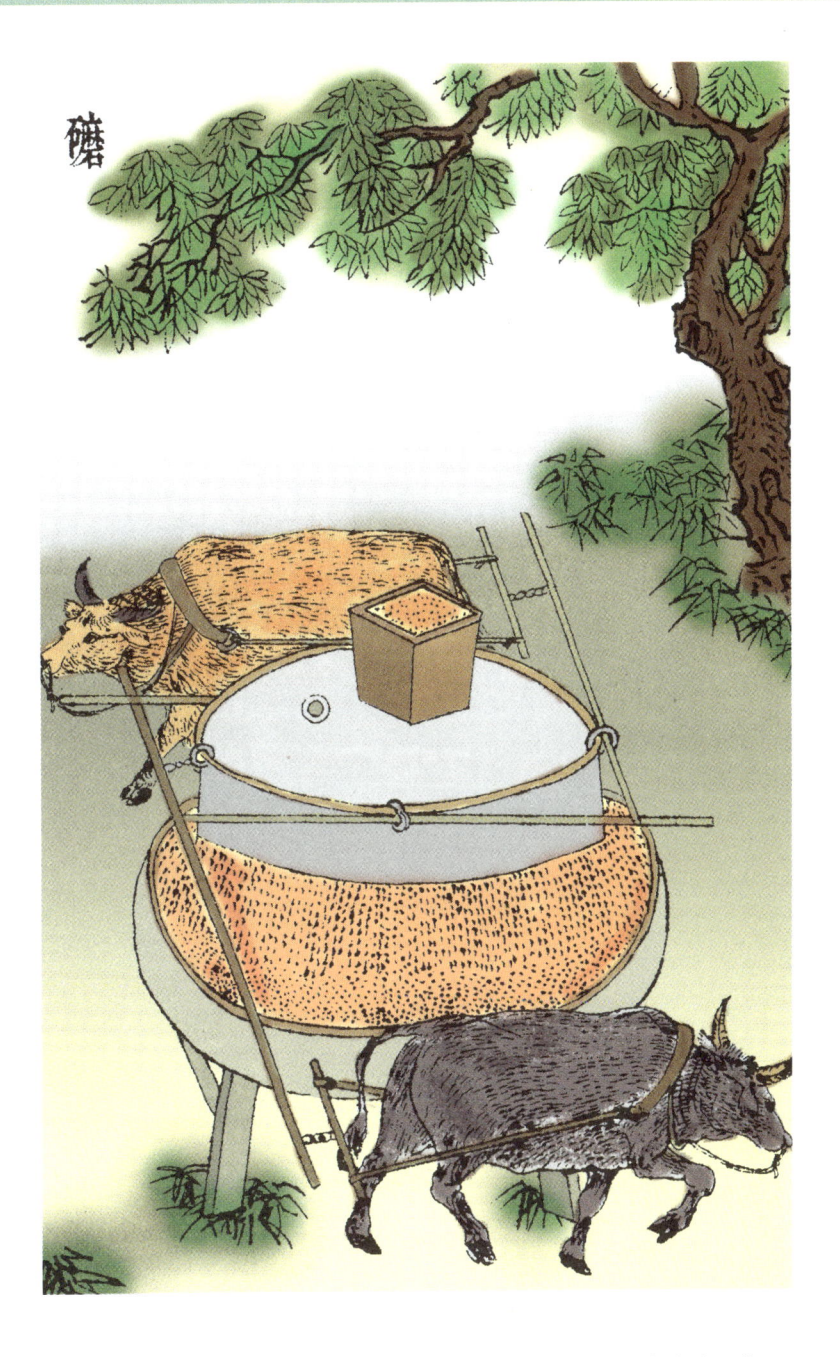

磨

　　磨是一种依靠人力或畜力来推动的加工粮食的机械。石磨通常由两块圆石做成磨扇，通过磨扇的摩擦力把粮食磨成面粉。

《攻稻·水碓》一节的记述中详细讲述了，方法还是一样的，但水磨的功效却要比牛犊的效率高出三倍。

　　用牛马或水磨磨面，都要在磨上方悬挂一个上宽下窄的袋子，里面装上几斗小麦，使之能够慢慢自动滑入磨眼，而人力推磨时就用不着了。

　　造磨的石料有两种，面粉品质的好坏也随石料的差异而有所不同。江南很少出上等的精白面粉，就是因为磨石里含有渣滓，磨面时会发热，以致带色的麸皮破碎与面掺和在一起而无法罗去。江北的石料性凉而且细腻，安徽池州九华山出产的石料质地更好。用这种石头制成的磨，磨面时石头不会发热，麸皮虽然也轧得很扁但不会破碎，所以麸皮一点儿都不会掺混到面里，这样磨成的面粉就非常白了。江南的磨用二十天就可能磨钝了磨齿，而江北的磨要用半年才会磨钝一次磨齿。南方的磨由于把麸子一起磨

85

图解天工开物

水磨

水磨

在晋代时，发明了水磨，使用流水的动力来带动磨盘转动，将粮食加工成粉末。水磨的效率要比畜力的高出三倍。

碎，所以可以磨得一百斤面，北方的磨就只得八十斤上等面粉，所以上等面粉的价钱就要贵十分之二。但是从北方的磨里出来的麸皮还可以提取面筋和小粉，所以磨面的总体分量也是足够了，而得到的收益就更多了。

麦子磨过以后，还要多次入罗，勤劳的人们不怕精心劳作。罗的底是用丝织的罗地绢制作的。如果用浙江湖州一带出产的丝织制成的罗地绢做罗底，罗一千石面也不坏。如果用其他地方的黄丝织成的，罗过一百石面就坏了。面粉在磨好以后，在寒冷季节里可以存放三个月，春夏时节存放不到二十天就会受潮而变质。因此，为了面能质真味美，就必须随磨随吃。

大麦一般是舂掉外皮后煮成饭而食用的，把大麦磨成面粉的不到十分之一。荞麦则是先用杵棒稍微舂一下，捣掉外皮，然后再舂或磨成面来吃。这些粮食与小麦相比，精粗贵贱也就差得太远啦！

麪羅

撞機

麦罗

麦子磨过之后，还要反复地用罗来筛，罗是一种用来筛选粮食或面粉的器具，可以将粮食或面粉中的杂质和小颗粒筛选出来，罗有不同的规格和用途，可以帮助人们更加高效地筛选粮食或面粉。

攻黍、稷、粟、粱、麻、菽
各种谷物的加工

【原文】

　　凡攻治小米，扬得其实，舂得其精，磨得其粹。风扬、车扇而外，簸法生焉。其法篾织为圆盘，铺米其中，挤匀扬播[1]。轻者居前，簸弃地下；重者在后，嘉实存焉。凡小米舂、磨、扬、播制器，已详《稻》《麦》之中。唯小碾一制在《稻》《麦》之外。北方攻小米者，家置石墩，中高边下，边沿不开槽。铺米墩上，妇子两人相向，接手而碾之。其碾石图长如牛赶石，而两头插木柄。米堕边时随手以小彗[2]扫上。家有此具，杵臼竟悬[3]也。

　　凡胡麻刈获，于烈日中晒干，束为小把，两手执把相击。麻粒绽落，承藉以篦席也。凡麻筛与米筛小者同形，而目密五倍。麻从目中落，叶残角屑皆浮筛上而弃之。

　　凡豆菽刈获，少者用枷，多而省力者仍铺场，烈日晒干，牛曳石赶而压落之。凡打豆枷，竹木竿为柄，其端锥圆眼，拴木一条长三尺许，铺豆于场，执柄而击之。

　　凡豆击之后，用风扇扬去荚叶，筛以继之，嘉实洒然入廪[4]矣。是故舂、磨不及麻，砻碾不及菽[5]也。

【译文】

　　小米是这样加工的：扬净后得到实粒，舂后得到小米，磨后得到小米粉。除去风扬、车扇两法外，还有一种簸法。簸法是用蔑条编成圆盘，把谷子铺在上面，均匀地扬簸。轻的扬到前面，就从箕

小碾

　　北方地区加工小米，在家里安置一个石墩，中间高，四边低，边沿不开槽。碾石是长圆形的，好像牛拉的石磙子，两头插上木柄。碾时，把谷子铺在墩上，妇女两人面对面，相互用手交接碾柄来碾压。米落到碾的边沿时，就随手用小扫帚扫进去。家里有了这种工具，就用不着杵臼了。

1.播：即"簸"字。 2.小彗：小扫帚。 3.悬：悬置而不用。 4.廪：仓廪，粮库。 5.舂、磨不及麻，砻碾不及菽：芝麻不用舂、磨，豆子不用砻、碾。

口丢弃地下。重的留在后面，那就是饱满的实粒了。小米加工用的舂、磨、扬、播等工具，已经详述于《攻稻》《攻麦》两节中。只是小碾这个工具，在《攻稻》《攻麦》两节没有谈到。北方加工小米，在家里安置一个石墩，中间高，四边低，边沿不开槽。碾石是长圆形的，好像牛拉的石磙子，两头插上木柄。碾时，把谷子铺在墩上，妇女两人面对面，相互用手交接碾柄来碾压。米落到碾的边沿时，就随手用小扫帚扫进去。家里有了这种工具，就用不着杵臼了。

芝麻收割后，在烈日下晒干，扎成小把，然后两手各拿一把相互拍打，芝麻壳就会裂开，芝麻粒也就脱落了，下面用席子承接。芝麻筛和小的米筛形状相同，但筛眼比米筛密五倍。芝麻粒从筛眼中落下，叶屑和碎片等杂物浮在筛上抛掉。

豆类收获后，量少的用连枷脱粒，如果量多，省力的办法仍然是铺在晒场上，在烈日下晒干，用牛拉石磙来脱粒。打豆的连枷，是用竹竿或木杆做柄，柄的前端钻个圆孔，拴上一条长约三尺的木棒。把豆铺在场上，手执枷柄甩打。豆打落后，用风车扇去荚叶，再筛过，就可得到饱满的豆粒入仓了。所以说，芝麻用不着舂和磨，豆类用不着磨和碾。

打枷

豆类收获后，量少的用连枷脱粒。打豆的连枷，是用竹竿或木杆做柄，柄的前端钻个圆孔，拴上一条长约三尺左右的木棒。把豆铺在场上，手执枷柄甩打。豆打落后，用风车扇去荚叶，再筛过，就可得到饱满的豆粒入仓了。

击麻

芝麻收割后，在烈日下晒干，扎成小把，然后手持芝麻进行拍打，芝麻壳就会裂开，芝麻粒也就脱落了，下面用席子承接。

89

图解天工开物

水碾

　　水碾是一种借助水力舂米的工具，水碾主要由水车、拨杆及连通轴等部分组成。当水流冲击水车时，水车会带动连通轴进行旋转，连通轴进而带动拨杆进行转动，来完成粮食加工。

石碾

　　石碾是中国古代的一种石制研磨工具，用于加工粮食。石碾主要由碾盘和碾磙两部分构成，使用时，将谷物放在碾盘上，然后转动碾磙，使谷物受到研磨，从而将其加工成粉末或碎屑。

90

扬簸

扬簸是古代筛选粮食的方法,将收获的粮食平铺在簸箕上,然后手持簸箕一端,均匀地摇动,将簸箕中较轻的谷壳等杂质扬起、吹走,最后留下的就是饱满的粮食了。

卷五·作咸

食盐的生产方法

宋子曰：天有五气，是生五味。润下作咸，王访箕子而首闻其义焉。口之于味也，辛酸甘苦经年绝一无恙。独食盐禁戒旬日，则缚鸡胜匹倦怠恹然。岂非"天一生水"，而此味为生人生气之源哉？四海之中，五服而外，为蔬为谷，皆有寂灭之乡，而斥卤则巧生以待。孰知其所已然。

盐产 盐的种类

【原文】

　　凡盐产最不一，海、池、井、土、崖、砂石，略分六种，而东夷树叶[1]，西戎光明[2]不与焉。赤县之内，海卤居十之八，而其二为井、池、土碱。或假人力，或由天造。总之，一经舟车穷窘，则造物应付出焉。

【译文】

　　食盐的种类很多。大体上可以分为海盐、池盐、井盐、土盐、崖盐和砂石盐六种，但是东部少数民族地区出产的树叶盐和西部少数民族地区出产的光明盐还不包括在其中。在我国的广阔幅员之中，海盐的产量约占五分之四，其余五分之一是井盐、池盐和土盐。这些食盐有的是靠人工提炼出来的，有的则是天然生成的。总之，凡是在交通运输不便、外地食盐难以运到的地方，大自然都会就地提供出食盐以备人之用。

海水盐 利用海水制盐

【原文】

　　凡海水自具咸质，海滨地高者名潮墩，下者名草荡，地皆产盐。同一海卤传神，而取法则异。一法高堰地，潮波不没者，地可种盐。种户各有区画经界，不相侵越。度诘朝[3]无雨，则今日广布稻麦稿灰及芦茅灰寸许于地上，压使平匀。明晨露气冲腾，则其下盐茅[4]勃发，日中晴霁，灰、盐一并扫起淋煎。一法潮波浅被地，不用灰压。候潮一过，明日天晴，半日晒出盐霜，疾趋扫起煎炼。一法逼海潮深地，先掘深坑，横架竹木，上铺席苇，又铺沙于苇席上。俟潮灭顶冲过，卤气由沙渗下坑中，撤去沙、苇，以灯烛之，卤气冲灯即灭，取卤水煎炼。总之功在晴霁，若淫雨连旬，则谓之盐荒。又淮场地面有日晒自然生霜如马牙者，谓之大晒盐，不由煎炼，扫起即食。海水顺风飘来断草，勾取煎炼名蓬盐。

　　凡淋煎法，掘坑二个，一浅一深。浅者尺许，以竹木架芦席于上，将扫来盐料（不论有灰无灰，淋法皆同）铺于席上。四围隆起作一堤挡形，中以海水灌淋，渗下浅坑中。深者深七八尺，受浅坑所淋之汁，然后入锅煎炼。

　　凡煎盐锅古谓之牢盆，亦有两种制度。其盆周阔数丈，径亦丈许。用铁者以铁打成叶片，铁钉栓合，其底平如盂，其四周高尺二寸，其合缝处一以卤汁结塞，永无隙漏。其下列灶燃薪，多者十二三眼，少者七八眼，共煎此盘。南海有编竹为者，将竹编成阔丈深尺，糊以蜃灰[5]，附于釜背。火燃釜底，滚沸延及成盐。亦名盐盆，然不若铁叶镶成之

1.东夷树叶：辽东少数民族食用的树叶盐。2.西戎光明：西部少数民族食用的光明盐。3.诘朝：第二天。4.盐茅：形容盐像茅草一样丛生。5.蜃灰：指蛤蜊壳烧成的灰。

便也。凡煎卤未即凝结，将皂角椎碎，和粟米糠二味，卤沸之时投入其中搅和，盐即顷刻结成。盖皂角结盐犹石膏之结腐也。

凡盐淮扬场者，质重而黑。其他质轻而白。以量较之。淮场者一升重十两，则广、浙、长芦者只重六七两。凡蓬草盐不可常期，或数年一至，或一月数至。凡盐见水即化，见风即卤，见火愈坚。凡收藏不必用仓廪，盐性畏风不畏湿，地下叠稿三寸，任从卑湿无伤。周遭以土砖泥隙，上盖茅草尺许，百年如故也。

【译文】

海水本身就含有盐分。海滨地势高的地方叫作潮墩，地势低的地方叫作草荡，这些地方都能出产盐。同样是用海盐，但制取海盐所用的方法却各不相同。一种方法是在海潮不能浸漫的岸边高地上取盐，各户都有自己的地段和界线，互不侵占。估计第二天会天晴，于是就在当天将一寸多厚的稻、麦稿灰及芦苇、茅草灰遍地撒上、压紧并使其平匀。第二天早上，地下湿气和露气都很重，灰下已经结满了盐茅。等到雾散天晴，过了中午就可以将灰和盐一起扫起来，拿去淋洗和煎炼。另一种方法是，在潮水浅浅的地方，不用撒灰，只等潮水过后，如果第二天天晴，半天就能晒出盐霜来，然后赶快扫起来，加以煎炼。还有一种方法是在能被海潮淹没的地方预先挖掘一个深坑，上面横架竹或木棒，竹木上铺苇席，苇席上铺沙。当海潮盖顶淹过深坑时，卤气便通过沙子渗入坑内，将沙子和苇席撤去，用灯向坑里照一照，当卤气能把灯冲灭的时候，就可以取卤水出来煎炼了。总之，成功的关键在于能否天晴，如果阴雨连绵多日，盐被迫停产，这就叫作"盐荒"。在江苏淮扬一带的盐场，人们靠日光把海水晒干，这种经

盐種灰佈

墩潮

日中掃盐

先日撒灰

布灰种盐

种盐是一种生动的形容方法，好像盐真的是从地里种出来似的。布灰种盐就是把草木灰撒在海滩上约一寸厚，按压使其平整。第二天早晨的露气升腾，便会带着盐花附在草木灰上，到了中午，把草木灰扫起来，就可以提取盐分。

过日晒而自然凝结的盐霜好像马牙似的，就叫作"大晒盐"，不需要再次煎炼，扫起来就可以食用了。此外，利用海水中顺风漂来的海草，人们捞起来熬炼而制出的盐叫作"蓬盐"。

盐的淋洗和煎炼的方法是挖一浅一深两个坑。浅的坑深约一尺左右，上面架上竹或木，在上面铺芦席，将扫起来的盐料（不论是有灰的还是无灰的，淋洗的方法都是一样的）铺在席子上面，四周堆得高些，做成堤坝形，中间用海水淋灌，盐卤水便可以渗到浅坑之中；深的坑约七到八尺深，接受浅坑淋灌下的盐水，然后倒入锅里煎炼。

煎盐的锅古时候叫作"牢盆"，这种牢盆的周长有好几丈，直径也有一丈多，只有两种规格和形制。其中一种是用铁做的，把铁锤打成叶片，再用铁钉铆合，盆的底部像盂那样平，盆深约一尺二寸，接口处经过卤汁结晶后堵塞住，就不会再漏了。牢盆下面砌灶烧柴，灶眼多的能有十二三个，灶眼少的也有七八个，用柴火同时烧煮一口锅。南海地区还有另外一种制法，那是用竹篾编成一个锅围的，锅围的直径约一丈、深约一尺。在锅围上糊上蛤蜊灰并衔接在锅的边上。锅下烧火到使卤水沸腾，一直到逐渐结成盐。这种盆也叫作"盐盆"，但总的来说不如用铁片做成的锅那样方便省事。煎炼盐卤汁的时候，如果没有即时凝结，可以将皂角舂碎掺和小米糠一起投入沸腾的卤水里搅拌均匀，盐分便会很快地结晶成盐粒。加入皂角而使盐凝结，就好像做豆腐时使用石膏一样。

江苏淮扬一带出产的盐，又重又黑，其他地方出产的盐则是又轻又白。从重量上比较，淮扬盐场的盐，一升重约十两，而广东、浙江、长芦盐场的盐就只有六七两重。蓬草盐的来源不太可靠，蓬草有时好几年来一次，也有时一个月就来好几次，因此不能经常指望它。

盐遇到水后就会溶解，遇到风后就会流盐卤，碰上火却愈发坚硬。储藏盐不必用仓库。盐的特性是怕风吹但不怕地湿，只要在地上铺三寸来厚的稻草秆，任凭地势低湿也没有什么妨害的。如果周围再用砖砌上，缝隙用泥封堵上，上面盖上一尺多厚的茅草，这样即使放置一百年也不会发生变质。

海卤煎炼

　　海卤煎炼是一种制盐的方法，煎炼就是结晶法，方法比较简单，是直接煎炼海水取盐，这种方法比较费时间费燃料。

藏收较量

日晒制盐
古代制盐有两种方法，煎炼法和晒制法。晒制法就是把海水引入盐田，利用自然蒸发的方法浓缩海水，析出盐结晶。

量较收藏
为了防止盐受潮、变质或被盗，官方要求盐户将盐运到指定的仓库存放，并且存放的盐要堆放整齐，以便于检查和管理。

池盐 利用盐池制盐

【原文】

凡池盐，宇内有二，一出宁夏，供食边镇；一出山西解池[1]，供晋、豫诸郡县。解池界安邑、猗氏、临晋之间，其池外有城堞，周遭禁御。池水深聚处，其色绿沉。土人种盐者池傍耕地为畦陇，引清水入所耕畦中，忌浊水，参入即淤淀盐脉。

凡引水种盐，春间即为之，久则水成赤色。待夏秋之交，南风大起，则一宵结成，名曰颗盐，即古志所谓大盐[2]也。以海水煎者细碎，而此成粒颗，故得大名。其盐凝结之后，扫起即成食味。种盐之人。积扫一石交官，得钱数十文而已。其海丰、深州[3]引海水入池晒成者，凝结之时扫食不加人力，与解盐同。但成盐时日，与不藉南风则大异也。

【译文】

我国有两个池盐产地，一处是在宁夏，出产的食盐供边远地区食用；另一处是山西解池，出产的食盐供山西、河南各郡县食用。解池位于河南安邑、猗氏和临晋之间，它的四周筑有城墙用来防卫保护盐池。池水深的地方，水呈现为深绿色。当地制盐的人，在池旁耕地耕成畦垄，把池内清水引入畦垄之中。但是要注意提防浊水流入，否则就将造成泥沙淤积盐脉。

每到春季就要开始引池水制盐，时间太晚了水就会变成红色。等到夏秋之交南风劲吹的时候，一夜之间就能凝结成盐，这种盐名叫"颗盐"，也就是古书上所说的"大盐"。因为海水煎炼的盐细碎，而池盐则成颗粒状，所以得到了"大盐"的称号。池盐一经凝结成形后就可扫起供人食用。制盐的人，制成一石盐上交给官府，也不过只得几十文铜钱而已。在海丰和深州地区，把海水引入池内晒成的盐，凝结后扫起就可食用了，而不需再煎炼加工，这一点和池盐是一样的。但成盐的时间，以及它不需依靠南风吹这两点，就跟池盐大不相同了。

1.山西解池：在今山西运城市之南。2.古志所谓大盐：关于大盐的记载初见于众《史记·货殖列传》之唐司马贞"索隐"："河东大盐。"河东即山西。3.海丰、深州：海丰即今广东海丰县。深州疑指海丰之一地，非今河北省之深州也。

井盐 利用盐井制盐

【原文】

　　凡滇、蜀两省远离海滨，舟车艰通，形势高上，其咸脉即韫藏地中。凡蜀中石山去河不远者，多可造井取盐。盐井周围不过数寸，其上口一小盂覆之有余，深必十丈以外乃得卤性[1]，故造井功费甚难。

　　其器冶铁锥，如碓嘴形，其尖使极刚利，向石山舂凿成孔。其身破竹缠绳，夹悬此锥。每舂深入数尺，则又以竹接其身使引而长。初入丈许，或以足踏锥梢，如舂米形。太深则用手捧持顿下。所舂石成碎粉，随以长竹接引，悬铁盏挖之而上。大抵深者半载，浅者月余，乃得一井成就。

　　盖井中空阔，则卤气游散，不克结盐故也。井及泉后，择美竹长丈者，凿净其中节，留底不去[2]。其喉下安消息[3]，吸水入筒，用长縆[4]系竹沉下，其中水满。井上悬桔槔、辘轳诸具，制盘驾牛。牛曳盘转，辘轳绞縆，汲水而上。入于釜中煎炼（只用中釜，不用牢盆），顷刻结盐，色成至白。

　　西川有火井[5]，事奇甚。其井居然冷水，绝无火气，但以长竹剖开去节合缝漆布，一头插入井底，其上曲接，以口紧对釜脐，注卤水釜中。只见火意烘烘，水即滚沸。启竹而视之，绝无半点焦炎意。未见火形而用火神，此世间大奇事也。凡川、滇盐井逃课掩盖至易，不可穷诘。

【译文】

开井口

　　云南和四川两省，离海滨距离很远，交通也不便利，地势又很高，因此那两个省的盐就蕴藏在当地的地下。在四川离河不远的石山上，大多

开井口是凿盐井的工序之一，在选定井位后进行。井口最好窄一点儿，以免卤气散失过快，不容易结成盐晶。

1.卤性：盐层。2.留底不去：此处指的是长竹的最后一节不凿透。3.其喉下安消息：在最后一节的上部，安装阀门。4.长縆：縆音同"庚"。长縆指长绳。5.西川有火井：四川西部地区有一种火井。

都可以凿井取盐。盐井的圆周不过几寸，盐井的上口用一个小盂便能盖上，而盐井的深度必须要达到十丈以上，才能到盐卤水层，因此凿井的代价很大，要花费很长时间，也很艰难。

凿井的工具，使用的是铁锥，铁锥的形状很像碓嘴，要把铁锥的尖端做得非常坚固锋利，才能用它在石上冲凿成孔。铁锥的锥身是用破开两半的竹片夹住，再用绳缠紧做成的。每凿进数尺深，就要用竹竿子把它接上以增加它的身长。起初的这一丈多深，可以用脚踏碓梢，就像舂米那样。再深一些就用两手将铁锥举高然后再用力夯下去，这可能把石头舂得粉碎，随后把长竹接在一起再捆上铁勺，把碎石挖出来。打一眼深井大约需要半年左右的时间，而打一眼浅井一个多月就能够成功了。如果井眼凿得过大，卤气就会游散，以致不能凝结成盐。当盐井凿到卤水层能打出水后，挑选一根长约一丈的好竹子，将竹内的节都凿穿，只保留最底下的一节，并在竹节的下端安一个吸水的单向阀门以便汲取盐水入筒。用长绳拴上这根竹筒，将它沉到井底之下，竹筒内就会汲满了盐水。井上安装桔槔或辘轳等提水工具。操作方法是套上牛，用牛拉动转盘而带动辘轳绞绳把盐水汲上来。然后将卤水倒进锅里煎炼（只用中等大小的锅，而不用牢盆），很快就能凝结成雪白的盐了。

四川西部地区有一种火井，非常奇妙，火井里居然全都是冷水，完全没有一点儿热气。但是，把长长的竹子劈开去掉竹节，再拼合起来用漆布缠紧，将一头插入井底，另一头用曲管对准锅脐，把卤水接到锅里，只见热烘烘的，卤水很快就沸腾起来了。可是打开竹筒一看，却没有一点儿烧焦的痕迹。看不见火的形象而起到了火的作用，这真是人世间的一大奇事啊！

四川、云南两省的盐井，很容易逃避官税，难以追查。

下石圈

下石圈就是将中间凿有圆洞的方石块叠放在井口坑里，石圈外方内圆，防止井壁坍塌。在开凿井口后，通常需要下数十个这样的石圈，以确保井壁的稳固。

卷五·作咸

鑿井

凿井

在古代，人们已经学会利用畜力来凿井，凿井的工具，使用的是铁锥，铁锥的形状很像碓嘴，要把铁锥的尖端做得非常坚固锋利，才能用它在石上冲凿成孔。打一眼深井大约需要半年左右的时间，而打一眼浅井一个多月就能够成功了。

竹木製

制木竹

凿井用的铁锥以竹木为锥柄，十分坚固。锥柄要用剖成两半的竹子夹住，再用绳子缠紧制成。

101

下木竹

下木竹是盐井钻凿工序之一，凿井时，每凿深几尺就用竹竿把锥柄接长再凿，等凿深了就把竹竿拉高，然后用力向下冲凿，这也是钻井法的起源。

汲卤

用牛拉着巨大的辘轳，将卤水从盐井中汲取出来，运送卤水的工人排着长队，把卤水运到煮卤的地方。

卷五·作咸

鹽煮竈場

煮盐

将汲取上来的卤水放在锅中进行煎炼，就能凝结出雪白的盐，制成的盐被装进竹筐，运送到仓库储存。

鹽煮火井

井火煮盐

在四川，人们用天然气来煮盐，将盐的生产效率大大提高。人们在井口用竹筒导气，引天然气来煮盐，使盐的产量倍增。

103

川滇载运

在古代，由于地理环境的限制，交通非常不便，人们便想尽各种办法来解决盐的运输问题。运盐分为水运和陆运，古代以水运为主。

末盐 土盐

【原文】

凡地碱煎盐，除并州[1]末盐外，长芦分司[2]地土人，亦有刮削煎成者，带杂黑色，味不甚佳。

【译文】

用地碱煎熬的盐，除了太原一带的粉末盐之外，家住河北沿渤海湾一带的人们，也经常刮取地碱熬盐，但是这种盐含有杂质，颜色比较黑，味道也不太好。

崖盐 岩盐

【原文】

凡西省阶、凤[3]等州邑，海井交穷[4]。其岩穴自生盐，色如红土，恣人刮取，不假煎炼。

【译文】

阶州、凤县等地区，既没有海盐又没有井盐，但是当地的岩洞里却出产食盐，看上去很像红土块儿，任凭人们刮取食用，而不必通过煎炼。

1.并州：今山西中部，太原一带。有土盐。2.长芦分司：明代在长芦设盐运使，并于沧州、青州设二分司。
3.阶、凤：阶州，今甘肃武都；凤州，今陕西凤县。4.海井交穷：海盐、井盐都没有。

卷六·甘嗜

种植甘蔗、制糖、养蜂的方法

宋子曰：气至于芳，色至于艳，味至于甘，人之大欲存焉。芳而烈，艳而艳，甘而甜，则造物有尤异之思矣。世间作甘之味什八产于草木，而飞虫竭力争衡，采取百花酿成佳味，使草木无全功。孰主张是，而颐养遍于天下哉？

蔗种 甘蔗的种类

【原文】

凡甘蔗有二种，产繁闽、广间，他方合并得其什一而已。似竹而大者为果蔗，截断生啖，取汁适口，不可以造糖。似荻而小者为糖蔗，口啖即棘伤唇舌，人不敢食，白霜、红砂皆从此出。凡蔗古来中国不知造糖，唐大历间，西僧邹和尚游蜀中遂宁始传其法[1]。今蜀中种盛，亦自西域渐来也。

凡种荻蔗，冬初霜将至将蔗斫伐，去杪与根，埋藏土内（土忌洼聚水湿处）。雨水前五六日，天色晴明即开出，去外壳，斫断约五六寸，以两个节为率。密布地上，微以土掩之，头尾相枕，若鱼鳞然。两芽平放，不得一上一下，致芽向土难发。芽长一二寸，频以清粪水浇之，俟长六七寸，锄起分栽。

甘蔗的用途

甘蔗除了制糖之外，甘蔗还是许多其他产品的原材料。在这些产品中比较突出的是糖浆，它是由沸腾的甘蔗汁和朗姆酒制成的，朗姆酒由发酵的糖浆或发酵的甘蔗汁蒸馏而来。

凡栽蔗必用夹沙土，河滨洲土为第一。试验土色，掘坑尺五许，将沙土入口尝味，味苦者不可栽蔗。凡洲土近深山上流河滨者，即土味甘，亦不可种。盖山气凝寒，则他日糖味亦焦苦。去山四五十里，平阳洲土择佳而为之（黄泥脚地毫不可为）。

凡栽蔗治畦，行阔四尺，犁沟深四寸。蔗栽沟内，约七尺列三丛，掩土寸许，土太厚则芽发稀少也。芽发三四个或六七个时，渐渐下土，遇锄耨时加之。加土渐厚，则身长根深，庶免欹倒之患。凡锄耨不厌勤过，浇粪多少视土地肥硗。长至一二尺，则将胡麻或芸苔枯[2]浸和水灌，灌肥欲施行内。高二三尺则用牛进行内耕之。半月一耕，用犁一次垦土断傍根，一次掩土培根，九月初培土护根，以防斫后霜雪。

【译文】

甘蔗大致有两种，主要盛产于福建和广东一带，其他各个地方所种植的，总共合起来也不过是这两个地方总产量的十分之一。其中甘蔗形状像竹子而又粗大的，叫作果蔗，截断后可以直接生吃，汁液甜蜜可口，不适合于造糖；另一种像芦荻那样细小的，叫作糖蔗，生吃时容易刺伤唇舌，所以人们不敢生吃，白砂糖和红砂糖，都是用这种甘蔗制造的。在中国古代还不懂得如何用甘蔗造糖，唐朝大历年间，西域僧人邹和尚到四川遂宁县旅游的时候，才开始传授制糖的方法。现在四川大量种植甘蔗，也是从西域逐渐传播开来的。

种植荻蔗的方法是，在初冬将要下霜之前将荻蔗砍倒，去掉头和尾，埋在泥土里（注意不能

1.凡蔗古来中国不知造糖，唐大历间，西僧邹和尚游蜀中遂宁始传其法：词句中有两处错误。首先，邹和尚不是西僧，而是华人；其次，据南朝梁时陶弘景所著的《本草经》注，中国以蔗制糖早在六朝时就已开始，不始于唐。2.胡麻或芸苔枯：芝麻饼或油菜籽饼。

埋在低洼积水潮湿的地方），在第二年雨水节气的前五六天，趁天气晴朗时将荻蔗挖出，剥掉外面的叶鞘，砍成五六寸长一段，以每段都要留有两个节为准，把它们密排在地上，稍微盖上少量土，让它们像鱼鳞似的头尾相枕。每段荻蔗上的两个芽都要平放，不能一上一下，致使向下的种芽难以萌发出土。到荻蔗芽长到一两寸的时候，要注意经常浇灌清粪水；等到长至六七寸的时候，就要挖出来移植分栽了。

栽种甘庶必须要选择沙壤土，靠近江河边的沙泥土是最适合的。鉴别土质的方法是挖一个深约一尺五寸的坑，将坑里的沙土放入口中尝尝味道，味道苦的沙土不能用来栽种甘蔗。靠近深山的河流上游的淤积土，即便是土味甘甜也不能用于栽种甘蔗，这是因为山地气候寒冷，将来制成的蔗糖的味道也会是焦苦的。应该在距山四五十里的平坦宽阔、阳光充足的沙泥土中，选择最好的地段来种植（黄泥土根本不适合于种植）。

栽种甘蔗时要整地造畦，将畦垄耕成行距四尺、深四寸的沟。把甘蔗栽种在沟内，约七尺栽种三株，盖上一寸多厚的土，土太厚出芽就会稀少。每株甘蔗长到三四个或六七个芽，就逐渐将两旁的土推到沟里，在每次中耕锄草时都要培土。培的土越来越厚，甘蔗秆长高而根也扎深了，这样就可避免倒伏的危险。中耕锄草的活儿不嫌次数多，施肥的多少就要看土地的肥瘦程度了。等到甘蔗苗长到一两尺时，就要把胡麻或油菜籽枯饼浸泡后掺水一起浇灌，肥要浇灌在行内。等到甘蔗苗长高到两三尺时则要用牛进入行间进行耕作。每半月犁耕一次以切断一次旁根，翻土一次，培土一次。到了九月初则要大培土保护甘蔗根，以防甘蔗砍收后的宿根被霜雪冻坏。

蔗品 蔗糖的种类

【原文】

凡荻蔗造糖，有凝冰[1]、白霜、红砂三品。糖品之分，分于蔗浆之老嫩。凡蔗性至秋渐转红黑色，冬至以后由红转褐，以成至白。五岭以南无霜国土，蓄蔗不伐以取糖霜。若韶、雄[2]以北十月霜侵，蔗质遇霜即杀，其身不能久待以成白色，故速伐以取红糖也。凡取红糖，穷十日之力为之。十日以前其浆尚未满足，十日以后恐霜气逼侵，前功尽弃。故种蔗十亩之家，即制车釜一付以供急用。若广南无霜，迟早唯人也。

【译文】

用荻蔗可以造出冰糖、白糖和红糖三个品种的糖。糖的品种是由荻蔗的老嫩不同而决定的。荻蔗的外皮到秋天就会逐渐变成深红色，到了冬至以后就会由红色转变为褐色，然后出现白色的蔗蜡。在华南五岭以南没有霜冻的地区，荻蔗冬天也被留在地里而不砍收，让它长得更好些以用来制造白糖；但是在广东韶关、南雄以北地区，十月份就会出现霜冻，蔗质一经霜冻就要受到破坏，那些地区的荻蔗就不能在地里留很长时间等它变成白色再收，因此要赶紧砍伐用来造红糖。制造红糖必须在十天之内全力完成。因为十天以前荻蔗糖浆还没有长足，而十天以后又怕受霜冻的侵袭而导致前功尽弃，所以种蔗多达十亩的人家就要准备榨糖和煮糖用的车和锅以供急用。至于在广东南部没有霜冻的地区，荻蔗收割的早迟就随人自主安排了。

1.凝冰：冰糖。2.韶、雄以北：广东的韶关和南雄以北，即五岭以北。

造糖 糖车的构造

【原文】

凡造糖车，制用横板二片，长五尺，厚五寸，阔二尺，两头凿眼安柱，上笋出少许，下笋出板二三尺，埋筑土内，使安稳不摇。上板中凿二眼，并列巨轴两根（木用至坚重者），轴木大七尺围方妙。两轴一长三尺，一长四尺五寸，其长者出笋安犁担。担用屈木，长一丈五尺，以便驾牛团转走。轴上凿齿分配雌雄，其合缝处须直而圆，圆而缝合。夹蔗于中，一轧而过，与棉花赶车[1]同义。

蔗过浆流，再拾其滓，向轴上鸭嘴扱入，再轧，又三轧之，其汁尽矣，其滓为薪。其下板承轴，凿眼，只深一寸五分，使轴脚不穿透，以便板上受汁也。其轴脚嵌安铁锭于中，以便捩转[2]。凡汁浆流板有槽，枧汁入于缸内。每汁一石下石灰五合于中。凡取汁煎糖，并列三锅如"品"字，先将稠汁聚入一锅，然后逐加稀汁两锅之内。若火力少束薪，其糖即成顽糖[3]，起沫不中用。

【译文】

造糖用的轧浆车（即"糖车"）的形制和规格，是用每块长约五尺、厚约五寸、宽约二尺的上下两块横板，在横板两端凿孔安上柱子。柱子上端的榫头从上横板露出少许，下端的榫头要穿过下横板二至三尺，这样才能埋在地下，使整个车身安稳而不摇晃。在上横板的中部凿两个孔眼，并排安放两根大木轴（用非常坚实的木料制成），做轴的木料的周长大于七尺为最好。两根木轴中一根长约三尺，另外一根长约四尺五寸，长轴的榫头露出上横板用来安装犁担。犁担是用一根长约一丈五尺的弯曲的木材做成的，以便套牛轭使牛转圈走。轴端凿有相互配合的凹凸转动齿轮，两轴的合缝处必须又直又圆，这样缝才能密合得好。把甘蔗夹在两根轴之间一轧而过，这和轧棉花的赶车的道理是相同的。

甘蔗经过压榨便会流出糖浆水，再把蔗渣插入轴上的"鸭嘴"处进行第二次压榨，然后再压榨第三次，蔗汁就会被压榨尽了，剩下的蔗渣可以用做烧火的燃料。下横板用来支撑木轴，装木轴的地方只凿了一寸五分深的两个小孔，使轴脚不能穿透下横板，以便在板面上承接蔗汁。轴的下端要安装铁条和锭子以便于转动。蔗汁通过下横板上的槽导流进糖缸里。每石蔗汁加入石灰约五合。在取用蔗汁熬糖时，把三口铁锅排列成"品"字形，先把浓蔗汁集中在一口锅里，然后再把稀蔗汁逐渐加入到其余两口锅里。如果是柴火不够火力不足，哪怕只少一把火，也会把糖浆熬成质量低劣的顽糖，满是泡沫而没有用处了。

轧蔗取浆

中国栽培甘蔗的历史悠久，在唐代，就有用甘蔗制糖的记载。甘蔗可以用来生产各种不同种类的糖，如冰糖、红糖、白糖等。图中是古代人利用牛榨取甘蔗汁。

1.赶车：压棉机。 2.捩转：捩音同"累"。捩转，指转动。 3.顽糖：即胶糖，无法结晶。

造白糖 白糖和冰糖的制法

【原文】

凡闽、广南方经冬老蔗，用车同前法。榨汁入缸，看水花为火色。其花煎至细嫩，如煮羹沸，以手捻试，黏手则信来[1]矣。此时尚黄黑色，将桶盛贮，凝成黑沙。然后以瓦溜（教陶家烧造）置缸上。共溜上宽下尖，底有一小孔，将草塞住，倾桶中黑沙于内。待黑沙结定，然后去孔中塞草，用黄泥水淋下。其中黑滓入缸内，溜内尽成白霜。最上一层厚五寸许，洁白异常，名曰洋糖（西洋糖绝白美，故名），下者稍黄褐。

造冰糖者将洋糖煎化，蛋青澄去浮滓，候视火色。将新青竹破成篾片，寸斩撒入其中。经过一霄，即成天然冰块。造狮、象、人物等，质料精粗由人。凡白糖有五品，石山为上，团枝次之，瓮鉴次之，小颗又次，沙脚为下。

澄结糖霜

把甘蔗榨出的汁液收集起来，再进行后续的熬制和结晶处理，最终得到糖。冰糖、白糖、红糖的主要成分都是蔗糖，只是纯度不同。

【译文】

我国南方的福建和广东一带有过了冬的成熟老甘蔗，它的压榨方法与前面所讲过的方法一样。将榨出的糖汁引入糖缸之中，熬糖时要通过注意观察蔗汁沸腾时的水花来控制火候。当熬到水花呈细珠状，好像煮开了的羹糊似的时候，就用手捻试一下，如果黏手就说明已经熬到火候了。这时的糖浆还是黄黑色，把它盛装在桶里，让它凝结成糖膏，然后把瓦溜（请陶工专门烧制而成）放在糖缸上。这种瓦溜上宽下尖，底下留有一个小孔，用草将小孔塞住，把桶里的糖膏倒入瓦溜中。等糖膏凝固以后就除去塞在小孔中的草，用黄泥水从上淋浇下来，其中黑色的糖浆就会淋进缸里，留在瓦溜中的全都变成了白糖。最上面的一层约有五寸多厚，非常洁白，名叫"西洋糖"（西洋糖非常白，因此而得名），下面的一层稍带黄褐色。

制造冰糖的方法是：将最上层的白糖加热溶化，用鸡蛋清澄清并去除掉面上的浮渣，要注意适当控制火候。将新鲜的青竹破截成一寸长的篾片，撒入糖液之中。经过一夜之后就自然凝结成天然冰块那样的冰糖。制作狮糖、象糖及人物等形状的糖，糖质的精粗就可以随人们自主选用了。白（冰）糖中分为五等，其中"石山"为最上等，"团枝"稍微差些，"瓮鉴"又差些，"小颗"更差些，"沙脚"则为最差。

---

1. 信来：火候已到。

饴饧 饴糖

【原文】

　　凡饴饧，稻、麦、黍、粟皆可为之。《洪范》云："稼穑作甘。"及此乃穷其理。其法用稻麦之类浸湿，生芽暴干，然后煎炼调化而成。色以白者为上，赤色者名曰胶饴，一时宫中尚之，含于口内即溶化，形如琥珀。南方造饼饵者谓饴饧为小糖，盖对蔗浆而得名也。饴饧人巧[1]千方以供甘旨[2]，不可枚述[3]。唯尚方用者名"一窝丝"，或流传后代不可知也。

【译文】

　　饴饧可以用稻、麦、黍和粟来做成。《尚书·洪范》篇中说："用五谷食粮制造甜美的东西。"现在就可以明白五行生五味的道理了。制作饴饧的方法是，将稻麦之类泡湿，等到它发芽后晒干，然后煎炼调化而成。色泽以白色的为上等品，红色的叫作"胶饴"，在皇宫内一时很受欢迎，这种糖含在嘴里就会溶化，外形像琥珀一样。南方制作糕点饼干的称饴饧为小糖，大概是以此区别于蔗糖而取的名字。饴饧制造的技巧和方法很多，人们巧妙地将饴饧制成各种美味食品，多得不能一一列举；但是宫廷中皇族们所吃的叫作"一窝丝"的糖，有没有流传到后世，就不知道了。

蜂蜜 蜂蜜

【原文】

　　凡酿蜜蜂普天皆有，唯蔗盛之乡则蜜蜂自然减少。蜂造之蜜出山岩土穴者十居其八，而人家招蜂造酿而割取者，十居其二也。凡蜜无定色，或青或白，或黄或褐，皆随方土花性而变。如菜花蜜、禾花蜜之类，百千其名不止也。

　　凡蜂不论于家于野，皆有蜂王。王之所居造一台如桃大，王之子世为王[4]。王生而不采花，每日群蜂轮值，分班采花供王。王每日出游两度（春夏造蜜时），游则八蜂轮值以待。蜂王自至孔隙口，四蜂以头顶腹[5]，四蜂傍翼飞翔而去，游数刻而返，翼顶如前。

　　畜家蜂者或悬桶檐端，或置箱牖下，皆锥圆孔眼数十，俟其进入。凡家人杀一蜂二蜂皆无恙，杀至三蜂则群起蛰人，谓之蜂反。凡蝙蝠最喜食蜂，投隙入中，吞噬无限。杀一蝙蝠悬于蜂前，则不敢食，俗谓之枭令。凡家蓄蜂，东邻分而之西舍，必分王之子去而为君，去时如铺扇拥卫[6]。乡人有撒洒糟香而招之者。

　　凡蜂酿蜜，造成蜜脾，其形鬣鬣然[7]。咀嚼花心汁吐积而成。润以人小遗，则甘芳并至，所谓臭腐神奇[8]也。凡割脾取蜜，蜂子多死其中。其底则

1.人巧：技巧。2.以供甘旨：用来调制甜品。3.枚述：一一叙述。4.王之子世为王：意思是蜂王之子世世为王。这是古人的想象，没有实际的根据。5.顶腹：顶蜂王的腹部。6.铺扇拥卫：众蜂列如扇形，拥卫新蜂王。7.鬣鬣然：鬣音同"猎"。形容如马鬃一样。8.臭腐神奇：化臭腐为神奇。

为黄蜡。凡深山崖石上有经数载未割者，其蜜已经时自熟，土人以长竿刺取，蜜即流下。或未经年而攀缘可取者，割炼与家蜜同也。土穴所酿多出北方，南方卑湿，有崖蜜而无穴蜜。凡蜜脾一斤炼取十二两。西北半天下，盖与蔗浆分胜云。

【译文】

酿蜜的蜜蜂普天之下到处都有，但是在盛产甘蔗的地方，蜜蜂自然就会减少。蜜蜂所酿造的蜂蜜，其中十分之八是野蜂在山崖和土穴里酿造的，出自人工养蜂的蜜只占十分之二。蜂蜜没有固定的颜色，有青色的、白色的、黄色的、褐色的，随各地方的花性和种类的不同而不同。例如，菜花蜜、禾花蜜等，名目何止成百上千啊！

不论是野蜂还是家蜂，其中都有蜂王。蜂王居住的地方，造一个有如桃子般大小的台，蜂王之子世代继承王位。蜂王一生之中从来不外出采蜜，每天由群蜂轮流分班值日，采集花蜜供蜂王食用。蜂王在春夏造蜜季节每天出游两次，出游时，有八只蜜蜂轮流值班伺候。等到蜂王自己爬出洞穴口时，就有四只蜂用头顶着蜂王的肚子，把它顶出，另外四只蜂在周围护卫着蜂王飞翔而去。游不多久（约几刻钟）就会回来，回来时还像出去时那样顶着蜂王的肚子并护卫着把蜂王送进蜂巢之中。

喂养家蜂的人，有的把蜂桶挂在房檐底下的一头，有的就把蜂箱放在窗子下面，都钻几十个小圆孔让蜂群进入。养蜂的人，如果打死一两只家蜂都还没有什么问题，如果打死三只以上家蜂，蜜蜂就会群起而攻击螫人，这叫作"蜂反"。蝙蝠最喜欢吃蜜蜂，一旦它钻空子进入蜂巢那它就会吃个没完没了。如果打死一只蝙蝠悬挂在蜂巢前方，其他的蝙蝠也就不敢再来吃蜜蜂了，俗话叫作"杀一儆百"。家养的蜜蜂从东邻分群到西舍时，一定会分一个蜂王之子去当新的蜂王，届时蜂群将组成扇形阵势簇拥护卫新的蜂王而飞走。乡下养蜂的人常常喷洒甜酒糟而用它的香气来招引蜜蜂。

蜜蜂酿造蜂蜜，要先制造蜜脾，蜜脾的样子如同一片排列整齐竖直向上的鬃毛。蜜蜂是吸食咀嚼花心的汁液，一点一滴吐出来积累而成蜂蜜的。再润以采来的人的小便，这样得到的蜜就会特别甘甜和芳香，这便是所谓的"化臭腐为神奇"的作用吧！割取蜜脾炼蜜时，会有很多幼蜂和蜂蛹死在里面，蜜脾的底层是黄色的蜂蜡。深山崖石上的蜂蜜有的几年都没有割取过蜜脾，已经过了很长时间蜜脾就自己成熟了，当地人用长竹竿把蜜脾刺破，蜂蜜随即就会流下来。如果是刚酿不到一年的而又能爬上去取下来的蜜脾，加工割炼的方法同家养的蜜蜂所酿造的蜂蜜是一样的。土穴中产的蜜（穴蜜）多出产在北方，南方因为地势低气候潮湿，只有"崖蜜"而无"穴蜜"。一斤蜜脾，可炼取十二两蜂蜜。西北地区所出产的蜜占了全国的一半，因此可以说能与南方出产的蔗糖相媲美了。

附：造兽糖 甜味的另一种来源

【原文】

　　凡造兽糖者，每巨釜一口受糖五十斤。其下发火慢煎，火从一角烧灼，则糖头滚旋而起。若釜心发火，则尽尽沸溢于地。每釜用鸡子三个，去黄取清，入冷水五升化解。逐匙滴下用火糖头之上，则浮沤[1]黑滓尽起水面，以笊篱捞去，其糖清白之甚。然后打入铜铫[2]，下用自风慢火温之，看定火色然后入模。凡狮象糖模，两合如瓦为之，杓写[3]糖入，随手覆转倾下。模冷糖烧，自有糖一膜靠模凝结，名曰享糖，华筵用之。

【译文】

　　制作兽糖的方法是在一口大锅中，放入白糖五十斤，在锅底下慢慢加热熬煎，要让火从锅的一角徐徐烧热，就会看见溶化的糖液滚沸而起。如果是在锅底的中心部位加热的话，糖液就会急剧地沸腾溢出到地上。每一锅要用三个鸡蛋，只取鸡蛋白，加入五升冷水调匀。一勺一勺滴入，加在滚沸而起的糖液上，糖液中的浮泡和黑渣就会全部浮起，这时用笊篱捞去，糖液就变得很洁白了。再把糖液转盛到带手柄的小铜釜里，下面用慢火保温，注意控制火候，然后倒入糖模中。狮糖模和象糖模是由两半像瓦一样的模子合成的，用勺把糖倒进糖模中，随手翻转，再把糖倒出。因为糖模冷而糖液热，靠近糖模壁的地方便能凝结成一层糖膜，名叫"享糖"，盛大的酒席上有时要用到它。

1.浮沤：沤音同"欧"。浮沤指泡沫。2.铜铫：有柄的小铜锅。3.写：同"泻"，指倾倒。

卷七·陶埏

砖、瓦、陶瓷的制作

宋子曰：水火既济而土合。万室之国，日勤千人而不足，民用亦繁矣哉。上栋下室以避风雨，而瓴建焉。王公设险以守其国，而城垣雉堞，寇来不可上矣。泥瓮坚而醴酒欲清，瓦登洁而醯醢以荐。商周之际俎豆以木为之，毋亦质重之思耶。后世方士效灵，人工表异，陶成雅器，有素肌、玉骨之象焉。掩映几筵，文明可掬，岂终固哉？

瓦 瓦的制作

【原文】

凡埏泥[1]造瓦，掘地二尺余，择取无沙黏土而为之。百里之内必产合用土色，供人居室之用。凡民居瓦形皆四合分片，先以圆桶为模骨，外画四条界。调践熟泥[2]，叠成高长方条。然后用铁线弦弓，线上空三分，以尺限定，向泥不平戛一片，似揭纸而起，周包圆桶之上。待其稍干，脱模而出，自然裂为四片。凡瓦大小古无定式，大者纵横八九寸，小者缩十之三。室宇合沟中，则必需其最大者，名曰沟瓦，能承受淫雨不溢漏也。

凡坯既成，干燥之后，则堆积窑中燃薪举火，或一昼夜或二昼夜，视窑中多少为熄火久暂。浇水转䰌（音右）与造砖同法。其垂于檐端者有滴水，不于脊沿者有云瓦，瓦掩覆脊者有抱同，镇脊两头者有鸟兽诸形象，皆人工逐一做成，载于窑内受水火而成器则一也。

若皇家宫殿所用，大异于是。其制为琉璃瓦者，或为板片，或为宛筒。以圆竹与斫木为模逐片成造，其土必取于太平府[3]（舟运三千里方达京师，参沙之伪，雇役掳舡之扰，害不可极。即承天皇陵亦取于此，无人议正）造成。先装入琉璃窑内，每柴五千斤浇瓦百片。取出，成色以无名异[4]、棕榈毛等煎汁涂染成绿，黛赭石、松香、蒲草等涂染成黄。再入别窑，减杀薪火，逼成琉璃宝色。外省亲王殿与仙佛宫观间亦为之，但色料各有配合，采取不必尽同，民居则有禁也。

【译文】

凡是和泥制造瓦片，需要掘地两尺多深，从中选择不含沙子的黏土来造。方圆百里之中，一定会有适合制造瓦片所用的黏土。民房所用的瓦是四片合在一起而成型的。先用圆桶做一个模型，圆桶外壁划出四条界，把黏土踩和成熟泥，并将它堆成一定厚度的长方形泥墩。然后用一个铁线制成的弦弓向泥墩平拉，割出一片三分厚的陶泥，像揭纸张那样把它揭起来，将这块泥片包紧在圆桶的外壁上。等它稍干一些以后，将模子脱离出来，就会自然裂成四片瓦坯了。瓦的大小并没有一定的规格，大的长宽达八九寸，小的则缩小十分之三。屋顶上的水槽，必须要用被称为"沟瓦"的那种最大的瓦片，才能承受连续持久的大雨而不会溢漏。

瓦坯造成并干燥之后，堆砌在窑内，就用柴火烧。有的烧一昼夜，也有的烧两昼夜，这要看瓦窑里瓦坯的具体数量来定。停火后，马上在窑顶浇水使瓦片呈现出蓝黑色的光泽，方法跟烧青砖是一样的。垂在檐端的瓦叫作"滴水"瓦，用在屋脊两边的瓦叫作"云瓦"，覆盖屋脊的瓦叫作"抱同"瓦，装饰屋脊两头的各种陶鸟陶兽，都是人工一片一片逐渐做成后放进窑里烧成，所用的水和火与普通瓦一样。

至于皇家宫殿所用的瓦的制作方法，就大不相同了。例如琉璃瓦，有的是板片形的，也有的是半圆筒形的，都是用圆竹筒或木块做模型而逐片制成的。所用的黏土指定要从安徽太平府运来（用船运三千里才到达京都，有掺沙的，也有强雇民工、抢船承运的，害处非常大。甚至承天皇陵也要用这种土，但是没有人敢提议来纠正）。瓦坯造成后，装入琉璃窑内，每烧一百片瓦要用五千斤柴。烧成功后取出来涂上釉色，用无名异和棕榈毛汁涂成绿色或青黑色，或者用赭石、松香及蒲草等涂成黄色。然后再装入另一窑中，用较低窑温烧成带有琉璃光泽的漂亮色彩。京都以外的亲王宫殿和寺观庙宇，也有用琉璃瓦的，各地都有自己的色釉配方，制作方法不一定都相同，一般的民房则禁止用这种琉璃瓦。

---

1. 埏泥：以水和泥。2. 调践熟泥：用脚和熟陶泥。3. 太平府：今安徽当涂。4. 无名异：一种矿土，可做釉料。

卷七·陶埏

造瓦

造瓦

瓦是用不含沙子的黏土制造的，民房所用的瓦是四片合在一起而成型的。先用圆桶做一个模型，圆桶外壁划出四条界，把黏土制成陶泥包紧在圆桶的外壁上，干燥脱模后，就裂成四片瓦坯了。

砖 烧制砖块

【原文】

凡埏泥造砖，亦掘地验辨土色，或蓝或白，或红或黄（闽、广多红泥，蓝者名善泥，江、浙居多），皆以黏而不散、粉而不沙者为上。汲水滋土，人逐数牛错趾[1]，踏成稠泥，然后填满木匡之中，铁线弓戛平其面，而成坯形。

凡郡邑城雉民居垣墙所用者，有眠砖、侧砖两色。眠砖方长条，砌城郭与民人饶富家，不惜工费直垒而上。民居算计者则一眠之上施侧砖一路，填土砾其中以实之，盖省啬之义也。凡墙砖而外甃地[2]者名曰方墁砖。榱桷[3]上用以承瓦者曰楻板砖。圆鞠[4]小桥梁与圭门与窀穸[5]墓穴者曰刀砖，又曰鞠砖。凡刀砖削狭一偏面，相靠挤紧，上砌成圆，车马践压不能损陷。

造方墁砖，泥入方匡中，平板盖面，两人足立其上，研转而坚固之，烧成效用。石工磨斫四沿，然后甃地。刀砖之直视墙砖稍溢一分，楻板砖则积十以当墙砖之一，方墁砖则一以敌墙砖之十也。

凡砖成坯之后，装入窑中，所装百钧[6]则火力一昼夜，二百钧则倍时而足。凡烧砖有柴薪窑，有煤炭窑。用薪者出火成青黑色，用煤者出火成白色。凡柴薪窑巅上偏侧凿三孔以出烟，火足止薪之候，泥固塞其孔，然后使水转釉。凡火候少一两则釉色不光，少三两则名嫩火砖。本色杂现，他日经霜冒雪，则立成解散，仍还土质。火候多一两则砖面有裂纹，多三两则砖形缩小拆裂，屈曲不伸，击之如碎铁然，不适于用。巧用者以之埋藏土内为墙脚，则亦有砖之用也。凡观火候，从窑门透视内壁，土受火精，形神摇荡，若金银熔化之极然，陶长辨之。

凡转釉之法，窑巅作一平田样，四围稍弦起，灌水其上。砖瓦百钧用水四十石[7]。水神透入土膜之下，与火意相感而成。水火既济，其质千秋矣。若煤炭窑视柴窑深欲倍之，其上圆鞠渐小，并不封顶。其内以煤造成尺五径阔饼，每煤一层隔砖一层，苇薪垫地发火。

若皇居所用砖，其大者厂在临清[8]，工部分司主之。初名色有副砖、券砖、平身砖、望板砖、斧刃砖、方砖之类，后革去半。运至京师，每漕舫[9]搭四十块，民舟半之。又细料方砖以甃正殿者，则由苏州造解[10]。其琉璃砖色料已载《瓦》款。取薪台基厂，烧由黑窑[11]云。

【译文】

炼泥造砖，也要挖取地下的黏土，对泥土的成色加以鉴别，黏土一般有蓝、白、红、黄几种土色（福建和广东多红泥，江苏和浙江较多一种名叫"善泥"的蓝色土），以黏而不散、土质细而没有沙的最为适宜。先要浇水用于浸润泥土，再赶几头牛去践踏，踩成稠泥。然后把稠泥填满木模子，用铁线弓削平表面，脱下模子就成砖坯了。

建筑各郡县的城墙和民房的院墙所用的砖中，有"眠砖"和"侧砖"两种。眠砖是卧着铺砌的，郡县的城墙和有钱人家的墙壁，不惜工本，全部用眠砖一块一块叠砌上去。会精打细算的居民为了节省，在一层眠砖上面砌两条侧砖，中间再用泥土和沙石瓦砾之类填满。除了墙砖以外，还有其他的砖：铺砌地面用的叫作方墁砖，屋椽和屋桷斜枋上

1.错趾：足迹相错。2.甃地：甃音同"皱"。甃地，指以砖铺地。3.榱桷：榱音同"催"，桷音同"绝"。屋顶椽子。4.圆鞠：即今之券拱。5.窀穸：窀音同"谆"，穸音同"西"。窀穸，指墓穴。6.百钧：三十斤为一钧。百钧则为三千斤。7.石：计量单位，十斗为一石。8.临清：在今山东。9.漕舫：运粮的漕船。下言"搭"，即搭载、捎脚。10.造解：制造解运。11.取薪台基厂，烧由黑窑：台基厂、黑窑厂都在北京，专为烧制皇家建筑用料之场所。

泥造砖坯

挖取地下的黏土，以黏而不散，土质细而没有沙的最为适宜。先用水浸润泥土，再赶几头牛去践踏，踩成稠泥。然后把稠泥填满木模子，用铁线弓削平表面，脱下模子就成砖坯了。

煤炭烧砖窑

煤炭烧砖窑

　　把黏土制成砖坯后，就可以烧制成砖了。烧砖有的用柴薪窑，有的用煤炭窑。用柴烧成的砖呈青灰色，而用煤烧成的砖呈浅白色。砖窑的顶部设置有一个开口，称为"窑门"，用于装填砖块和煤炭，以及观察和控制窑内的燃烧情况。

用来承瓦的叫作楻板砖，砌小拱桥、拱门和墓穴用的砖叫作刀砖，或者又叫作鞠砖。刀砖用的时候要削窄一边，紧密排列，砌成圆拱形，即便有车马践压也不会损坏坍塌。

造方墁砖的方法是，将泥放进木方框中，上面铺上一块平板，两个人站在平板上面踩，把泥压实。烧成后由石匠先磨削方砖的四周而成斜面，然后就可以用来铺砌地面。刀砖的价钱要比墙砖稍贵一些，楻板砖只值墙砖的十分之一，而方墁砖则还要比墙砖贵十倍。

砖坯做好后就可以装窑烧制了。每装三千斤砖要烧一个昼夜，装六千斤则要烧上两昼夜才能够火候。烧砖有的用柴薪窑，有的用煤炭窑。用柴烧成的砖呈青灰色，而用煤烧成的砖呈浅白色。柴薪窑顶上偏侧凿有三个孔用来出烟，当火候已足而不需要再烧柴时，就用泥封住出烟孔，然后在窑顶浇水使砖变成青灰色。烧砖时，如果火力缺少一成的话，砖就会没有光泽；火力缺少三成的话，就会烧成嫩火砖，现出坯土的原色，日后经过霜雪风雨侵蚀，就会立即松散而重新变回泥土。如果过火一成，砖面就会出现裂纹；过火三成，砖块就会缩小拆裂、弯曲不直而一敲就碎，如同一堆烂铁，就不再适于砌墙了。有些会使用材料的人把它埋在地里做墙脚，这也还算是起到了砖的作用。烧窑时要注意从窑门往里面观察火候，砖坯受到高温的作用，看起来好像有点儿晃荡，就像金银完全熔化时的样子，这要靠老师傅的经验来辨认掌握。

使砖变成青灰色的方法，是在窑顶堆砌一个平台，平台四周应该稍高一点儿，在上面灌水。每烧三千斤砖瓦要灌水四十石。窑顶的水从窑壁的土层渗透下来，与窑内的火相互作用。借助水火的配合作用，就可以形成坚实耐用的砖块了。煤炭窑要比柴薪窑深一倍，顶上圆拱逐渐缩小，而不用封顶。窑里面堆放直径约一尺五寸的煤饼，每放一层煤饼，就添放一层砖坯，最下层垫上芦苇或者柴草以便引火烧窑。

皇宫里所用的砖，大厂设在山东临清县，由工部设立主管砖块烧制的专门机构。最初定的砖名有副砖、券砖、平身砖、望板砖、斧刃砖及方砖等名目，后来有一半左右被废除了。要将这些砖运到京师，按规定每只运粮船要搭运四十块，民船可以减半。用来砌皇宫正殿的细料方砖，是在苏州烧成后再运到京师的。至于琉璃砖和釉料已在《瓦》那一节中详细记述了，据说它用的是"台基厂"的柴草并在黑窑中烧制而成的。

砖瓦济水转釉窑

使砖变成青灰色的方法，是在窑顶堆砌一个平台，平台四周应该稍高一点儿，在上面灌水。每烧三千斤砖瓦要灌水四十石。窑顶的水从窑壁的土层渗透下来，与窑内的火相互作用。借助水火的配合作用，就可以形成坚实耐用的砖块了。

罂、瓮 陶器的制作

【原文】

凡陶家为缶属[1]，其类百千。大者缸瓮，中者钵孟，小者瓶罐，款制各从方土，悉数之不能。造此者必为圆而不方之器。试土寻泥之后，仍制陶车旋盘。工夫精熟者视器大小掐泥，不甚增多少[2]，两人扶泥旋转，一捏而就。其朝迁所用龙凤缸（窑在真定曲阳与扬州仪真[3]）与南直[4]花缸，则厚积其泥[5]，以俟雕镂，作法全不相同，故其直或百倍或五十倍也。

凡罂缶有耳嘴者皆另为合，上以油水涂粘。陶器皆有底，无底者则陕以西[6]炊甑用瓦不用木也。凡诸陶器精者中外皆过釉，粗者或釉其半体。唯沙盆齿钵之类其中不釉，存其粗涩，以受研擂之功。沙锅沙罐不釉，利于透火性以熟烹也。

造缸

使用适宜的陶土制成陶泥，将陶泥放上旋盘，扶泥和旋转陶车要两人配合，用手捏成缸坯。制造大口的缸，要先转动陶车分别制成上下两截然后再接合起来，接合处用木槌内外打紧。

1.缶属：罐状器皿。2.不甚增多少：比器皿所用稍多一些。3.真定曲阳与扬州仪真：今河北曲阳县，旧属真定府；今江苏仪征，旧属扬州府。4.南直：南直隶，即今江苏省。5.厚积其泥：其器之外壁多用陶泥加厚。6.陕以西：陕县以西，即今之陕西省地。

卷七·陶埏

造瓶

　　制造瓶类的小件器具，使用轮制法一个人就可以完成。将陶泥放在陶轮上，凭借陶轮的转动制成瓶坯。瓶坯晾干后可以入窑烧制，如果制作彩陶，在烧制前还要进行彩绘。

　　凡釉质料随地而生，江、浙、闽、广用者蕨蓝草一味。其草乃居民供灶之薪，长不过三尺，枝叶似杉木，勒而不棘人（其名数十，各地不同）。陶家取来燃灰，布袋灌水澄滤，去其粗者，取其绝细。每灰二碗参以红土泥水一碗，搅令极匀，蘸涂坯上，烧出自成光色。北方未详用何物。苏州黄罐釉亦别有料。唯上用龙凤器则仍用松香与无名异也。

　　凡瓶窑烧小器，缸窑烧大器。山西、浙江省分缸窑、瓶窑，余省则合一处为之。凡造敞口缸，旋成两截，接合处以木椎内外打紧，匝口、坛瓮亦两截，接合不便用椎，预于别窑烧成瓦圈如金刚圈形，托印其内，外以木椎打紧，土性自合。

　　凡缸、瓶窑不于平地，必于斜阜山冈之上，延长者或二三十丈，短者亦十余丈，连接为数十窑，皆一窑高一级。盖依傍山势，所以驱流水湿滋之患，而火气又循级透上。其数十方成窑者，其中苦无重值物，合并众力众资而为之也。其窑鞠[1]成之后，上铺覆以绝细土，厚三寸许。窑隔五尺许则透烟窗，窑门两边相向而开。装物以至小器，装载头一低窑，绝大缸瓮装在最末尾高窑。发火先从头一低窑起，

1.鞠：券造。

两人对面交看火色。大抵陶器一百三十费薪百斤。火候足时，掩闭其门，然后次发第二火。以次结竟至尾云。

【译文】

陶坊制造的缶，种类很多。较大的有缸瓮，中等的有钵盂，小的有瓶罐。各地的式样都不太一样，难以一一列举。这类陶器，都是造成圆形的而不是方形的。通过实验找到适宜的陶土之后，还要制造陶车和旋盘。技术熟练的人按照将要制造的陶器的大小而取泥，放上旋盘，数量正好而不用增添多少。扶泥和旋转陶车要两人配合，用手一捏而成。朝廷所用的龙凤缸（窑设在河北的真定和曲阳以及江苏的仪真）和南直隶的花缸，要造得厚一些，以便于在上面雕镂刻花，这种缸的做法跟一般缸的制法完全不同，价钱也要贵五十倍到一百倍。

罂缶有嘴和耳，都是另外沾釉水粘上去的。陶器都有底，没有底的只有陕县以西地区蒸饭用的甑子。它是用陶土烧成的而不是用木料制成的。精制的陶器，里外都会上釉，粗制的陶器，有的只是下半体上釉。至于沙盆和齿钵之类，里面也不上釉，使内壁保持粗涩，以便于研磨。沙煲和瓦罐不上釉，以利于传热煮食。

制造陶釉的原料到处都有，江苏、浙江、福建和广东用的是一种蕨蓝草。它原是居民所用的柴草，不过三尺长，枝叶像杉树，捆缚它不感到棘手（这种草有几十个名称，各地的叫法也不相同）。陶坊把蕨蓝草烧成灰，装进布袋里，然后灌水过滤，除去粗的而只取其极细的灰末。每两碗灰末，掺一碗红泥水，搅匀，就变成了釉料，将它蘸涂到坯上，烧成后自然就会出现光泽。不了解北方用的是什么釉料。苏州黄罐釉用的是别的原料。供朝廷用的龙凤器却仍然用松香和无名异作为釉料。

瓶窑用来烧制小件的陶器，缸窑用来烧制大件的陶器。山西、浙江两省的缸窑和瓶窑是分开的，其他各省的缸窑和瓶窑则是合在一起的。制造大口的缸，要先转动陶车分别制成上下两截然后再接合起来，接合处用木槌内外打紧。制造小口的坛瓮也是由上下两截接合成的，只是里面不便捶打，便预先烧制一个像金刚圈那样的瓦圈承托内壁，外面用木槌打紧，两截泥坯就会自然地黏合在一起了。

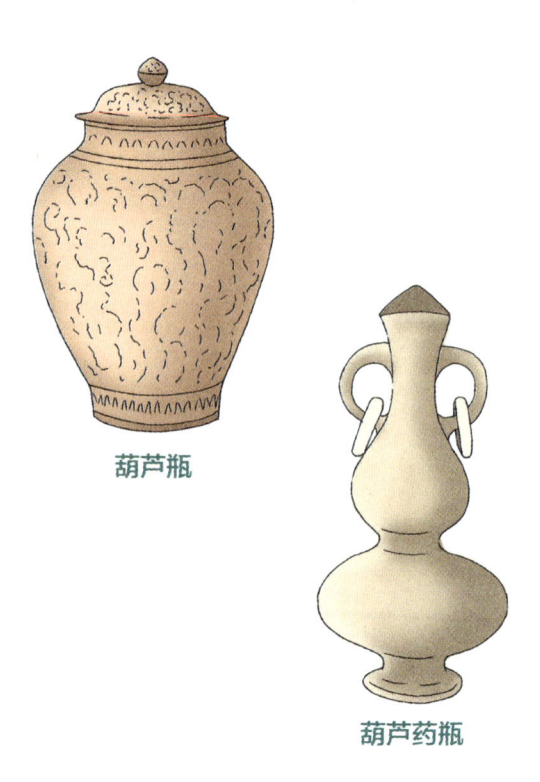

缸窑和瓶窑都不是建在平地上，而是必须建在山冈的斜坡上，长的窑有二三十丈，短的窑也有十多丈，几十个窑连接在一起，一个窑比一个窑高。这样依傍山势，既可以避免积水，又可以使火力逐级向上渗透。几十个窑连接起来所烧成的陶器，其中虽然没有什么昂贵的东西，但也是需要好多人合资合力才能做到的。窑顶的圆拱砌成之后，上面要铺一层约三寸厚的细土。窑顶每隔五尺多开一个透烟窗，窑门是在两侧相向而开的。最小的陶件装入最低的窑，最大的缸瓮则装在最高的窑。烧窑是从最低的窑烧起，两个人面对面观察火色。大概陶器一百三十斤，需要用柴一百斤。当第一窑火候足够时，关闭窑门，再烧第二窑，就这样逐窑烧直到最高的窑为止。

葫芦瓶

葫芦药瓶

白瓷　附：青瓷　烧制各种瓷器

【原文】

凡白土曰垩土，为陶家精美器用。中国出唯五六处，北则真定定州、平凉华亭、太原平定、开封禹州，南则泉郡德化（土出永定，窑在德化）、徽郡婺源、祁门[1]（他处白土陶范不黏，或以扫壁为墁）。德化窑唯以烧造瓷仙、精巧人物、玩器，不适实用；真、开等郡瓷窑所出，色或黄滞无宝光，合并数郡不敌江西饶郡[2]产。浙省处州丽水、龙泉两邑，烧造过釉杯碗，青黑如漆，名曰处窑，宋、元时龙泉琉山下，有章氏造窑出款贵重，古董行所谓哥窑器者即此。

若夫中华四裔驰名猎取者，皆饶郡浮梁景德镇之产也。此镇从古及今为烧器地，然不产白土。土出婺源、祁门两山：一名高梁山，出粳米土，其性坚硬；一名开化山，出糯米土，其性粢软。两土和合，瓷器方成。其土作成方块，小舟运至镇。造器者将两土等分入臼舂一日，然后入缸水澄，其上浮者为细料，倾跌过一缸，其下沉底者为粗料。细料缸中再取上浮者，倾过为最细料，沉底者为中料。既澄之后，以砖砌方长塘，逼靠火窑以借火力。倾所澄之泥于中，吸干然后重用清水调和造坯。

凡造瓷坯有两种，一曰印器，如方圆不等瓶瓮炉合之类，御器则有瓷屏风、烛台之类。先以黄泥塑成模印，或两破或两截，亦或囫囵。然后埏白泥印成，以釉水涂合其缝，浇出时自圆成无隙。一曰圆器，凡大小亿万杯盘之类乃生人日用必需，造者居十九，而印器则十一。造此器坯先制陶车。车竖直木一根，埋三尺入土内使之安稳，上高二尺许，上下列圆盘，盘沿以短竹棍拨运旋转，盘顶正中用檀木刻成盔头冒其上。

凡造杯盘无有定形模式，以两手棒泥盔冒之上，旋盘使转，拇指剪去甲，按定泥底，就大指薄旋而上，即成一杯碗之形（初学者任从作废，破坏取泥再造）。功多业熟，即千万如出一范。凡盔冒上造小杯者不必加泥，造中盘、大碗则增泥大其冒，使干燥而后受功。凡手指旋成坯后，覆转用盔冒一印，微晒留滋润，又一印，晒成极白干，入水一汶，漉上盔冒，过利刀二次（过刀时手脉微振，烧出即成雀口），然后补整碎缺，就车上旋转打圈。圈后或画或书字，画后喷水数口，然后过釉。

凡为碎器[3]与千钟粟[4]与褐色杯等，不用青料。欲为碎器，利刀过后，日晒极热。入清水一蘸而起，烧出自成裂纹。千钟粟则釉浆捷点，褐色则老茶叶煎水一抹也。（古碎器日本国极珍重，真者不惜千金。古香炉碎器不知何代造，底有铁钉，其钉掩光色不锈。）

凡饶镇白瓷釉用小港嘴泥浆和桃竹叶灰调成，似清泔汁（泉郡瓷仙用松毛水调泥浆，处郡青瓷釉未详所出），盛于缸内。凡诸器过釉，先荡其内，外边用指一蘸涂弦，自然流遍。凡画碗青料总一味无名异（漆匠煎油，亦用以收火色）。此物不生深土，浮生地面，深者掘下三尺即止，各省直皆有之。亦辨认上料、中料、下料，用时先将炭火丛红煅过。上者出火成翠毛色，中者微青，下者近土褐。上者每斤煅出只得七两，中下者以次缩减。如上品细料器及御器龙凤等，皆以上料画成，故其价每石值银二十四两，中者半之，下者则十之三而已。

凡饶镇所用，以衢、信两郡[5]山中者为上料，

---

1. "北则真定定州"句：河北定州，原属真定府；甘肃平凉府华亭县；山西太原府平定州；河南开封府禹州；福建泉州府德化县；安徽徽州府婺源，今属江西；徽州府祁门县。2. 饶郡：江西饶州府，即指浮梁县景德镇。后即简称饶镇。3. 碎器：表面带有裂纹的瓷器品种，指现代所称的碎瓷。4. 千钟粟：表面带有米粒状凸起的瓷器品种。5. 衢、信两郡：浙江衢州府、江西广信府。

过利

　　瓷器制作是一个复杂的过程，其中制坯的过程中有拉坯、利坯等环节，拉坯是把瓷器的坯胎制作成型，利坯是对成型的粗坯进行修整，使坯胎表面变得光滑，坯体变得薄厚均匀。

打圈

　　为了让制作成型的坯胎更加美观，还需要对其进行装饰，如描金、刻花等，经过装饰坯胎便有了各种花纹。坯胎制作完成后，还需要进行干燥定形，再进入瓷窑进行烧制。

　　名曰浙料，上高[1]诸邑者为中，丰城诸处者为下也。凡使料煅过之后，以乳钵极研（其钵底留粗，不转釉），然后调画水。调研时色如皂，入火则成青碧色。凡将碎器为紫霞色杯者，用胭脂打湿，将铁线纽一兜络，盛碎器其中，炭火炙热，然后以湿胭脂一抹即成。凡宣红器乃烧成之后出火，另施工巧微炙而成者，非世上殊砂能留红质于火内也（宣红元末已失传。正德中历试复造出）。

　　凡瓷器经画过釉之后，装入匣钵（装时手拿微重，后日烧出即成坳口，不复周正）。钵以粗泥造，

　　其中一泥饼托一器，底空处以沙实之。大器一匣一个，小器十余共一匣钵。钵佳者装烧十余度，劣者一二次即坏。凡匣钵装器入窑，然后举火。其窑上空十二圆眼，名曰天窗。火以十二时辰为足。先发门火十个时，火力从下攻上，然后天窗掷柴烧两时，火力从上透下。器在火中其软如棉絮，以铁叉取一以验火候之足。辨认真足，然后绝薪止火。共计一坯工力，过手七十二方克成器，其中微细节目尚不能尽也。

1.上高：与下文之丰城均在现代的江西省。

瓷器汶水

瓷器汶水是指在陶坯彩绘完成后，往陶坯上均匀地喷少许清水，使彩绘与陶坯相互融合的过程。

瓷器过釉

过釉是瓷器生产过程中的一个重要环节，过釉使瓷器的色彩绚烂，表面光滑。常见的过釉方法有浸釉法、吹釉法、浇釉法和荡釉法等。

【译文】

白色的黏土叫作垩土，陶坊用它来制造出精美的瓷器。我国只有五六个地方出产这种垩土：北方有河北的定县、甘肃的华亭、山西的平定及河南的禹县，南方有福建的德化（土出永定县，窑却在福建德化）、江西的婺源和安徽的祁门（其他地方出的白土，拿来造瓷坯嫌不够黏，但可以用来粉刷墙壁）。德化窑是专烧瓷仙、精巧人物和玩具的，但不实用。河北定县和河南禹县的窑所烧制出的瓷器，颜色发黄，暗淡而没有光泽。上述所有地方的产品都没有江西景德镇所出产的瓷器好。浙江的丽水和龙泉两县烧制出来的上釉杯碗，墨蓝的颜色如同青漆，这叫作处窑瓷器。宋、元时期龙泉郡的华琉山山脚下有章氏兄弟建的窑，出品极为名贵，这就是古董行所说的哥窑瓷器。

至于我国远近闻名、人人争购的瓷器，则都是江西饶郡浮梁县景德镇的产品。自古以来，景德镇都是烧制瓷器的名都，但当地却不产白土。白土出自婺源和祁门两地的山上：其中的一座名叫高梁山，出粳米土，土质坚硬；另一座名叫开化山，出糯米土，土质黏软。只有两种白土混合，才能做成瓷器。将这两种白土分别塑成方块，用小船运到景德镇。造瓷器的人取等量的两种瓷土放入臼内，舂一天，然后放入缸内用水澄清。缸里面浮上来的是细料，把它倒入另一口缸中，下沉的则是粗料。细料缸中再倒出上浮的部分便是最细料，沉底的是中料。澄过后，分别倒入窑边用砖砌成的长方塘内，借窑的热力吸干水分，然后重新加清水调和造瓷坯。

瓷坯有两种：一种叫作印器，有方有圆，如瓶、瓮、香炉、瓷盒之类（朝廷用的瓷屏风、烛台也属于这一类）。先用黄泥制成模印，模具或者对半分开，或者上下两截，或者是整个的，将瓷土放入泥模印出瓷坯，再用釉水涂接缝处让两部分合起来，烧出时自然就会完美无缝。另一种瓷坯叫作圆器，包括数不胜数的大小杯盘之类，都是人们的日常生活用品。圆器产量约占了十分之九，而印器只占其中的十分之一。制造这种圆器坯，要先做一辆陶车。用直木一根，埋入地下三尺并使它稳固。露出地面二尺，在上面安装一上一下两个圆盘，用小竹棍拨动盘沿，陶车便会旋转，用檀木刻成一个盔头戴在上盘的正中。

塑造杯盘，没有固定的模式，用双手捧泥放在盔头上，拨盘使转。用剪净指甲的拇指按住泥底，使瓷泥沿着拇指旋转向上展薄，便可捏塑成杯碗的形状（初学者塑不好没有关系，因为陶泥可以被反复使用）。功夫深技术熟练的人，就可以做到千万个杯碗好像都是用同一个模子印出来的。在盔帽上塑造小坯时，不必加泥，塑中盘和大碗时，就要加泥扩大盔帽，等陶泥晾干以后再加工。用手指在陶车上旋成泥坯之后，把它翻过来罩在盔帽上印一下，稍晒一会儿而坯还保持湿润时，再印一次，使陶器的形状圆而周正，然后再把它晒得又干又白。再蘸一次水，带水放在盔帽上用利刀刮削两次（执刀必须非常稳定，如果稍有振动，瓷器成品就会有缺口）。瓷坯修好以后就可以在旋转的陶车上画圈。接着，在瓷坯上绘画或写字，喷上几口水，然后再上釉。

在制造大多数碎器、千钟粟和褐色杯等瓷器时，都不用上青釉料。制造碎器，用利刀修整生坯后，要把它放在阳光下晒得极热，在清水中蘸一下随即提起，烧成后自然会呈现裂纹。千钟粟的花纹是用釉浆快速点染出来的。褐色杯是用老茶叶煎的水一抹而成的。（日本人非常珍视我国古代制作的"碎器"，他们不惜重金购买真品。古代的香炉碎器，不知是哪个朝代制造的，底部有铁钉，钉头光亮而不生锈。）

景德镇的白瓷釉是用"小港嘴"的泥浆和桃竹叶的灰调匀而成的，很像澄清的淘米水（德化窑的瓷仙釉是用松毛灰和瓷泥调成浆而上釉料的。浙江丽水、龙泉两地的窑所出产的青瓷釉不知道用的是什么原料），盛在瓦缸里。瓷器上釉，先要把釉水倒进泥坯里荡一遍，再张开手指撑住泥坯往釉水里点蘸外壁，点蘸时使釉水刚好浸到外壁弦边，这样釉料自然就会布满全坯身了。画碗的青花釉料只用无名异一种（漆匠熬炼桐油，也用无名异当催干剂）。无名异不藏在深土之下，而是浮生在地面，最多向下挖土三尺深即可得到，各省都有，也分为上料、中料和下料三种，使用时要先经过炭火煅烧。上料出火时呈翠绿色，中料呈微绿色，下料则接近土褐色。每煅烧无名异一斤，只能得到上料七两，中、下料依次减少。制造上等精致的瓷器和皇帝所用的龙凤器等，都是用上料绘画后烧制成的。因此上料无名异每担值白银二十四两，中料只值上料的一半，下料只值其十分之三。

景德镇所用的，以浙江衢州府和江西广信府出产的为上料，也叫作浙料。江西上高出产的为中料，江西丰城等地出产的为下料。凡是煅烧过的青花料，要用研钵磨得极细（钵内底部粗涩而不上釉），然后再用水调和研磨到呈现黑色，入窑经过高温煅烧就变成亮蓝色了。制造紫霞色的碎器的方法是，先把胭脂石粉打湿，用铁线网兜盛着碎器放到炭火上烧热，再用湿胭脂石粉一抹就成了。"宣红"瓷器则是烧制而成之后再用巧妙的技术借微火炙成的，这种红色并不是那种朱砂在火中所留下来的（宣红器在元朝末年已经失传了，明朝正德年间经过多次反复试验又重新造了出来）。

瓷器坯子经过画彩和上釉之后，装入匣钵（装时如果用力稍重，烧出的瓷器就会凹陷变形），匣钵是用粗泥造成的，其中每一个泥饼托住另一个瓷坯，底下空的部分用沙子填实。大件的瓷坯一个匣钵只能装一个，小件的瓷坯一个匣钵可以装十几个。好的匣钵可以装烧十几次，差的匣钵用一两次就坏了。把装满瓷坯的匣钵放入窑后，就开始点火烧窑。窑顶有十二个圆孔，这叫作天窗。烧二十四个小时火候就足了。先从窑门发火烧二十个小时，火力从下向上攻，然后从天窗丢进柴火入窑烧四个小时，火力从上往下透。瓷器在高温烈火中软得像棉絮一样，用铁叉取出一个样品用以检验火候是否已经足够。火候已足了就应该停止烧窑了，合计造一个瓷杯所费的工夫，要经过七十二道工序才能完成，其中许多细节还没有计算在内呢！

瓷器窑

天窗十二眼
後入薪燒火
兩箇時火
從上足下
共計火力
十二時辰

門火先燒十箇時
足火從下及上

瓷器窑

制作瓷器的最后一个步骤就是入窑烧制。瓷器窑是烧制瓷器的设备，瓷器窑的构造因不同的产地和用途而异，但一般由窑室、燃烧室、烟囱、操作间等部分组成。控制火候是瓷器烧制的关键。

附：窑变[1]、回青[2] 特殊瓷器的烧制

【原文】

正德中，内使监造御器。时宣红失传不成，身家俱丧。一人跃入自焚。托梦他人造出，竟传窑变，好异者遂妄传烧出鹿、象诸异物也。又回青乃西域大青，美者亦名佛头青。上料无名异出火似之，非大青能入洪炉存本色也。

【译文】

正德年间，皇宫中派出专使来监督制造皇族使用的瓷器。当时"宣红"瓷器的具体制作方法已经失传而无法造出来了，因此承造瓷器的人都担心自己的生命财产难以保全。其中有一个人害怕皇帝治罪，于是就跳入瓷窑里自焚而死了。这人死后托梦给别人称"宣红"瓷器终于造成了，于是人们竞相传说发生了"窑变"。好奇的人更胡乱传言烧出了鹿、大象等奇异的动物。又记：回青乃是产自西域地区的大青，优质的又叫作佛头青。用上料无名异为釉料烧出来的颜色与回青的颜色相似，并不是说大青这种颜料入瓷窑经过高温之后还能保持它本来的蓝色。

1.窑变：用含变价金属元素的釉料烧瓷时，由于烧成条件的不同，使得釉呈现出各种颜色。有时烧窑的火候掌握不当，烧成后釉色与预料的相反，呈现各种颜色或混杂颜色，这就叫作窑变。窑变瓷器的釉色光怪陆离，无法复制。2.回青：有两种含钴元素的釉料，一种是从西域、南海进口的，这种釉料当中不含锰，元、明时官窑经常用它；另一种是国产的含有锰元素的釉料，明朝中后期或单独使用，或与进口的钴矿石混用。

卷八·冶铸

金属器物的铸造

宋子曰：首山之采，肇自轩辕，源流远矣哉。九牧贡金，用襄禹鼎，从此火金功用日异而月新矣。夫金之生也，以土为母，及其成形而效用于世也，母模子肖，亦犹是焉。精粗巨细之间，但见钝者司舂，利者司垦，薄其身以媒合水火而百姓繁，虚其腹以振荡空灵而八音起。愿者肖仙梵之身，而尘凡有至象。巧者夺上清之魄，而海宇遍流泉，即屈指唱筹，岂能悉数！要之，人力不至于此。

鼎　铸鼎

【原文】

凡铸鼎，唐虞以前不可考。唯禹铸九鼎，则因九州岛贡赋壤则已成，入贡方物岁例已定，疏浚河道已通，禹贡业已成书。恐后世人君增赋重敛，后代侯国冒贡奇淫，后日治水之人不由其道，故铸之于鼎。不如书籍之易去，使有所遵守，不可移易，此九鼎所为铸也。年代久远，末学寡闻，如蠙珠、暨鱼、狐狸、织皮之类皆其刻画于鼎上者，或漫灭改形未可知，陋者遂以为怪物。故《春秋传》有使知神奸、不逢螭魅之说也。此鼎入秦始亡。而春秋时郜大鼎、莒二方鼎，皆其列国自造，即有刻画必失禹贡初旨。此但存名为古物，后世图籍繁多，百倍上古，亦不复铸鼎，特并志之。

【译文】

尧舜以前铸鼎的史实已经无法考证了，至于传说夏禹铸造九鼎，那是因为当时九州岛根据各地现有条件和生产能力而缴纳赋税的条例已经颁布，各地每年进贡的物产和品种已经有了具体规定，河道也已经疏通，《禹贡》这部书已经写成了。但是由于恐怕后世的帝王增加赋税来敛取百姓财物，各地诸侯用一些由奇技淫巧做出来的东西冒充贡品，以及后来治水的人也不再按照原来的一套办法，于是，夏禹把这一切都铸刻在鼎上，令规也就不会像书籍那样容易丢失了，使后人有所遵守而不能任意更改，这就是当时夏禹铸造九鼎的原因。经过了许多年代，刻在鼎上的画像，如蚌珠、鲫鱼、狐狸、毛织物以及兽皮之类，也可能因为锈蚀而变了样，学问不深和见识浅薄的人就以为这是怪物。因此，《左传》中才有禹铸鼎是为了使百姓懂得识别妖魔鬼怪而避免受到妖魔伤害的说法。这些鼎到了秦朝时就绝迹了，而春秋时期郜国的大鼎和莒国的两个方鼎，都是诸侯国铸造的，即使有一些刻画，也必定不合于《禹贡》的原意，只不过名为古旧之物罢了。后世的图书已经多了好几百倍，就不必再铸鼎了，这里特地提一下。

大盂鼎

大盂鼎是西周周康王时期著名青铜器。这件周康王时的大盂鼎，是现存西周青铜器中的大型器。大盂鼎属于雄伟凝重这一类，铭文大字，字体庄严凝重而美观。此器也为商代流行的觚爵酒器组合过渡到西周流行的鼎簋鬲组合做了应证，表明当时社会风俗正经历着重大变革。

卷八·冶铸

法同鍾朝　　　　　圖鼎鑄

鼎足則
鑄闕合
　槽　　　　　　　土槽入孔

铸鼎

鼎是中国古代常见的器物，宋应星在《冶铸》中记载了铸鼎的情况，铸鼎主要分为制范和浇筑两道工序。

毛公鼎

现藏于台北故宫博物院的毛公鼎是西周晚期器物。道光年间出土于陕西省岐山县。由作器人毛公得名。直耳，半球腹，矮短的兽蹄形足，口沿饰环带状的重环纹。铭文 32 行 499 字，记录的是周宣王对大臣毛公的册命，对于研究西周晚年政治史有着十分重要的史料价值，被誉为"抵得一篇尚书"。其书法是成熟的西周金文风格，奇逸飞动，气象浑穆，笔意圆劲茂隽，结体方长，较散氏盘稍端整。李瑞清题跋鼎时说："毛公鼎为周庙堂文字，其文则尚书也，学书不学毛公鼎，犹儒生不读尚书也。"

133

钟 铸钟

【原文】

凡钟为金乐之首，其声一宣，大者闻十里，小者亦及里之余。故君视朝、官出署必用以集众，而乡饮酒礼必用以和歌[1]，梵宫仙殿必用以明摄谒者[2]之诚，幽起鬼神之敬。

凡铸钟高者铜质，下者铁质。今北极朝钟[3]则纯用响铜，每口共费铜四万七千斤、锡四千斤、金五十两、银一百二十两于内。成器亦重二万斤，身高一丈一尺五寸，双龙蒲牢[4]高二尺七寸，口径八尺，则今朝钟之制也。

凡造万钧钟与铸鼎法同，掘坑深丈几尺，燥筑其中如房舍，埏泥作模骨，用石灰、三和土筑，不使有丝毫隙拆。干燥之后以牛油、黄蜡附其上数寸。油蜡分两：油居什八，蜡居什二，其上高蔽抵晴雨（夏月不可为，油不冻结）。油蜡墁定，然后雕镂书文、物象，丝发成就[5]。然后春筛绝细土与炭末为泥，涂墁以渐[6]而加厚至数寸，使其内外透体干坚，外施火力炙化其中油蜡，从口上孔隙熔流净尽，则其中空处即钟鼎托体之区也。

凡油蜡一斤虚位，填铜十斤。塑油时尽油十斤，则备铜百斤以俟之。中既空净，则议熔铜。凡火铜至万钧，非手足所能驱使。四面筑炉，四面泥作槽道，其道上口承接炉中，下口斜低以就钟鼎入铜孔，槽傍一齐红炭炽围。洪炉熔化时，决开槽梗（先泥土为梗塞住），一齐如水横流，从槽道中枧注而下，钟鼎成矣。凡万钧铁钟与炉、釜，其法皆同，而塑法则由人省啬也。若千斤以内者则不须如此劳费，但多捏十数锅炉。炉形如箕，铁条作骨，附泥做就。其下先以铁片圈筒直透作两孔，以受杠穿。其炉垫于土墩之上，各炉一齐鼓鞴[7]熔化。化后以两杠穿炉下，轻者两人，重者数人抬起，倾注模底孔中。甲炉既倾，乙炉疾继之，丙炉又疾继之，其中自然黏合。若相承迁缓，则先入之质欲冻，后者不黏，衅所由生也。

凡铁钟模不重费油蜡者，先埏土作外模，剖破两边形或为两截，以子口串合，翻刻书文于其上。内模缩小分寸，空其中体，精美而就。外模刻文后以牛油滑之，使他日器无粘榄，然后盖上，泥合其缝而受铸焉。巨磬、云板[8]，法皆仿此。

【译文】

在金属乐器之中，钟是第一位重要的乐器。钟的响声，大的十里之内都可以听得到，小的钟声也能传开一里多。所以，皇帝临朝听政、官府升堂审案，一定要用钟声来召集下属或者民众；各地方上举行乡饮酒礼，也一定会用钟声来和歌伴奏；佛寺仙殿，一定会用钟声来打动人间世俗朝拜者的诚心，唤起对异界鬼神们的敬意。

铸钟的原料，以铜为上等材料，以铁为下等材料。现在朝廷上所悬挂的朝钟完全是用响铜铸成的，每口钟总共花费铜四万七千斤、锡四千斤、黄金五十两、银一百二十两，铸成以后重达两万

1.乡饮酒礼必用以和歌：中国古代有乡饮酒礼，为卿大夫之礼。指举行乡饮酒礼一定会用钟声来和歌伴奏。
2.谒者：此指礼拜仙佛者。3.北极朝钟：明代宫中北极阁中所悬朝钟。4.蒲牢：传说中的海兽，其吼声甚大，故铸于钟上，以使钟声洪大。明代以为龙生之九子之一。5.丝发成就：所铸之物象图案，一丝一发都要认真做成。6.涂墁以渐：一点儿一点儿地向上墁泥。7.鼓鞴：鼓风。鞴音同"沟"，是指用牛皮做成的鼓风器具，此处代指风箱。8.云板：铁铸的响器，板状，像云朵形，因此得名。

斤，身高一丈一尺五寸，上面的双龙蒲牢图像高二尺七寸，直径八尺。这就是当今朝钟的规格。

　　铸造万斤以上的大朝钟之类的钟和铸鼎的方法是相同的。先挖掘一个一丈多深的地坑，使坑内保持干燥，并把它构筑成像房舍一样。将石灰、细砂和黏土塑造调和成的土作为内模的塑型材料，内模要求做得没有丝毫的裂缝。内模干油约占十分之八，黄蜡占十分之二。在钟模型的顶上搭建一个高棚用以防日晒雨淋（夏天不能做模子，因为油蜡不能冻结）。油蜡层涂好并用墁刀荡平整后，就可以在上面精雕细刻上各种所需的文字和图案，再用舂碎和筛选过的极细的泥粉和炭末，调成糊状，逐层涂铺在油蜡上约有几寸厚。等到外模的里外都自然干透坚固后，便在上面用慢火炙烤，使里面的油蜡熔化从模型的开口处流干净。这时，内外模之间的空腔就成了将来钟、鼎成形的地方了。

　　每一斤油蜡空出的位置需十斤铜来填充，所以，如果塑模时用去十斤油蜡，就需要准备好一百斤铜。内外模之间的油蜡已经流净后，就着手熔化铜了。要熔化的火铜如果达到万斤以上的，就不能再靠人的手脚来挪移浇铸了。要在钟模的周围修筑多个熔炉和泥槽，槽的上端同炉的出口连接，下端倾斜接到模的浇口上，槽的两旁还要用炭火围起来。当所有熔炉的铜都已经熔化时，就一齐打开出口的塞子（事先用泥土当成塞子塞住），铜熔液就会像水流那样沿着泥槽注入模内。这样，钟或鼎便铸成功了。一般而言，万斤以上的铁钟、香炉和大锅，它们的铸造都是用这同一种方法，只是塑造模子的细节可以由人们根据不同的条件与要求而适当有所省略而已。至于铸造千斤以内的钟，就不必这么费事了，只要制造十几个小炉子就行了。这种炉膛的形状像个箕子，用铁条当骨架，用泥塑造成。炉体下部的两侧要穿两个孔，并垫上两

铸钟模

　　铸造万斤以上的大朝钟之类的钟和铸鼎的方法相同，先制造钟模，钟模由内外两层模版组成。用石灰、细砂和黏土塑造调和成的土制作内模，再用牛油、黄蜡涂附在内模上面，平整后雕刻文字或图案，另外用舂碎和筛选过的极细的泥粉和炭末作为外模，钟模就完成了。

钟与仙佛像

铸造巨大的钟或佛像一般采用分铸法，先将部件或局部铸造完成，再用焊接的方式拼接在一起，既方便铸造也可以丰富钟与佛像的造型。

根圆筒状的铁片以便于将抬杠穿过。这些炉子都平放在土墩上，所有的炉子都一起鼓风熔铜。铜熔化以后，就用两根杠穿过炉底，轻的两个人、重的几个人，一起抬起炉子，把铜熔液倾注进模孔中。甲炉刚刚倾注完，乙炉也跟着迅速倾注，丙炉再跟着倾注，这样，模子里的铜就会自然黏合。如果各炉倾注互相承接太慢，那些先注入的铜熔液都将近冷凝了，就难以和后注入的铜熔液互相黏合进而出现夹缝。

大体而言，铸造铁钟的模子不用费掉很多油蜡，方法是：先用黏土制成剖成左右两半的或是上、下两截的外模，并在剖面边上制成有接合的子母口，然后将文字和图案反刻在外模的内壁上。内模要缩小一定的尺寸，以使内外模之间留有一定的空间，这要经过精密的计算来确定。外模刻好文字和图案以后，还要用牛油涂滑它，以免以后浇铸时铸件粘模。然后把内、外模组合起来，并用泥浆把内外模的接口缝封好，便可以进行浇铸了。巨磬和云板的铸法与此相类似。

釜 铸造锅子

【原文】

凡釜储水受火，日用司命系焉[1]。铸用生铁或废铸铁器为质。大小无定式，常用者径口二尺为率，厚约二分。小者径口半之，厚薄不减。其模内外为两层，先塑其内，俟久日干燥，合釜形分寸于上，然后塑外层盖模。此塑匠最精，差之毫厘则无用。

模既成就干燥，然后泥捏冶炉，其中如釜，受生铁于中，其炉背透管通风，炉面捏嘴出铁。一炉所化约十釜、二十釜之料。铁化如水，以泥固纯铁柄杓从嘴受注。一杓约一釜之料，倾注模底孔内，不俟冷定即揭开盖模，看视罅绽未周[2]之处。此时釜身尚通红未黑，有不到处即浇少许于上补完，打湿草片按平，若无痕迹。凡生铁初铸釜，补绽者甚多，唯废破釜铁熔铸，则无复隙漏（朝鲜国俗破釜必弃之山中，不以还炉）。

凡釜既成后，试法以轻杖敲之，响声如木者佳，声有差响则铁质未熟之故，他日易为损坏。海内丛林大处[3]，铸有千僧锅者，煮糜受米二石，此真痴物[4]也。

【译文】

锅是用来烧水煮饭的，因此人们的日常生活离不开它。铸造锅的原料是生铁或者废铸铁器。铸锅的大小并没有严格固定的规格，常用的铸锅直径约二尺左右，厚约二分。小的铸锅直径约一尺左右，厚薄不减少。铸锅的模子分为内、外两层。先塑造内模，等它干燥以后，按锅的尺寸折算好，再塑造外模。这种铸模要求塑造功夫非常精确，尺寸稍有偏差，模子就没有用了。

模已塑好并干燥以后，用泥捏造熔铁炉，炉膛要像个锅，用来装生铁和废铁原料。炉背接一条可以通到风箱的管，炉的前面捏一个出铁嘴。每一炉所熔化的铁水大约可浇铸十到二十口锅。生铁熔化成铁水以后，用镶嵌着泥的带手柄的铁勺子从出铁嘴接盛铁水，一勺子铁水大约可以浇铸一口铁锅。将铁水倾注到模子里，不必等到它冷下来就揭开外模，查看有没有裂缝。这时锅身还是通红的，如果发现有些地方铁水浇得不足时，马上补浇少量的铁水，并用湿草片按平，没有修补过的痕迹。生铁初次铸锅时，需要这样补浇的地方较多，只有用废铁锅回炉熔铸的，才不会有隙漏（朝鲜国的风俗是，锅破了以后一定要丢弃到山中，不再回炉）。

铁锅铸成以后，辨别它的好坏的方法是用小木棒敲击它。如果响声像敲硬木头的声音那样沉实，就是一口好锅；如果有其他杂音，就说明铁水的含碳量没处理好造成铁质未熟或者是铁水中杂质没有清除干净，这种锅将来就容易损坏。国内有的大寺庙里，铸有一种"千僧锅"，可以煮两石米的粥，这真是一个笨重的家什。

1.日用司命系焉：日常所用，为人的生命所关。 2.罅绽未周：有缝隙而不周全。 3.丛林大处：大寺院。
4.痴物：傻大笨粗之物。

铸锅

铸造锅的原料是生铁或者废铸铁器。先塑造内模，等它干燥以后，按锅的尺寸折算好，再塑造外模。这种铸模要求塑造功夫非常精确，尺寸稍有偏差，模子就没有用了。

像 铸造佛像

【原文】

　　凡铸仙佛铜像，塑法与朝钟同。但钟鼎不可接，而像则数接为之，故泻时¹为力甚易，但接模之法分寸最精云。

【译文】

　　铸造仙佛铜像，塑模方法与朝钟一样。但是钟、鼎不能接铸，而仙佛铜像却可以分铸后再接合铸造，所以在浇注方面是比较容易的。不过，这种接模工艺对精确度的要求却是最高的。

佛像

　　铸造佛像，可以使用接铸的方法，分别铸造佛像的各个部分，再进行接合铸造。这种接模工艺对精确度的要求非常高，也体现了我国古代工匠高超的铸造水平。

炮 铸造火炮

【原文】

　　凡铸炮，西洋红夷、佛郎机²等用熟铜造，信炮、短提铳³等用生熟铜兼半造，襄阳、盏口、大将军、二将军⁴等用铁造。

【译文】

　　大体说来，荷兰和比利时等国铸炮用的是熟铜，信炮和短枪等用的是生、熟铜各一半，襄阳炮、盏口炮、大将军炮乃至二将军炮等则用的是铁。

火炮

　　火炮的起源可以追溯到中国的宋朝时期，元末明初时出现了现代火炮的雏形，在设计和结构上已经具备了现代火炮的一些基本特征。图中为古代火炮仿品。

1.泻时：倾注金属熔体的时候。2.西洋红夷、佛郎机：指荷兰和比利时。此处指这两国传来的炮。3.信炮、短提铳：信号炮、短枪。4.襄阳、盏口、大将军、二将军：明代本土所造大炮，详见《佳兵》篇。

镜 铸造铜镜

【原文】

凡铸镜，模用灰沙，铜用锡和（不用倭铅[1]）。《考工记》亦云："金锡相半，谓之鉴、燧之剂。"开面成光，则水银附体而成，非铜有光明如许也。唐开元宫中镜尽以白银与铜等分铸成，每口值银数两者以此故。朱砂斑点乃金银精华发现（古炉有入金于内者）。我朝宣炉亦缘某库偶灾，金银杂铜锡化作一团，命以铸炉（真者错现金色）。唐镜、宣炉皆朝廷盛世物云。

【译文】

铸镜的模子是用糠灰加细沙做成的，镜本身的材料是铜与锡的合金（不使用锌）。《考工记》中有记载："金和锡各一半的合金，是适用于铸镜的合金配比。"镜面能够反光，那是由于镀上了一层水银的结果，而不是铜本身能这样光亮。唐朝开元年间宫中所用的镜子，都是用白银和铜各半配比在一起铸成的，所以每面镜子价达几两银子。铸件上有些像朱砂一样的红斑点，那是其中夹杂着的金银发出来的（古代铸造的香炉有些是渗入了金子的）。明朝宣炉的铸造，是由于当时某库偶然发生火灾，里面的金银夹杂着铜、锡都熔成一团，官府便下令用它来铸造香炉（宣炉的真品，其面上闪耀着金色的斑点）。唐镜和宣炉都是王朝昌盛时代的产物。

钱 铸造钱币

【原文】

凡铸铜为钱以利民用，一面刊国号通宝四字，工部分司主之[2]。凡钱通利者，以十文抵银一分值。其大钱当五、当十，其弊便于私铸，反以害民，故中外行而辄不行也[3]。

凡铸钱每十斤，红铜居六七，倭铅（京中名水锡）居三四，此等分大略。倭铅每见烈火必耗四分之一。我朝行用钱高色者，唯北京宝源局黄钱与广东高州炉青钱（高州钱行盛漳泉路），其价一文敌南直江、浙等二文。黄钱又分二等，四火铜[4]所铸曰金背钱，二火铜所铸曰火漆钱。

凡铸钱熔铜之罐，以绝细土末（打碎干土砖妙）和炭末为之（京炉用牛蹄甲，未详何作用）。罐料十两，土居七而炭居三，以炭灰性暖，佐土使易化物也。罐长八寸，口径二寸五分。一罐约载铜、铅[5]十斤，铜先入化，然后投铅，洪沪扇合，倾入模内。

1.倭铅：即锌。2.工部分司主之：明代造钞归户部，铸钱归工部，设宝源局之类主之。3.中外行而辄不行也：中外，指京师畿辅及外省。行而辄不行，流通了一段就停止了。4.四火铜：对铜每加一火，即熔炼一次，则铜质纯度提高一次。故四火铜优于二火铜。5.铅：此指倭铅，即锌。

铸钱

铜钱质量的高低以锌的含量多少来辨别区分，看铸钱的成品，轻重与厚薄，是显而易见的。成色好质量高的铜钱铜与锌的比例当是九比一，把它掷在地上，会发出铿锵的金属声。

凡铸钱模以木四条为空匡（木长一尺二寸，阔一寸二分）。土炭末筛令极细，填实匡中，微洒杉木炭灰或柳木炭灰于其面上，或熏模则用松香与清油，然后以母百文（用锡雕成）或字或背布置其上。又用一匡如前法填实合盖之。既合之后，已成面、背两匡，随手覆转，则母钱尽落后匡之上。又用一匡填实，合上后匡，如是转覆，只合十余匡，然后以绳捆定。其木匡上弦原留入铜眼孔，铸工用鹰嘴钳，洪炉提出熔罐，一人以别钳扶抬罐底相助，逐一倾入孔中。冷定解绳开匡，则磊落百文，如花果附枝。

模中原印空梗，走铜如树枝样，挟出逐一摘断，以待磨锉成钱。凡钱先错边沿，以竹木条直贯数百文受锉，后锉平面则逐一为之。

凡钱高低以铅多寡分，其厚重与薄削，则昭然易见。铅贱铜贵，私铸者至对半为之，以之掷阶石上，声如木石者，此低钱也。若高钱铜九铅一，则掷地作金声矣。凡将成器废铜铸钱者，每火十耗其一。盖铅质先走，其铜色渐高，胜于新铜初化者。若琉球诸国银钱，其模即凿锲铁钳头上，银化之时入锅夹取，淬于冷水之中，即落一钱其内。

倭國造銀錢

倭国造银钱

琉球一带铸造的银币，模子就刻在铁钳头上，当银熔化了的时候，将钳子头伸进坩埚里夹取银液，提出来往冷水之中一淬，一块银币就落在水里了。

【译文】

将铜铸造成钱币，是为了方便民众贸易往来。铜钱的一面印有"××（国号）通宝"四个字，由工部下属的一个部门主管这项工作。通行的铜钱十文抵得上白银一分的价值。一个大钱的面值相当于普通铜钱的五倍或者十倍，发行这种大钱的弊病是容易导致私人铸钱，反而会坑害了百姓，所以，中央和地方都在发行过一阵儿大钱之后，很快就停止发行了。

铸造十斤铜钱，需要用六七斤红铜和三四斤锌（北京把锌叫作水锡），这是粗略的比例。锌每经过高温加热一次就要耗损四分之一。我（明）朝通用的铜钱，成色最好的是北京宝源局铸造的黄钱和广东高州铸造的青钱（高州钱通行于福建漳州、泉州一带），这两种钱每一文相当于南京操江局和浙江铸造局铸造的铜钱二文。黄钱又分为两等：用四火铜铸造的叫作"金背钱"，用二火铜铸的叫作"火漆钱"。

铸钱时用来熔化铜的坩埚，是用最细的泥粉（以打碎的土砖干粉为最好）和炭粉混合后制成的（北京的熔铜坩埚还加入了牛蹄甲，不知道有什么用处）。熔铜坩埚的配料比例是，每十两坩埚料中，泥粉占七两而炭粉占三两，因为炭粉的保温性能很好，可以配合泥粉而使铜更易于熔化。熔铜坩埚高约八寸，口径约二寸五分。一个熔铜坩埚大约可以装铜和锌十斤。冶炼时，先把铜放进熔铜坩埚中熔化，然后再加入锌，鼓风使它们熔合之后，再倾注进模子。

铸钱的模子，是用四根木条构成空框（木条各长一尺二寸，宽一寸二分），用筛选过的非常细的泥粉和炭粉混合后填实空框，面上要再撒上少量的杉木或柳木炭灰，或者用燃烧松香和菜籽油的混合烟熏过。然后把成百枚用锡雕成的母钱（钱模）按有字的正面或者按无字的背面铺排在框面上。再用一个填实泥粉和炭粉的木框如上述方法合盖上去，就构成了钱的底、面两框模。接着，随手把它翻转过来，揭开前框，全部母钱就脱落在后框上面了。再用另一个填实了的木框合盖在后框上，照样翻转，就这样反复做成十几套框模，最后把它们叠合在一起用绳索捆绑固定。木框的边缘上原来留有灌注铜液的口子，铸工用鹰嘴钳把熔铜坩埚从炉里提出来，另一个人用钳托着坩埚的底部，共同把熔铜液注入模子中。冷却之后，解下绳索打开框模。这时，只见密密麻麻的成百个铜钱就像累累果实结在树枝上一样。因为模中原来的铜水通路也已经凝结成树枝状的铜条网络了，把它夹出来将钱逐个摘下，以便于磨锉加工。先锉铜钱的边沿，方法是用竹条或木条穿上几百个铜钱一起锉。然后逐个锉平铜钱表面不规整的地方。

铜钱质量的高低以锌的含量多少来辨别区分，至于从外在质量看铸钱成品，轻重与厚薄，那是显而易见的。由于锌价值低贱而铜价值更贵，私铸铜币的人甚至用铜、锌对半开来铸铜钱。将这种钱掷在石阶上，发出像木头或石块落地的声响，表明成色很差。如果是成色好质量高的铜钱，铜与锌的比例当是九比一，把它掷在地上，会发出铿锵的金属声。用废铜器来铸造铜钱，每熔化一次就会损耗十分之一，因为其中的锌会挥发掉一些，铜的含量逐渐提高，所以铸造出来的铜钱的成色就会比新铜第一次铸成的铜钱要好。琉球一带铸造的银币，模子就刻在铁钳头上，当银熔化了的时候，将钳子头伸进坩埚里夹取银液，提出来往冷水之中一淬，一块银币就落在水里了。

锉钱

　　锉钱是古代铜钱制作过程中的一个环节，即将铜钱边缘用锉具进行打磨平滑的过程。在这个过程中，先锉铜钱的边沿，方法是用竹条或木条穿上几百个铜钱一起锉。然后逐个锉平铜钱表面不规整的地方。

附：铁钱

【原文】

铁质贱甚，从古无铸钱。起于唐藩镇魏博[1]诸地，铜货不通，始冶为之，盖斯须之计也。皇家盛时则冶银为豆，杂伯[2]衰时则铸铁为钱。并志博物者感慨。

【译文】

铁这种金属价值十分低贱，自古以来没有用铁来铸钱的。铁钱起源于作为唐朝藩镇之一的魏博镇地区，由于当时藩镇割据，金属铜无法贩运，才不得已而用铁来铸钱，那只是一时间的权宜之计罢了。在皇家兴盛之时，曾经用白银铸成豆子来玩耍取乐，而到了后来藩镇割据国家衰落时，就连低贱的铁也只好拿去铸钱了！就一起记在这里以表示博物广识者的感慨吧。

1.魏博：唐末藩镇有魏博节度使，治所在今河北南部大名县。按铁钱之铸，始于汉公孙述，南朝梁时亦铸，非起于唐也。2.杂伯：伯即霸，杂伯指割据政权。如五代十国之马殷即大量铸铁钱。

卷九·舟车

船舶、车辆的结构、型式及制作

宋子曰：人群分而物异产，来往懋迁以成宇宙。若各居而老死，何藉有群类哉？人有贵而必出，行畏周行；物有贱而必须，坐穷负贩。四海之内，南资舟而北资车。梯航万国，能使帝京元气充然。何其始造舟车者不食尸祝之报也。浮海长年，视万顷波如平地，此与列子所谓御泠风者无异。传所称奚仲之流，倘所谓神人者非耶！

舟 船

【原文】

凡舟古名百千，今名亦百千，或以形名（如海鳅、江鳊、山梭之类）或以量名（载物之数），或以质名（各色木料），不可殚述[1]。游海滨者得见洋船，居江湄[2]者得见漕舫。若局趣[3]山国之中，老死平原之地，所见者一叶扁舟、截流乱筏而已。粗载数舟制度，其余可例推云。

【译文】

船的名称从古到今有千百种之多了，有的根据船的形状来命名（比如海鳅、江鳊、山梭之类的名字），有的按照船的载重量或者船载物的数量来命名，有的依据造船的材质（各种木料）来命名，名称繁多难以一一述说完全。在海滨游玩的人可以见到远洋船，在江边居住的人可以看到漕舫。如果总是局限在山区或平原之中，那就只能见到独木舟或者截流而漂行的筏子罢了。这里粗略记载几种船的形制规格，其余的大家可以自行类推。

漕舫 漕船

【原文】

凡京师为军民集区，万国水运以供储，漕舫所由兴也。元朝混一[4]，以燕京为大都。南方运道由苏州刘家港、海门黄连沙开洋，直抵天津，制度用遮洋船。永乐间因之。以风涛多险，后改漕运。

平江[5]陈某始造平底浅船，则今粮船之制也。凡船制底为地，枋为宫墙，阴阳竹[6]覆瓦。伏狮前为阀阅[7]后为寝堂。桅为弓弩，弦、篷为翼，橹为车马，䉡纤为履鞋，绅索为鹰雕筋骨，招为先锋，舵为指挥主帅，锚为扎车营寨。

粮船初制，底长五丈二尺，其板厚二寸，采巨木楠为上，栗次之。头长九尺五寸，梢长九尺五寸。底阔九尺五寸，底头阔六尺，底梢阔五尺，头伏狮阔八尺，梢伏狮阔七尺，梁头一十四座。龙口梁阔一丈，深四尺，使风梁阔一丈四尺，深三尺八寸。后断水梁阔九尺，深四尺五寸。两廒[8]阔七尺六寸。此其初制，载米可近二千石（交兑每只止足五百石）。

后运军造者私增身长二丈，首尾阔二尺余，其量可受三千石。而运河闸口原阔一丈二尺，差可度

1.殚述：完全阐述。2.江湄：江边。3.局趣：即局促，局限。4.混一：统一。5.平江：为明代州府的名字，其辖境包括今江苏省吴县、常熟、昆山、吴江等县市。6.阴阳竹：破成两半且凿去中间节的竹筒片，将其弯成拱形依次横排在船的顶部，起到瓦片承雨的作用。7.阀阅：古代官宦人家为了摆排场，而在大门外左右树立的两根木柱子。8.两廒：秦汉魏时在廒山（在今河南省荥阳北部）上置谷仓，名敖仓，后世沿称粮仓为"敖"，或写成"廒"。这里指船上装粮食的仓库。

过。凡今官坐船，其制尽同，第窗户之间宽其出径，加以精工彩饰而已。

凡造船先从底起，底面傍靠樯，上承栈，下亲地面。隔位列置者曰梁。两傍峻立者曰樯。盖樯巨木曰正枋，枋上曰弦。梁前竖樯位曰锚坛，坛底横木夹樯本者曰地龙，前后维曰伏狮，其下曰拿狮，伏狮下封头木曰连三枋。船头面中缺一方曰水井（其下藏缆索等物）。头面眉际树两木以系缆者曰将军柱。船尾下斜上者曰草鞋底，后封头下曰短枋，枋下曰挽脚梁，船梢掌舵所居其上者野鸡篷（使风时，一人坐篷巅，收守篷索）。

凡舟身将十丈者，立樯必两，树中樯之位，折中过前二位，头樯又前丈余。粮船中樯长者以八丈为率，短者缩十之一二。其本入窗内亦丈余，悬篷之位约五六丈。头樯尺寸则不及中樯之半，篷纵横亦不敌三分之一。苏、湖[1]郡运米，其船多过石瓮桥下，且无江汉之险，故樯与篷尺寸全杀。若湖广[2]江西省舟，则过湖冲江无端风浪，故锚、缆、篷、樯必极尽制度而后无患。凡风篷尺寸，其则一视全舟横身，过则有患，不及则力软。

凡船篷其质乃析篾成片织就，夹维竹条，逐块折叠，以俟悬挂。粮船中樯篷合并十人力方克凑顶，头篷则两人带之有余。凡度篷索先空中寸圆木关捩于樯巅之上，然后带索腰间缘木而上，三股交错而度之。凡风篷之力其末一叶，敌其本三叶。调匀和畅顺风则绝顶张篷，行疾奔马。若风力溢至，则以次减下（遇风鼓急不下，以钩搭扯）。狂甚则只带一两叶而已。

凡风从横来名曰抢风。顺水行舟，则挂篷之玄游走，或一抢向东，止寸平过，甚至却退数十丈。未及岸时捩舵转篷，一抢向西，借贷水力兼带风力轧下，则顷刻十余里。或湖水平而不流者亦可缓轧。若上水舟则一步不可行也。凡船性随水，若草从风，故制舵障水使不定向流，舵板一转，一泓从之。

凡舵尺寸，与船腹切齐。其长一寸，则遇浅之时船腹已过，其梢尼舵使胶住，设风狂力劲，则寸木为难不可言。舵短一寸则转运力怯，回头不捷。凡舵力所障水，相应及船头而止，其腹底之下俨若一派急顺流，故船头不约而正，其机妙不可言。

舵上所操柄名曰关门棒，欲船北则南向捩转，欲船南则北向捩转。船身太长而风力横劲，舵力不甚应手，则急下一偏披水板以抵其势。凡舵用直木一根（粮船用者围三尺，长丈余）为身，上截衡受棒，下截界开[3]口，纳板其中如斧形，铁钉固拴以障水。梢后隆起处，亦名曰舵楼。

凡铁锚所以沉水系舟。一粮船计用五六锚，最雄者曰看家锚，重五百斤内外，其余头用二枝，梢用二枝。凡中流遇逆风不可去又不可泊（或业已近岸，其下有石非沙，亦不可泊，唯打锚深处），则下锚沉水底，其所系绁缠绕将军柱上，锚爪一遇泥沙扣底抓住，十分危急则下看家锚。系此锚者名曰本身，盖重言之也。或同行前舟阻滞，恐我舟顺势急去有撞伤之祸，则急下梢锚提住，使不迅速流行。风息开舟则以云车纹缆提锚使上。

凡船板合隙缝以白麻斫絮为筋，钝凿扱入，然后筛过细石灰，和桐油春杵成团调念。温、台[4]、广即用蛎灰。凡舟中带篷索，以火麻秸（一名大麻）绚绞。粗成径寸以外者即系万钧不绝。若系锚缆则破析青篾为之，其篾线入釜煮熟然后纠绞。拽缱壹亦煮熟篾线绞成十丈以往，中作圈为接驱，遇阻碍可以掐断。凡竹性直，篾一线千钧。三峡入川上水舟，不用纠绞壹缱，即破竹阔寸许者，整条以次接长，名曰火杖。盖沿崖石棱如刃，惧破篾易损也。

凡木色樯用端直杉木，长不足则接，其表铁箍逐寸包围。船窗前道皆当中空阙，以便树樯。凡树中樯，合并数巨舟承载，其末长缆系表而起。梁与枋樯用楠木、槠木、樟木、榆木、槐木（樟木春夏伐者，久则粉蛀）。栈板不拘何木。舵杆用榆木、榔

1.苏、湖：指今天的江苏苏州和浙江吴兴一带地区。2.湖广：指今天的湖南、湖北一带地区。3.界开：南方方言，指用锯锯开木材。4.温、台：指今天的浙江温州、台州一带地区。

木、楮木。关门棒用槠木、榔木。橹用杉木、桧木、楸木。此其大端云。

【译文】

　　京都是军队与百姓聚居的地区，全国各地都要利用水运来供应它的物质储备，漕船的制度就是这样建立起来的。元朝统一全国之后，决定以北京为都城。当时由南方到北方的航道，一条是从苏州的刘家港出发，一条是从海门县的黄连沙出发，都沿海路直达天津，用的是遮洋船，一直到明朝的永乐年间还是这样。后来因为海洋中风浪太大，危险过多，因此就改为内河航运了。

　　当时平江府的布政使陈某，首先提倡制造平底的浅船，也就是现在的运粮船。这种船，船底的作用相当于建筑物的地基，船身的作用相当于它的墙壁，上面是用阴阳竹盖的屋顶；船头最顶上的那一根大横木的作用相当于屋前的门楼柱，船尾上横木的作用就相当于寝室；船上桅杆就像一张弩的弩身，风帆和附带的帆索就像弩的翼；船上的橹的作用相当于拉车的马；拖缆索的作用相当于走路的鞋子；那些系住铁锚的粗缆以及绑紧全船的大索的作用，则很像鹰和雕那些猛禽的筋骨；船头第一桨的作用是开路先锋，而船尾的舵的作用则是指挥航行的主帅；而锚是用来安营扎寨的。

　　起初运粮船的规格是：船底宽长五丈二尺，使用的木板厚二寸，大木之中以选用楠木为最好，其次是栗木。船头底宽六尺，长九尺五寸，船尾底宽

漕舫

　　漕运用的船叫漕船，主要用于运输粮食。这种船，船底的作用相当于建筑物的地基，船身的作用相当于它的墙壁，船头第一桨的作用是开路先锋，而船尾的舵的作用则是指挥航行的主帅。

五尺，长九尺五寸，船头顶部的大横木长八尺，船尾相应的横木长七尺。整个船由船面横梁及其连接木头（包括两侧肋骨、底梁和隔舱板）形成的构架一共有十四个，其中接近船头的龙口梁到船底的距离为四尺，长一丈，树立中桅的使风梁一丈四尺，高出船底三尺八寸。船尾的后段水梁长九尺，离船底四尺五寸，船楼两旁的通道共宽七尺六寸。这些都是初期漕船的尺寸规格，每艘漕船的载米量接近两千石（但每只船每次只是必须缴五百石便算足额了）。后来由漕运军造的漕船，私自把船身增长了二丈，船头和船尾各加宽了二尺多，这样便可以载米三千石了。运河的闸口原来只有一丈二尺宽，还可以让这种船勉强通过。现在官用的旅游船，大小规格完全与此相同，只不过是船上舱楼的门窗加大一些，精修并装饰一番罢了。

建造漕船时要先造船底，船底的两侧紧靠着船身，船身上面承受着铺船栈板，漕船下面就接触到地面。相隔一定距离安置着的一批横贯船身的木头叫梁。在船底两旁串叠着一批木材，构成竖立的船身。盖在船身木头上的最顶上的一根粗大方柱形木叫作正枋，而在每根正枋上面还有一片纵长木板叫作弦。梁前面竖桅的地方叫作锚坛，锚坛底部固定桅杆根部的结构叫作地龙。船头和船尾各有一根连接船体的大横木叫作伏狮，在伏狮的两端下面紧靠着船身的一对纵向木叫作拿狮，在伏狮之下还有一块由三根木串联着的搪浪板叫作连三枋。船头中间空开一个方形舱口叫作水井（里面用来收藏缆索等物品）。船头两边竖起两根系结缆索的木桩，叫作将军柱。锚坛船尾底下两侧倾斜着的木材叫作草鞋底。在船尾掌舵位置上面盖着的篷叫作野鸡篷（漕船扬帆时，一个人坐在篷顶上掌握帆索）。

凡是身长将近十丈的漕船，要竖立两根桅杆，中间的桅杆竖在船中间再朝前两个梁位处，两头桅杆的位置要比中间的桅杆更靠前一丈多。运粮船中间的桅杆长一般达八丈，短的则可能会缩短十分之一二，桅身进入舱楼至舱底的部分长达一丈多，挂帆的地方要占去桅杆总长中的五六丈。两头桅杆的高度还不及中间桅杆的一半，帆的纵横幅度也不到中间的桅杆上所挂帆的三分之一。苏州、湖州六郡一带运米的船，大多都要经过石拱桥，而且又没有长江、汉水那样的风险，所以桅杆和帆的尺寸都要缩小。但是如果航行到湖广及江西等省的船，由于过湖过江会遇到突然的风浪，所以锚、缆、帆和桅杆等，都必须严格按照规格来建造，这样才能没有后患。此外，风帆的大小也要跟船身的宽度一致，太大了会有危险，太小了就会风力不足。

风帆大多都是用竹子篾片编织的，每编成一块就要夹进一根带篷缰的篷挡竹做骨干，这样既可以逐块折叠，又可以让风帆紧贴着桅杆升起。运粮船中间的桅杆上所挂的帆，需要十个人一齐用力才能升到桅杆顶，而两头的桅杆上所挂的帆只要两人就足够了。安装帆索时，先将直径约一寸的木制滑轮绑在桅杆顶上，然后腰间带着绳索爬上桅杆，把三股绳索交错着穿过滑轮。风帆受的风力，顶上的一叶相当于底下的三叶。当调节得准确顺当而又借着风力时，将帆扬到最顶端，船会前进得快如奔马。但是如果风力不断增大，就要逐渐减少帆叶（遇到很大的风，帆叶鼓得太厉害而降不下来时，就要使用搭钩）。风力很猛烈时，只带一两叶帆也就足够了。

借用从横向吹来的风航行叫作抢风。这时如果是顺水而行，就可以升起船帆按"之"字形或者"玄"字形的路线行进。如果操纵船帆把船抢向东，只能平过对岸，甚至还可能会后退几十丈。这时趁船还未到达对岸，便应立刻转舵，并把帆调转向另一舷上去，即把船抢向西，这是借助水势和风力的挤压，船沿着斜向前进，一下子便可以行走十多里。如果是在平静的湖水中，就可以缓慢地转抢斜行了；但如果是逆水行舟，又遇到这种横风，那就一步也难以行进了。船跟着水流走就如同草随着风摆动一样，所以要利用舵来挡水，使水不按原来的方向流动，舵板一转就能引起一股水流。

舵的尺寸，其下端要同船底平齐。如果舵比船底长出一寸，那么当遇到水浅时，船底已经通过了，而船尾的舵却被卡住了，要是风力很大的话，

汉代楼船模型

楼船，船大楼高，可远攻近战，由于古代水战多以弓箭对射以及船只对撞和跳帮肉搏为主，所以舰船的大小直接决定单舰的战斗力，也使得楼船在古代很大程度上担任了水战主力舰只。但由于船只过高，重心不稳，所以楼船多在内河水战中担任主力。

这一寸木带来的麻烦也就难以形容了；反之，如果舵比船底短了一寸，那么舵的运转力就会太小，船身转动也就不够灵巧。由舵板所挡住的水，相应地流到船头为止，此时船底下的水，好像一股急顺流，所以船头就能自然而然地转到一定方向，这真是非常奇妙。

舵上的操纵杆叫作关门棒，要船头向北，就将关门棒推向南；要船头向南，就将关门棒推向北。如果船身太长而横向吹来的风又太猛，舵力不那么充足，就要赶紧放下吹风一侧的那块挡水板，用来抵消风势。船舵要用一根直木做舵身（运粮船上用的舵周长三尺，长一丈多），上端凿个横孔插进关门棒，下端锯开个衔口，用来夹紧舵板，构成斧头般的形状，然后用铁钉钉牢便可以挡水了。船尾高耸起来的地方，也叫作舵楼。

铁锚的作用是沉入水底而将船稳定住。一只运粮船上共有五或六个锚，其中最大的锚叫作看家锚，重达五百斤左右。其余的锚在船头上的有两个，在船尾部的也有两个。船在航行之中如果遇到逆风无法前进，而又不能靠岸停泊的话（或者已经接近岸边，但是水底是石头而不是沙土，也不能停泊，这时只能在水深的地方抛锚），就要将锚抛下沉到水底，把系锚的缆索系在将军柱上。锚爪子一接触到泥沙，就能陷进泥里抓住。如果情况十分危急，便要抛下看家锚。系住这个锚的缆索叫作"本身"（命根子），这就是说它至关重要的意思。同一航向航行的船只，如果前面的船受阻了，怕自己的船会顺势急冲向前而有互相撞伤的危险，那就要赶快抛梢锚拖住船只，将速度减下来。风静了要开船，就要用绞车绞缆把锚提起来。

填充船板间的缝隙就要用捣碎了的白麻絮结成筋，用钝凿把筋塞进缝隙里，然后再用筛得很细的石灰拌和桐油，以木棒舂成油团状封补在麻筋外面。浙江温州、台州及两广等地都用贝壳灰来代替石灰。船上所用的帆索是用大麻纤维（也叫火麻子）纠绞而成的，直径达一寸多的粗绳索，即便系住万斤以上的东西也不会断。至于系锚的那种锚缆，则是用竹片削成的青篾条做的，这些篾条要先放在锅里煮过然后再进行纠绞。拉船的纤缆也是用煮过的篾条绞成的，每长十丈以上要在篾条中间做个圈作为接口，以便碰到障碍时可以用手指出力将篾条夹断。竹的特性是纵向拉力强，一条竹篾可以承受极大的拉力。凡是经三峡而进入四川的上水船，往往不用纠绞的纤索，而只是把竹子破成一寸多宽的整条竹片，互相连接起来，这就叫作火杖。因为沿岸的崖石锋利得像刀刃一样，恐怕破成竹篾条反而更容易损坏。

至于船只所用木料的选择，桅杆要选用匀称笔直的杉木，如果一根杉木还不够长的话可以连接，在接合部用铁箍一寸寸箍紧了。在舱楼前面，应当空出一块地方以便树立桅杆。树立船中间的桅杆时，要拼合几条大船来共同承载，然后靠系在桅顶的长缆索将它拉吊起来。船上的梁和构成船身的长木材都要选用楠木、槠木、樟木、榆木或者槐木来做（春夏两季砍伐的樟木，时间长了会被虫蛀）；衬舱底或者铺面的栈板则不论什么木料都可以；舵杆要使用榆木、椰木或者槠木；关门棒则要用棡木或者椰木；橹要用杉木、桧木或者楸木。以上所阐述的只是一些关于漕船的要点而已。

海舟 在海上近航的船只

【原文】

　　凡海舟，元朝与国初运米者曰遮洋浅船，次者曰钻风船（即海鳅），所经道里，止万里长滩[1]、黑水洋[2]、沙门岛[3]等处，皆无大险。与出使琉球、日本暨商贾爪哇、笃泥[4]等船制度，工费不及十分之一。

　　凡遮洋运船制，视漕船长一丈六尺，阔二尺五寸，器具皆同，唯舵杆必用铁力木，舣灰用鱼油和桐油，不知何义。凡外国海舶制度大同小异，闽、广（闽由海澄开洋，广由香山岙[5]）洋船截竹两破排栅[6]，树于两傍以抵浪。登、莱制度又不然，倭国海舶两傍列橹手栏板抵水，人在其中运力。朝鲜制度又不然。

　　至其首尾各安罗经盘以定方向，中腰大横梁出头数尺，贯插腰舵，则皆同也。腰舵非与梢舵形同，乃阔板斫成刀形插入水中，亦不捩转，盖夹卫扶倾之义。其上仍横柄栓于梁上，而遇浅则提起，有似乎舵，故名腰舵也。凡海舟以竹筒贮淡水数石，度供舟内人两日之需，遇岛又汲。其何国何岛合用何向，针指示昭然，恐非人力所祖。舵工一群主佐，直是识力造到死生浑忘地[7]，非鼓勇之谓也。

【译文】

　　元朝和明朝初年运米的海船叫作遮洋浅船，小一点儿的叫作钻风船（即海鳅）。这种船的航道仅限于经由长江口以北的万里长滩、黑水洋和沙门岛等地方，一路上并没有什么大的风险。制造这种海船的工本费，还不到那些出使琉球、日本和到爪哇、笃泥等地经商的海船的十分之一。

　　遮洋浅船跟漕船比较起来，长了一丈六尺，宽了二尺五寸，船上的各种设备都是一样的。只是遮洋浅船的舵杆必须要用铁力木造，糊舱板缝的灰要用鱼油加桐油拌和，不知道这是出于什么理由。外国的海船跟遮洋浅船的规格大同小异。福建、广东的远洋船（其中福建的远洋船由海澄开出，广东的远洋船由香山岙开出）把竹子破成两半编成排栅，放在船的两旁用来挡海浪，山东登州和莱州的海船制作方法也不太一样。日本的海船在船两旁安装带有把手的栏板，由人拨动栏板来挡水。朝鲜的制作方法又不同。

　　至于在船头、船尾都安装罗盘用来辨别航向，船中腰的大横梁伸出几尺以便于插进腰舵，这些都是相同的。腰舵的形状跟尾舵不同，它是把宽木板斫成刀的形状，插进水中后并不转动，只是对船身起平衡作用。它上面还有个横把拴在梁上，遇到搁浅时就可以提起来。因为它有点儿像舵，所以就叫作腰舵。海船出海时，要用竹筒储备几百斤的淡水，估计可足够供应船上的人两天食用，一旦遇到岛屿，就再补充淡水。无论到什么地方、什么岛屿，需要按什么方向航行，罗盘针都会指示得很清楚，看来这恐怕不是光凭人的经验所能够轻易掌握的。舵工们相互配合操纵海船，他们的见识和魄力简直到了将生死置之度外的境界，那并不是只凭一时鼓起的勇气就能够做到的吧。

1.万里长滩：自长江口至苏北盐城的浅水海域。2.黑水洋：自苏北盐城至山东半岛南部之间的海域。3.沙门岛：在今山东半岛蓬莱西北海中。4.笃泥：今印度尼西亚的加里曼丹。5.香山岙：即今澳门。6.竹两破排栅：将竹破成两半以成栅墙。7.识力造到死生浑忘地：其识见已经达到将生死全然忘却的地步。

杂舟 各种内河航行的船只

【原文】

江汉课船。身甚狭小而长，上列十余仓，每仓容止一人卧息。首尾共桨六把，小桅篷一座。风涛之中恃有多桨挟持。不遇逆风，一昼夜顺水行四百余里，逆水亦行百余里，国朝盐课淮、扬数颇多，故设此运银，名曰课船。行人欲速者亦买之。其船南自章、贡[1]，西自荆、襄[2]，达于瓜、仪[3]而止。

三吴浪船。凡浙西、平江纵横七百里内尽是深沟小水湾环，浪船（最小者曰塘船）以万亿计。其舟行人贵贱[4]来往以代马车、扉履。舟即小者必造窗牖堂房，质料多用杉木。人物载其中，不可偏重一石，偏即欹侧，故俗名天平船。此舟来往七百里内，或好逸便者径买，北达通、津[5]，只有镇江一横渡，俟风静涉过，又渡清江浦[6]，溯黄河浅水二百里则入闸河安稳路矣。至长江上流风浪，则没世避而不经也。浪船行力在梢后，巨橹一枝两三人推轧前走，或恃缱曳。至于风篷，则小席如掌所不恃也。

东浙西安船。浙东自常山至钱塘八百里，水径入海，不通他道，故此舟自常山、开化、遂安[7]等小河起，至钱塘而止，更无他涉。舟制箬篷如卷瓦为上盖。缝布为帆，高可二丈许，绵索张带。初为布帆者，原因钱塘有潮涌，急时易于收下。此亦未然，其费似侈于篾席，总不可晓。

福建清流、梢篷船。其船自光泽、崇安[8]两小河起，达于福州洪塘而止，其下水道皆海矣。清流船以载货物、客商，梢篷船大差可坐卧，官贵家属用之。其船皆以杉木为底。滩石甚险，破损者其常，遇损则急舣向岸搬物掩塞。船梢径不用舵，船首列一巨招，捩头使转。每帮五只方行，经一险滩则四舟之人皆从尾后曳缆，以缓其趋势。长年即寒冬不裹足[9]，以便频濡。风篷竟不用云。

四川八橹等船。凡川水源通江、汉，然川船达荆州而止，此下则更舟矣。逆行而上，自夷陵入峡，挽缱者以巨竹破为四片或六片，麻绳约接，名曰火杖。舟中鸣鼓若竞渡，挽人[10]从山石中闻鼓声而咸力。中夏至中秋川水封峡，则断绝行舟数月。过此消退，方通往来。其新滩等数极险处，人与货尽盘岸行半里许，只余空舟上下。其舟制腹圆而首尾尖狭，所以辟滩浪云。

黄河满篷梢。其船自河入淮，自淮溯汴用之。质用楠木，工价颇优。大小不等，巨者载三千石，小者五百石。下水则首颈之际，横压一梁，巨橹两枝，两傍推轧而下。锚、缆、亶、帆制与江、汉相仿云。

广东黑楼船、盐船。北自南雄，南达会省[11]，下此惠、潮通漳、泉则由海汊乘海舟矣。黑楼船为官贵所乘，盐船以载货物。舟制两傍可行走。风帆编蒲为之，不挂独竿桅，双柱悬帆不若中原随转。逆流凭藉缱力，则与各省直同功云。

黄河秦船（俗名摆子船）。造作多出韩城，巨者载石数万钧顺流而下，供用淮、徐地面。舟制首尾方阔均等，仓梁平下不甚隆起，急流顺下，巨橹两傍夹推，来往不凭风力。归舟挽缱多至二十余人，甚有弃舟空返者。

1.章、贡：章、贡二水，指今之赣江流域。2.荆、襄：今湖北江陵、襄樊。3.瓜、仪：瓜洲、仪真，今江苏扬州一带。4.行人贵贱：有钱和无钱的行人。5.通、津：通州和天津。6.清江浦：运河入黄河口，今江苏清江。7.常山、开化、遂安：俱在浙江西部，为钱塘江各支流的上游。8.光泽、崇安：俱在福建北部，为闽江诸支流的上游。9.裹足：穿上鞋袜。10.挽人：纤夫。11.会省：即省会广州。

【译文】

长江、汉水上所行驶的官府用来运载税银的"课船",船身十分狭长,前后一共有十多个舱,每个舱只有一个铺位那么大。整只船总共有六把桨和一座小桅帆,在风浪当中靠这几把桨推动划行。如果不遇上逆风,仅一昼夜顺水就可行四百多里,逆水也能行驶一百多里。明朝的盐税中,淮阴和扬州一带征收的数额很大,也要用这种船来运送税银,所以就称它为"课船"。来往旅客想要赶速度的,往往也租用这种船。课船的航线一般是南从江西的章水、贡水,西从湖北的江陵、襄樊等地方出发,到江苏的瓜洲、仪真为止。

三吴浪船。在浙江西部至江苏苏州之间纵横七百里的范围中,布满许多深沟和迂回曲折的小溪,这一带的浪船(最小的叫作塘船)数以十万计。旅客无论贫富都搭乘这种船往来,以代替车马或者步行。这种船即使很小也要装配上窗户、厅房,所用的木料多是杉木。人和货物在船里要做到保持两边平衡,不能有多达一石的偏重,否则浪船就会倾斜,因此这种船俗称"天平船"。这种船来往的航程通常在七百里之内。有些贪图安逸和求方便的人,租它一直往北驶往通州和天津。沿途只在淮阴清江浦,再在黄河浅水逆行二百里,便可以进闸口,在安稳的运河中航行了。长江上游水急浪大,这种浪船是永远不能进去的。浪船的推动力全靠船尾那根粗大的橹,由两三个人合力摇橹而使船前进,或者是靠人上岸拉纤使船前进。至于船的风帆,不过是一块巴掌大小的小席罢了,船的行进完全不依靠它。

东浙西安船。浙江的东部自常山至钱塘江之间流程共约八百里,然后水流入海,不通其他航道,因此这种船的航线是从常山、开化、遂安等小河起一直到钱塘江为止,再也没有行走别处了。这种船是用箬竹叶编成拱形的篷当顶盖,用棉布为风帆,约两丈多高,帆索也是棉质的。当初采用布帆,据说是因为钱塘江有潮涌,当情形危急时布帆更容易收起来,但也不一定是出于这个原因。它的造价比起竹篾质地的帆要高出很多,人们很难理解当地为什么要使用棉布当船帆。

福建清流、梢篷船。这两种船仅航行于由光泽、崇安两小河起到福州洪塘为止的一段,再下去的水道就是海了。清流船用于运载货物和客商,梢篷船则仅可供人坐卧,这是达官贵人及其家属所用的,这种船都是用杉木做船底。途中经过的险滩礁石不少,时常会碰损而引起船底漏水,遇到这种情况就要设法马上靠岸,抢卸货物并且堵塞漏洞。这种船不在船的尾部安装船舵,而是在船的头部安装一把叫作"招"的大桨来使船转动方向。为了确保安全,每次出航都要联合五只船才可开行,当经过急流险滩时,后面四只船的人都要上岸用缆索往后拉住第一只船,以减慢它的速度。船工即便是在寒冷的冬天也不穿鞋子,以便经常涉水。令人不解的是,它的风帆竟然是挂而不用的。

四川八橹等船。四川的水源本来是和长江、汉水相通的,但是四川的船只仅仅是航行到湖北荆州为止,再往下行驶就必须更换另一种船了。从湖北宜昌进入三峡的上水航行,这时拉纤的人用的是火杖。船上像端阳节竞赛那般击鼓,拉缆的人在岸上山石之间听到鼓声就一起出力。从中夏到中秋期间,江水涨满封峡,船就停航几个月,等到以后水位降低,船只才继续开始往来。这段航道要经过新滩等几处极其危险的地方,这时人与货物都必须在岸上转运半里多路,只剩下空船在江里行走。这种船的腹部圆而两头尖狭,便于在险滩附近劈波斩浪。

黄河满篷梢。从黄河进入淮河,再从淮河进入河南的汴水,使用的都是这种满篷梢船。满篷梢船建造时用的是楠木,工本费比较高。船的大小不等,大的可以装载三千石,小的只能载五百石。当顺水行驶时,就在船头与船身交接处安上一根横梁伸出船的两边，挂上两把粗大的橹，人在船两边摇橹而使船前进。至于铁锚、绳索和风帆等的规格，和长江、汉水中的船大致相同。

广东黑楼船、盐船。北起广东南雄、南到广州都行驶着这两种船，但从广东的惠阳、潮州要到达福建的漳州、泉州，就应在河道的出海口改乘海船了。黑楼船是达官贵人坐的，盐船则用来运载货物。人可以在船的两侧行走。风帆是用草席做成的，但使用的不是单桅杆而是双桅杆，因此不像中原地区的船帆那样可以随意转动。至于逆水航行时要靠纤缆拖动，在这一点上和其他各省的都相同。

黄河秦船（俗名摆子船）。这种船大多是在陕西韩城制造的，大的可以装载石头数万斤，顺流而下，供淮阴、徐州一带使用。它的船头和船尾都一样宽，船舱和梁都比较低平而并不怎么凸起。当船顺着急流而下的时候，摇动两旁的巨橹而使船前进，船的来往都不利用风力。逆流返航的时候，往往需要二十多个人在岸上拉纤，因此甚至有连船也不要而空手返回的。

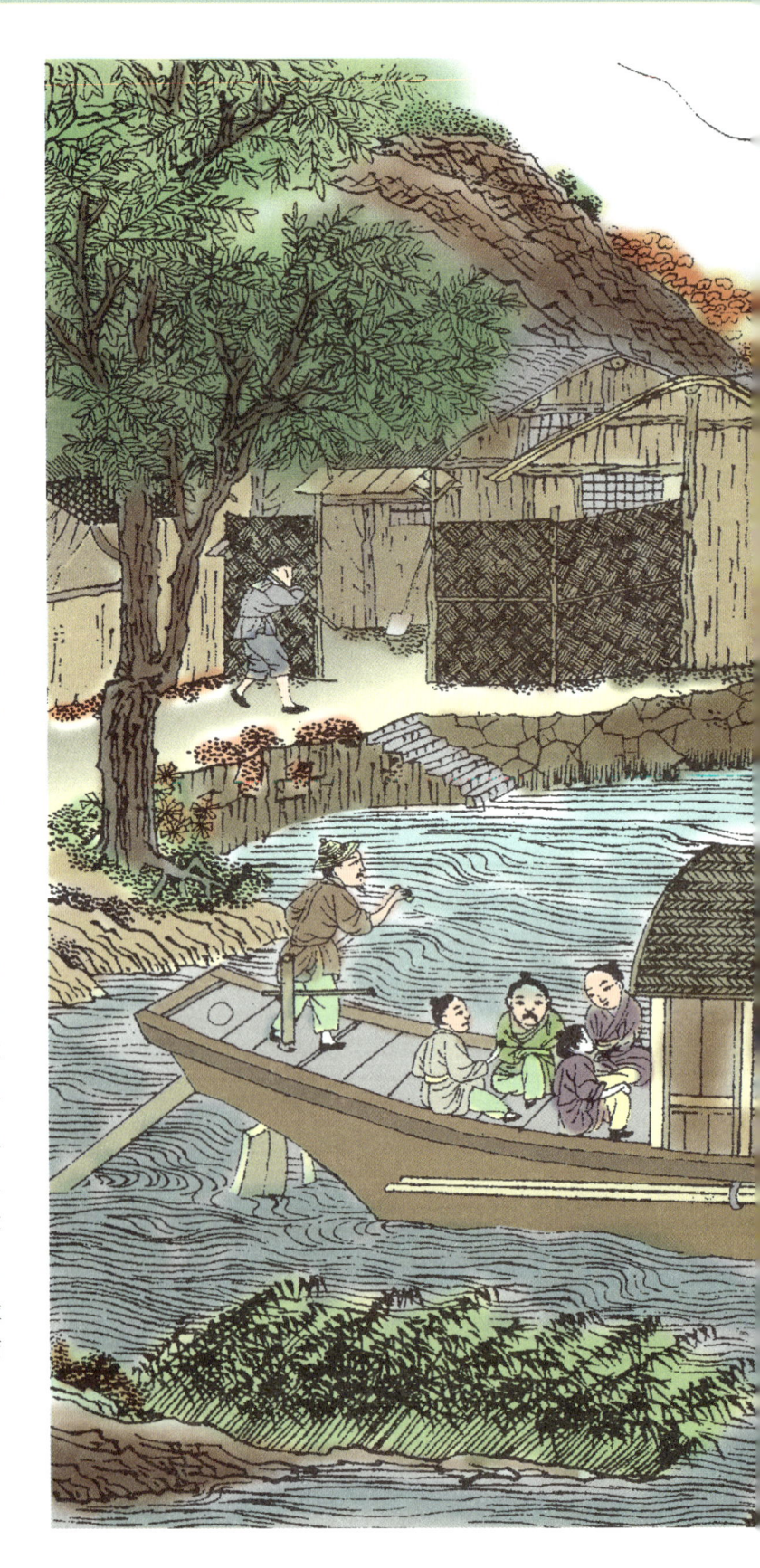

卷九·舟车

六桨课船图

六桨课船

　　这种船的船身十分狭长，前后一共有十多个舱，每个舱只有一个铺位那么大。整只船总共有六把桨和一张小桅帆，在风浪当中靠这几把桨推动划行。如果不遇上逆风，仅一昼夜顺水就可行四百多里，逆水也能行驶一百多里。

车 车的样式及制造

【原文】

　　凡车利行平地，古者秦、晋、燕、齐之交，列国战争必用车，故千乘、万乘之号起自战国。楚、汉血争而后日辟[1]。南方则水战用舟，陆战用步马，北膺胡虏交使铁骑，战车逐无所用之。但今服马驾车以运重载，则今日骡车即同彼时战车之义也。

　　凡骡车之制有四轮者，有双轮者，其上承载支架，皆从轴上穿斗而起。四轮者前后各横轴一根，轴上短柱起架直梁，梁上载箱。马止脱驾之时，其上平整，如居屋安稳之象。若两轮者驾马行时，马曳其前则箱地平正，脱马之时则以短木从地支撑而住，不然则欹卸也。

　　凡车轮一曰辕[2]（俗名车陀）。其大车中毂（俗名车脑）长一尺五寸（见《小戎》朱注[3]），所谓外受辐、中贯轴者。辐计三十片，其内插毂，其外接辅。车轮之中内集轮外接辋，圆转一圈者是曰辅也。辋际尽头则曰轮辕[4]也。凡大车脱时则诸物星散收藏。驾则先上两轴，然后以次间架。凡轼、衡、轸、轭[5]皆从轴上受基也。

　　凡四轮大车量可载五十石，骡马多者或十二挂或十挂，少亦八挂。执鞭掌御者居箱之中，立足高处。前马分为两班（战车四马一班，分骖、服），纠黄麻为长索分系马项，后套总结收入衡内两旁。掌御者手执长鞭，鞭以麻为绳，长七尺许，竿身亦相等，察视不力者鞭及其身。箱内用二人踹绳，须识马性与索性者为之。马行太紧则急起踹绳，否则翻车之祸从此起也。凡车行时遇前途行人应避者，则

掌御者急以声呼，则群马皆止。凡马索总系透衡入箱处，皆以牛皮束缚，《诗经》所谓"胁驱"[6]是也。

　　凡大车饲马不入肆舍，车上载有柳盘，解索而野食之。乘车人上下皆缘小梯。凡过桥梁中高边下者，则十马之中择一最强力者系于车后。当其下坂，则九马从前缓曳，一马从后竭力抓住，以杀其驰趋之势，不然则险道也。凡大车行程，遇河亦止，遇山亦止，遇曲径小道亦止。徐、兖、汴梁之交或达三百里者，无水之国所以济舟楫之穷也。

　　凡车质唯先择长者为轴，短者为毂，其木以槐、枣、檀、榆（用榔榆）为上。檀质太久劳则发烧，有慎用者合抱枣、槐，其至美也。其余轸、衡、箱、轭则诸木可为耳。

　　此外，牛车以载刍粮，最盛晋地。路逢隘道则牛颈系巨铃，名曰报君知，犹之骡车群马尽系铃声也。

　　又北方独辕车，人推其后，驴曳其前，行人不耐骑坐者，则雇觅之。鞍席其上以蔽风日。人必两旁对坐，否则欹倒。此车北上长安、济宁径达帝京。不载人者，载货约重四五石而止。其驾牛为轿车者，独盛中州。两旁双轮，中穿一轴，其分寸平如水。横架短衡列轿其上，人可安坐，脱驾不欹。其南方独轮推车，则一人之力是视。容载两石，遇坎即止，最远者止达百里而已。其余难以枚述。但生于南方者不见大车，老于北方者不见巨舰，故粗载之。

【译文】

　　车适合于平地上驾驶，战国时期，陕西、山

1.血争而后日辟：以身相搏而车战渐少。2.辕：怀疑可能是"輨"字的笔误。辕为驾车的两直木，并不是指车轮。3.《小戎》朱注：指朱熹《诗集传》中对《诗经·秦风·小戎》"文茵畅毂"这一句的注释。4.轮辕：疑应该写作轮辋，指车轮的最外一圈。5.轼、衡、轸、轭：都是车体所附的各部件。轼，指在车厢前供人凭倚的横木。衡，车辕头上的横木。轸，音同"枕"，指车厢底部四面的横木。轭，音同"饿"，指套在牲口颈上的马具。6."胁驱"：出自《诗经·秦风·小戎》："游环胁驱。"

南方獨推車圖

南方独轮推车

　　南方的独轮推车是一种人力推车，常用于短途运输，这种独轮车的车轮较大，方便推拉，但是遇到坎坷不平的路就过不去，最远也只能走一百里。

合掛大車圖

合挂大车

　　合挂大车运载量为五十石，所用的骡马，多的有十二匹或者十匹，少的也有八匹。驾车人站在车厢中间的高处掌鞭驾车。驾车人手执的长鞭是用麻绳做的，约七尺长，竿也有七尺长。看到有不卖力气的马，就挥鞭打到它身上。

西、河北及山东各诸侯国之间交战都要使用战车，因此就有了所谓"千乘之国""万乘之国"的说法。秦末项羽与刘邦血战之后，战车的使用也就逐渐少了。南方的水战用的是船，陆战用的则是步兵和骑兵；向北进攻匈奴的军队，双方都使用骑兵，于是战车也就派不上用场。但是当今人们又驭马驾车用来运载重物，可见，今天的骡马车同过去的战车，结构也应该是差不多的。

　　骡车的样式有四个轮子的，也有双轮的，车上面的承载支架都是从轴那里连接上去的。四轮的骡车，前两轮和后两轮各有一根横轴，在轴上竖立的短柱上面架着纵梁，这些纵梁又承载着车厢。当停马脱驾时，车厢平正，就像坐在房子里那样安稳。两轮的骡车，行车时马在前头拉，车厢平正；而停

雙縋獨轅車圖

双缞独辕车

北方的独辕车一般用驴子在前面拉，人在后面推，不会骑马的旅客常常租这种车。车的座位上有拱形席顶，可以挡风遮阳，旅客要两边对坐，不然车子就会倾倒。

马脱驾时，则用短木向前抵住地面来支撑，否则车就会向前倾倒。

马车的车轮叫作辕（俗名叫作"车陀"）。车轮是由轴承、辐条、内缘与轮圈四个部分组成的：大车中心装轴的圆木（俗名叫车脑）周长约一尺五寸（《诗经·秦风·小戎》朱熹的注释也是这样说的），叫作毂，这是中穿车轴外接辐条的部件。辐条共有三十片，它的内端连接毂，外端连接轮的内缘（辅）。由于它紧顶住轮圈（辋），也是圆形的，因此也叫作内缘。辋（轮圈）外边就是整个轮的最外周，所以叫作轮辕。大车收车时，一般都把几个部件拆卸下来进行收藏。要用车时先装两轴，然后依次装车架、车厢。因为轼、衡、轸、轭等部件都是承载在轴上的。

秦始皇陵出土的彩绘铜车

1980年，在陕西临潼秦始皇陵的西侧出土了两辆大型彩绘铜车，它们一前一后地纵置着。其中前面的一辆是双轮、单辕的结构，由四匹骏马拉动，车舆部分呈现为横长方形，前面及两侧都设有车栏，后部特意留出了一道门供人上下。在车舆的右侧置有一面盾牌，车舆的前方悬挂着一件铜弩和铜镞。更令人瞩目的是，车上竖立着一把圆伞，伞下站立着一名高达91厘米的铜御官俑。这种铜车叫立车，人乘车时立于车上。

　　四轮的大马车，运载量为五十石，所用的骡马，多的有十二匹或者十匹，少的也有八匹。驾车人站在车厢中间的高处掌鞭驾车。车前的马分为前后两排（战车以四匹马为一排，靠外的两匹叫作骖，居中的两匹叫作服）。用黄麻拧成长绳，分别系住马脖子，收拢成两束，并穿过车前中部横（衡）木而进入厢内左右两边。驾车人手执的长鞭是用麻绳做的，约七尺长，竿也有七尺长。看到有不卖力气的马，就挥鞭打到它身上。车厢内由两个识马性和会掌绳子的人负责踩绳。如果马跑得太快，就要立即踩住缰绳，否则可能发生翻车事故。车在行进时，如果前面遇到行人要停车让路，驾车人立即发出吆喝声，马就会停下来。马缰绳收拢成束并透过衡（前横木）进入车厢，都用牛皮束缚，这就是《诗经》中所说的"胁驱"。

　　大车在中途喂马时，不必将马牵入马厩里，车上载有柳条盘，解索后让马就地进食。乘车的人上下车都要经由小梯。凡是经过坡度比较大的桥梁时，就要在十匹马之中选出最壮的一匹，系在车的后面。下坡时，前面九匹马缓慢地拉，后面一匹马拼命把车拖住，以减缓车速，不然就会有危险了。大车遇到河流、山岭和曲径小道都过不了，徐州、兖州和汴梁一带，方圆三百里很少有河流和湖泊，马车正好用于弥补水运的不足。

　　造车的木料，先要选用长的做车轴，短的做毂（轴承），以槐木、枣木、檀木和榆木（用郴榆）为上等材料。但是黄檀木摩擦久了会发热，因而不太适宜做这些东西，有些细心的人就选用两手才能合抱的枣木或者槐木来做，那当然是最好不过了。轸、衡、车厢及轭等其他部件，则是无论什么木都可以用。

　　此外，牛车装载草料的以山西为最多。到了路窄的地方，就在牛颈上系个大铃，名叫"报君知"，正如一般骡马车的牲口也都系上铃铛一样。

　　还有北方的独辕车，驴子在前面拉，人在后面推，不能持久骑坐牲口的旅客常常租用这种车。车的座位上有拱形席顶，可以挡风和遮阳，旅客一定要两边对坐，不然车子就会倾倒。这种车子，北上至陕西的西安和山东的济宁，还可以直达北京。不载人时，载货最多的是四五石。还有一种用牛拉的轿车，以河南一带最多。两旁有双轮，中间穿过一根横轴，这根轴装得非常平，再架起几根短横木，轿就安置在上面，人坐在轿中很安稳，牛停下来而脱驾时车也不会倾倒。至于南方的独轮推车，就只能靠一个人推，这种车可以载重两石，遇到坎坷不平的路就过不去，最远也只能走一百里。其余的各种车辆在此难以一一列举。只是考虑到南方人没有见过大骡车，而北方人又没有见过大船只，因此在这里粗略介绍一下。

卷十·锤锻

用锤锻方法制作铁器和铜器

宋子曰：金木受攻而物象曲成。世无利器，即般、倕安所施其巧哉？五兵之内，六乐之中，微钳锤之奏功也，生杀之机泯然矣。同出洪炉烈火，大小殊形。重千钧者系巨舰于狂渊，轻一羽者透绣纹于章服。使冶铸鼎之巧，束手而让神功焉。莫邪、干将，双龙飞跃，毋其说亦有征焉者乎？

冶铁 锻铁

【原文】

凡治铁成器，取已炒熟铁为之。先铸铁成砧，以为受锤之地。谚云"万器以钳为祖"，非无稽[1]之说也。凡出炉熟铁名曰毛铁。受锻之时，十耗其三为铁华、铁落[2]。若已成废器未锈烂者名曰劳铁，改造他器与本器，再经锤煅，十止耗去其一也。凡炉中炽铁用炭，煤炭居十七，木炭居十三。凡山林无煤之处，锻工先择坚硬条木烧成火墨（俗名火矢，扬烧不闭穴火）。其炎更烈于煤。即用煤炭，也别有铁炭一种，取其火性内攻，焰不虚腾者，与炊炭同形而有分类也。

凡铁性逐节粘合，涂上黄泥于接口之上，入火挥槌，泥滓成枵[3]而去，取其神气为媒合。胶结之后，非灼红斧斩，永不可断也。凡熟铁、钢铁已经炉锤，水火未济，其质未坚。乘其出火时，入清水淬之，名曰健钢、健铁。言乎未健之时，为钢为铁，弱性犹存也。凡焊铁之法，西洋诸国别有奇药。中华小焊用白铜末，大焊[4]则竭力挥锤而强合之，历岁之久终不可坚。故大炮西番有锻成者，中国唯恃冶铸也。

【译文】

铁制器具是由生铁炼成的熟铁做成的。先将铁铸成砧，作为承受敲打的垫座。俗话说，"万器以钳为祖"，这并不是没有根据的。刚出炉的熟铁，叫作毛铁，锻打时有一部分就会变成铁花和氧化铁皮而耗损三成；已经成为废品而还没锈烂的铁器叫作劳铁，用它做成别的或者原样的铁器，锤锻时只会耗损十分之一。熔铁炉中所用的炭，其中煤炭约占十分之七，木炭约占十分之三。山区没有煤的地方，锻工便选用坚硬的木条烧成坚炭（俗名叫作火矢，它燃烧时不会变为碎末而堵塞通风口），火焰比煤更加猛烈。煤炭当中有一种叫作铁炭的，特点是燃烧起来火焰并不明显但是温度很高，它与通常烧饭所用的煤形状相似，但是用途不同。

把铁逐节接合起来，要在接口处涂上黄泥，烧红后立即将它们锤合，这时泥渣就会全部飞掉。这里只是利用它的"气"来作为媒介。锤合之后，要不是烧红了再砍开的话，它是永远不会断的。熟铁或者钢铁烧红锤锻之后，由于水火还未完全配合起来并且相互作用，因此质地还不够坚韧。趁它们出炉时将其放进清水里淬火，这便是人们所说的"健钢"和"健铁"。这就是说，在钢铁淬火之前它在性质上还是软弱的。至于焊铁的方法，西方各国另有一些特殊的焊接材料。我国在小焊时用白铜粉作为焊接材料；进行大的焊接时，则是尽力敲打使之强行接合。然而过了一些年月后，接口也就脱焊而不牢固了。因此，在西方只是部分大炮是锻造而成的，而中国的大炮则完全是靠铸造而成的。

1.无稽：没有根据。2.铁华、铁落：锻铁时打出的铁屑。3.枵：空虚、稀薄。4.大焊：这里是指锻接，也叫接火、滚火，而不是焊接。

斤斧 刀斧

【原文】

凡铁兵薄者为刀剑，背厚而面薄者为斧斤。刀剑绝美者以百炼钢包裹其外，其中仍用无钢铁为骨。若非钢表铁里，则劲力所施即成折断。其次寻常刀斧，止嵌钢于其面。即重价宝刀可斩钉截凡铁者，经数千遭磨粘，则钢尽而铁现也。倭国刀背阔不及二分许，架于手指之上不复欹倒，不知用何锤法，中国未得其传。

凡健刀斧皆嵌钢、包钢，整齐而后入水淬之。其快利则又在砺石成功[1]也。凡匠斧与椎，其中空管受柄处，皆先打冷铁为骨，名曰羊头，然后热铁包裹，冷者不粘，自成空隙。凡攻石椎日久四面皆空，熔铁补满平填，再用无弊[2]。

【译文】

在铁制的兵器之中，薄的叫作刀剑，背厚而刃薄的叫作斧头或者砍刀。最好的刀剑，表面包的是百炼钢，里面仍然用熟铁当作骨架。如果不是钢面铁骨的话，猛一用力它就会折断了。通常所用的刀斧，只是嵌钢在表面上，即使是能够斩金截铁的贵重宝刀，磨过几千次以后，也会把钢磨尽而现出铁来。日本出产的一种刀，刀背还不到两分宽，架在手指上却不会倾倒，不知道是用什么方法锻造出来的，这种技术还没有传到中国来。

凡是健刀健斧，都先要嵌钢或者包钢，收拾整齐以后再放进水里淬火，要使它锋利，还得在磨石上多费力才行。锻打斧头和铁椎装木柄的中空管子，先要锻打一条铁模当作冷骨，名叫"羊头"，然后把烧红的铁包在这条铁模上敲打。冷铁模不会粘住热铁，取出来后自然形成中空管子。打石用的锤子用久了四面都会凹陷下去，用熔铁水补平后就可以继续使用了。

锄、镈 农用的锄具

【原文】

凡治地生物，用锄、镈之属，熟铁锻成，熔化生铁淋口，入水淬健，即成刚劲。每锹、锄重一斤者，淋生铁三钱为率，少则不坚，多则过刚而折。

【译文】

凡是开垦土地、种植庄稼这些农活儿，都要使用锄和宽口锄这类农具。它们的锻造方法是：先用熟铁锻打成形，再熔化生铁抹在锄口上，经过淬火之后，就变得十分硬朗和坚韧了。锻造的最佳比例是锹、锄每重一斤淋上生铁三钱，生铁淋少了不够刚硬，而生铁淋多了又会过于硬脆而容易折断。

1.成功：下工夫。 2.无弊：没毛病，没问题。

锉 纯钢制的锉刀

【原文】

凡铁锉纯钢为之，未健之时钢性亦软。以已健钢鏒划成纵斜文理，划时斜向入，则文方成焰[1]。划后浇红，退微冷，入水健。久用乖平，入水退去健性，再用鏒划。凡锉开锯齿用茅叶锉[2]，后用快弦锉[3]。治铜钱用方长牵锉，锁钥之类用方条锉，治骨角用剑面锉（朱注所谓锡鐊[4]）。治木末则锥成圆眼，不用纵斜文者，名曰香锉（划锉纹时，用羊角末和盐醋先涂）。

【译文】

锉刀是用纯钢制成的，在锉刀淬火之前，它的钢质锉坯还是比较软的。这时先用经过淬火的硬钢小凿在锉坯表面划出成排的纵纹和斜纹，注意在开凿锉纹时要斜向进刀，纹沟才能有火焰似的纹路。开凿好后再将锉刀烧红，取出来稍微冷却一下，放进水中进行淬火，锉刀此时便告成功了。锉刀使用时间太长了后会变得平滑，这时应先行退火使得钢质变软，然后再用钢錾开凿出新的纹沟。各种锉刀各有其不同用处：开锯齿可以选择先用三角锉，然后再用半圆锉；修平铜钱可以选择用方长牵锉；加工锁和钥匙一类可以选择用方条锉；加工骨角可以选择用剑面锉；加工木器则可以选择用香锉，香锉没有成排纵的纵纹和斜纹，而是锥上许多圆眼（开凿锉纹时，要先将盐、醋及羊角粉拌和，涂上后再凿）。

锥 锥的制作

【原文】

凡锥熟铁锤成，不入钢和。治书编之类用圆钻，攻皮革用扁钻。梓人[5]转索通眼、引钉合木者，用蛇头钻。其制颖[6]上二分许，一面圆，一面剜入，傍起两棱，以便转索。治铜叶用鸡心钻，其通身三棱者名旋钻，通身四方而末锐者名打钻。

【译文】

锥子（或者钻）是用熟铁锤成的，其中不必掺杂钢。装订书刊之类的东西用的是圆钻，穿缝皮革等用的是扁钻。木工转索钻孔以便引钉拼合木板时用的是蛇头钻。蛇头钻的钻头有二分长，一面为圆弧形，两面挖有空位，旁边起两个棱角，以便于蛇头钻转动时更容易钻入。钻铜片用的是鸡心钻，鸡心钻身上有三条棱的叫旋钻，钻身四方末端尖的叫作打钻。

---

1. 焰：火焰状花纹。2. 茅叶锉：三角锉。3. 快弦锉：半圆锉。4. 朱注所谓锡鐊：朱熹《大学》注"如切如磋"云："磋以锡鐊。"5. 梓人：木匠。6. 颖：尖利的钻头。

卷十·锤锻

锯 锯的制作

【原文】

凡锯熟铁锻成薄条，不钢[1]，亦不淬健。出火退烧后，频加冷锤坚性，用锉开齿。两头[2]衔木为梁，纠篾张开，促紧使直[3]。长者刮木，短者截木，齿最细者截竹。齿钝之时，频加锉锐而后使之。

【译文】

锯是这样做成的：先把熟铁锻打成薄条，锻造中既不掺杂钢也不需要淬火，把薄条烧红取出来退火以后，再不断进行敲打，使它变得坚韧，然后就用锉刀开齿，锯片也就做成功了。锯的两端是用短木作为锯把，锯的中间连接一条横梁，用竹篾纠扭使锯片张开绷直。长锯可以用来锯开木料，短锯可以用来截断木料，锯齿最细的则可用来锯断竹子。锯齿磨钝时，就用锉刀将一个个锯齿锉得锋利，然后就可以继续使用了。

鲁班发明锯

鲁班发明创造了很多木工使用的工具。像木工使用的曲尺，叫鲁班尺。墨斗、伞、锯子、刨子、钻子等，传说均是鲁班发明的。

刨 刨的制作

【原文】

凡刨磨砺嵌钢寸铁，露刃秒忽[4]，斜出木口之面，所以平木，古名曰准。巨者卧准露刃，持木抽削，名曰推刨，圆桶家使之。寻常用者横木为两翅，手执前推。梓人为细功者，有起线刨，刃阔二分许。又刮木使极光者名蜈蚣刨，一木之上，衔十余小刀，如蜈蚣之足。

【译文】

刨子上有一寸宽的嵌钢铁片，嵌钢铁片磨得锋利，斜向插入木刨壳中，稍微露出点儿刃口，用来刨平木料。刨的古名叫作"准"。大的刨子是仰卧露出点儿刃口的，用手拿着木料在它的刃口上抽削，这种刨叫作推刨，制圆桶的木工经常用到它。平常用的刨子，则在刨身穿上一条横木，像一对儿翅膀，手执横木往前推。精细的木工还备有起线刨，这种刨子的刃口宽二分。还有一种叫作蜈蚣刨，刨壳上装有十几把小刨刀，好像蜈蚣的足，能把木面刮得极为光滑。

1.不钢：在原料当中不加钢。2.两头：指两端做锯把的短木。3.纠篾张开，促紧使直：套住两个锯把顶端的篾片经过纠绞就会缩短拉紧，使得与梁平行的锯条伸直。4.秒忽：古代以万分之一寸为一秒，十分之一秒为一忽。秒忽即指很短。

165

凿 凿的制作

【原文】

　　凡凿熟铁锻成，嵌钢于口，其本空圆，以受木柄（先打铁骨为模，名曰羊头，杓柄同用）。斧从柄催[1]，入木透眼，其末粗者阔寸许，细者三分而止。需圆眼者则制成剜凿为之。

【译文】

　　凿子是用熟铁锻造而成的，凿子的刃部嵌钢，上身是一截圆锥形的空管，用来方便装进木柄（锻凿时先打一条圆锥形的铁骨做模，这叫作羊头，加工铁勺的木柄也要用到它）。用斧头敲击凿柄，凿子的刃就能方便插入木料而凿成孔。凿子的刃宽的约一寸，窄的约三分。如果要凿成圆孔，则要另外制造弧形刃口的"剜凿"来进行。

锚 锚的制作

【原文】

　　凡舟行遇风难泊，则全身系命于锚。战船、海船有重千钧者，锤法先成四爪，以次逐节接身。其三百斤以内者用径尺阔砧，安顿炉傍，当其两端皆红，掀去炉炭，铁包木棍夹持上砧。若千斤内外者则架木为棚，多人立其上共持铁链。两接锚身，其末皆带巨铁圈链套，提起捩转，咸力[2]锤合。合药不用黄泥，先取陈久壁土筛细，一人频撒接口之中，浑合方无微罅[3]。盖炉锤之中，此物其最巨者。

【译文】

　　每当船只航行遇到大风难以靠岸停泊的时候，它的安全就完全依靠锚了。战船或者海船的锚，有的重量达到上万斤。它的锻造方法是先锤成四个铁爪子，然后再将铁爪子逐一接在锚身上。三百斤以内的铁锚，可以先在炉旁安一块直径一尺的砧，当锻件的接口两端都已烧红了，便掀去炉炭，用包着铁皮的木棍的一端把它们夹到砧上锤接。如果是一千斤左右的铁锚，则要先搭建一个木棚，让许多人都站在棚上，一齐握住铁链，铁链的另一端套住锚身两端的大铁环，把锚吊起来并按需要使它转动，众人合力把锚的四个铁爪逐个锤合上去。接铁用的"合药"不是黄泥，而用筛过的旧墙泥粉，由一个人将它不断地撒在接口上，一起与铁质锤合，这样，接口就不会有微隙了。在炉锤工作中，锚算是最大的锻造对象了。

1.催：同"锤"，即敲打。2.咸力：全力，合力。3.罅：空隙。

锤锚图

船锚

战船或者海船的锚,有的重量达到上万斤。它的锻造方法是先锤成四个铁爪子,然后再将铁爪子逐一接在锚身上。

针 针的制作

【原文】

　　凡针先锤铁为细条。用铁尺一根，锥成线眼，抽过条铁成线，逐寸剪断为针。先鎈其末成颖，用小槌敲扁其本，钢锥穿鼻，复鎈其外。然后入釜，慢火炒熬。炒后以土末入松木火矢[1]、豆豉三物罨盖，下用火蒸。留针二三口插于其外，以试火候。其外针入手捻成粉碎，则其下针火候皆足。然后开封，入水健之。凡引线成衣与刺绣者，其质皆刚。唯马尾刺工[2]为冠者，则用柳条软针。分别之妙，在于水火健法云。

抽线琢针

　　古代人先将铁片锤成细条，另外在一根铁尺上钻出小孔作为线眼，然后将细铁条从线眼中抽过便成铁线，再将铁线逐寸剪断成为针坯。然后把针坯的一端锉尖，而另一端锤扁，用硬锥钻出针鼻（穿针眼），再把针的周围锉平整。

1.松木火矢：松木炭粉。2.马尾刺工：福建马尾那里的刺绣工。

【译文】

制造针的具体步骤是：先将铁片锤成细条，另外在一根铁尺上钻出小孔作为线眼，然后将细铁条从线眼中抽过便成铁线，再将铁线逐寸剪断成为针坯。然后把针坯的一端锉尖，而另一端锤扁，用硬锥钻出针鼻（穿针眼），再把针的周围锉平整。这时再放入锅里，用慢火炒。炒过之后，就用泥粉、松木炭和豆豉这三种混合物掩盖，下面再用火蒸。留两三根针插在混合物外面作为观察火候之用。当外面的针已经完全氧化到能用手捻成粉末时，表明混合物盖住的针已经达到火候了。然后开封，经过淬水，便成为针了。凡是缝衣服和刺绣所用的针都比较硬，只有福建马尾镇的工人缝帽子所用的针才比较软，因而又叫"柳条针"。针与针之间的软硬差别的诀窍就在于淬火方法的不同。

治铜 锻铜

【原文】

凡红铜升黄[1]而后熔化造器，用砒升者为白铜器，工费倍难，侈者事之。凡黄铜，原从炉甘石升者不退火性受锤；从倭铅升者出炉退火性，以受冷锤。凡响铜[2]入锡参和（法具《五金》卷）成乐器者，必圆成无焊。其余方圆用器，走焊、炙火粘合。用锡末者为小焊，用响铜末者为大焊（碎铜为末，用饭粘和打，入水洗去饭。铜末具存，不然则撒散）。若焊银器，则用红铜末。

凡锤乐器，锤钲（俗名锣）不事先铸，熔团即锤。锤镯（俗名铜鼓）与丁宁[3]，则先铸成圆片，然后受锤。凡锤钲、镯皆铺团于地面。巨者众共挥力，由小阔开，就身起弦声[4]，俱从冷锤点发。其铜鼓中间突起隆炮，而后冷锤开声。声分雌与雄[5]，则在分厘起伏之妙。重数锤者，其声为雄。凡铜经锤之后，色成哑白，受镁复现黄光。经锤折耗，铁损其十者，铜只去其一。气腥而色美，故锤工亦贵重铁工一等云。

【译文】

红铜要加锌才能冶炼成黄铜，再熔化以后才能制造成各种器物。如果加上砒霜等配料冶炼，可以得到白铜。白铜加工困难，成本也很高，只有阔气的人家才用到它。由炉甘石升炼而成的黄铜，熔化后要趁热敲打。如果是其中加入锌而锤炼成的，则要在熔化后经过冷锤。铜和锡的合金（制法详见本书第十四卷《五金》）叫作响铜，可以用来做乐器，制造时要用完整的一块加工而不能只是由几部分焊接而成。至于其他的方形或者圆形的铜器，就可以进行走焊或者加温粘合。小件的焊接是用锡粉做焊料，大件的焊接则要用响铜做焊料（把铜打碎加工成粉末，要用米饭粘合再进行舂打，最后把饭渣洗掉便能得到铜粉了。否则舂打时铜粉就会四处飞散）。焊接银器则要用红铜粉做焊料。

关于部分乐器的制造方法：锣不必经过铸造，是在金属熔成一团之后再精心敲打而成；铜鼓和丁宁，就要先铸成圆片，然后再进行敲打。无论是

1.升黄：冶炼为黄铜。2.响铜：制乐器用的铜。3.丁宁：古时行军用的铜钲，钲即带柄之钟。4.就身起弦声：就被锻之器自身发出乐音。5.声分雌与雄：高音为雌，低音为雄。

169

锤锣还是锤铜鼓，都要把铜块或铜片铺在地上进行敲打。其中大的铜块或者铜片还要众人齐心合力敲打才行。铜块或铜片由小逐渐展阔，冷件敲打会从物体本身发出类似于弦乐的声音。在铜鼓中心要打出一个突起的圆泡，然后再用冷锤敲定音色。声音分为高低两种，关键在于圆泡的厚薄及深浅的细微差别：一般而言，重打数锤的声调比较低，而轻打数锤的声调比较高。铜质经过敲打以后，表层会变成哑白色而无光泽，但是经过锉工加工之后又呈现黄色而恢复光泽了。敲打时铜的损耗量，只是铁器损耗量的十分之一。铜有腥味而色泽美观，所以说铜匠要比铁匠高出一等。

锤钲与镯

钲（锣）不必经过铸造，是在金属熔成一团之后再精心敲打而成；镯（铜鼓）要先铸成圆片，然后再进行敲打。

卷十一·燔石

石灰、煤炭等的烧制技术

宋子曰：五行之内，土为万物之母。子之贵者，岂唯五金哉。金与水相守而流，功用谓莫尚焉矣。石得燔而成功，盖愈出而愈奇焉。水浸淫而败物，有隙必攻，所谓不遗丝发者。调和一物以为外拒，漂海则冲洋澜，黏甃则固城雉。不烦历候远涉，而至宝得焉。燔石之功，殆莫之与京矣。至于矾现五金色之形，硫为群石之将，皆变化于烈火。巧极丹铅炉火，方士纵焦劳唇舌，何尝肖像天工之万一哉！

石灰 石灰的特性与制造方法

【原文】

凡石灰经火焚炼为用。成质之后，入水永劫不坏。亿万舟楫，亿万垣墙，窒隙防淫[1]，是必由之。百里内外，土中必生可燔石，石以青色为上，黄白次之。石必掩土内二三尺，掘取受燔，土面见风者不用。燔灰火料煤炭居什九，薪炭居什一。先取煤炭泥和做成饼，每煤饼一层叠石一层，铺薪其底，灼火燔之。最佳者曰矿灰，最恶者曰窑滓灰。火力到后，烧酥石性，置于风中久自吹化成粉。急用者以水沃之，亦自解散。

凡灰用以固舟缝，则桐油、鱼油调厚绢、细罗，和油杵千下塞舱[2]。用以砌墙石，则筛去石块，水调粘合。墁[3]则仍用油灰。用以垩墙壁，则澄过入纸筋涂墁。用以襄墓[4]及贮水池，则灰一分，入河沙、黄土二分，用糯粳米、羊桃藤汁和匀，轻筑坚固，永不隳坏，名曰三和土。其余造淀造纸。功用难以枚述。凡温、台、闽、广海滨石不堪灰者，则天生蛎蚝以代之。

量最好的叫作矿灰，最差的叫作窑滓灰。火候足后，石头就会变脆。放在空气中会慢慢风化成粉末。着急用的时候洒上水，也会自动散开。

石灰的用途有很多，它能与桐油、鱼油调拌后同时加上舂烂的厚绢、细罗，用来塞补船缝；用来砌墙时，则要先筛去石块，再用水调匀粘合；用来砌砖铺地面时，则仍用油灰；用来粉刷或者涂抹墙壁时，则要先将石灰水澄清，再加入纸筋，然后涂抹；用来造坟墓或者建蓄水池时，则是一份石灰加两份河沙和黄泥，再用粳糯米饭和猕猴桃汁拌匀，不必夯打便很坚固，永远不会损坏，这就叫作三和土（按原文称谓）。此外，石灰还可以用于染色业和造纸业等方面，用途繁多而难以一一列举。大体上说，在温州、台州、福州、广州一带，沿海的石头如果不能用来煅烧石灰，可以寻找天然的牡蛎壳来代替它。

【译文】

凡是石灰都是由石灰石经过烈火煅烧而成的。石灰一旦成形之后，即便遇到水也永远不会变坏。多少船只，多少墙壁，凡是需要填隙防水的，一定要用到它。方圆百里之间，必定会有可供煅烧石灰的石头。这种石灰石以青色的为最好，黄白色的则差些。石灰石一般埋在地下二三尺，可以挖取进行煅烧，但表面已经风化的石灰石就不能用了。煅烧石灰的燃料，用煤的约占十分之九，用柴火或者炭的约占十分之一。先把煤掺和泥做成煤饼，然后一层煤饼一层石相间着堆砌，底下铺柴引燃煅烧。质

1.窒隙防淫：堵住缝隙，防止漏水。 2.舱：船板上的缝隙。 3.墁：墁音同"鏝"。墁指铺地砖，涂墙壁。
4.襄墓：建造坟墓。

煤餅燒石成灰

燒蠣房法

煤饼烧石成灰

　　石灰都是由石灰石经过烈火煅烧而成的。石灰成形之后，即便遇到水也不会变坏。船只、墙壁，凡是需要填隙防水的，一定要用到它。

蛎灰 牡蛎壳灰

【原文】

凡海滨石山傍水处，咸浪积压，生出蛎房，闽中曰蚝房。经年久者长成数丈，阔则数亩，崎岖如石假山形象。蛤之类压入岩中，久则消化作肉团，名曰蛎黄，味极珍美[1]。凡燔蛎灰者，执椎与凿，濡足[2]取来（药铺所货牡蛎，即此碎块），叠煤架火燔成，与前石灰共法。粘砌成墙、桥梁，调和桐油造舟，功皆相同。有误以蚬灰（即蛤粉）为蛎灰者，不格物之故也。

【译文】

在海滨背靠石山面临海水的一些地方，由于腥咸的海浪的长期冲击，会生长出一种叫作蛎房的东西，福建一带的人们称其为"蚝房"。蚝房经过长时间的积累可以高达几丈、宽几亩那么大，其外形高低不平，如同假石山一样。一些蛤蜊一类的生物被冲入像岩石似的蛎房里面，经过长久消化就变成了肉团，名叫"蛎黄"，味道非常鲜美。煅烧蛎灰的人，拿着椎和凿子，涉水将蛎房凿取下来（药房销售的牡蛎就是这种碎块儿），去肉后，将蛎壳和煤饼堆砌在一起煅烧，方法与烧石灰的方法相同。砌城墙、修桥梁等工程，将蛎灰调和桐油造船，功用都与石灰相同。有人误以为蚬灰（即蛤蜊粉）是牡蛎灰，是因为没有考察客观事物的缘故。

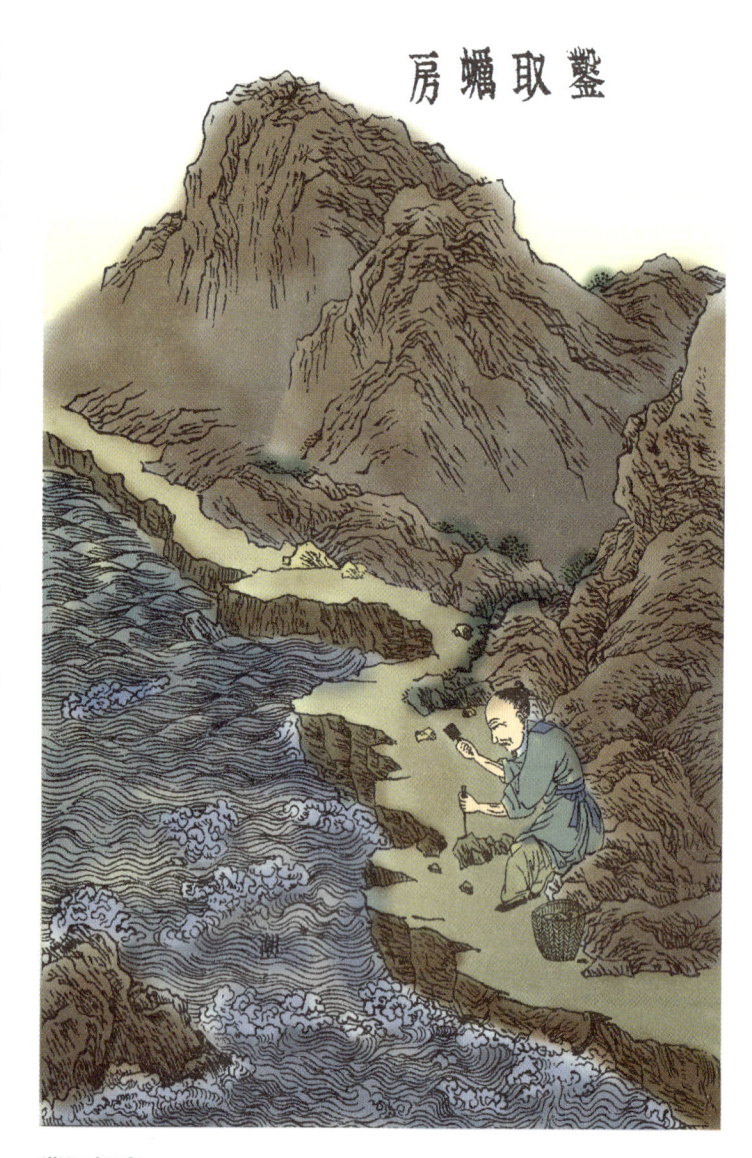

凿取蛎房

石灰是常用的胶结材料，古代人常用煅烧牡蛎壳的方式来得到石灰。煅烧蛎灰的人，拿着椎和凿子，涉水将蛎房凿取下来，去肉后，将蛎壳和煤饼堆砌在一起煅烧，方法与烧石灰的方法相同。

1.珍美：鲜美。 2.濡足：涉水。

煤炭 煤炭的种类与制作

【原文】

凡煤炭普天皆生，以供锻炼金石之用。南方秃山无草木者，下即有煤[1]，北方勿论。煤有三种，有明煤、碎煤、末煤。明煤大块如斗许，燕、齐、秦、晋生之。不用风箱鼓扇，以木炭少许引燃，熯炽达昼夜。其傍夹带碎屑，则用洁净黄土调水作饼而烧之。碎煤有两种，多生吴、楚。炎高者曰饭炭，用以炊烹；炎平者曰铁炭，用以冶锻。入炉先用水沃湿，必用鼓鞴后红，以次增添而用。末煤如面者，名曰自来风。泥水调成饼，入于炉内，既灼之后，与明煤相同，经昼夜不灭。半供炊爨[2]，半供熔铜、化石、升朱。至于煅石为灰与矾、硫，则三煤皆可用也。

凡取煤经历久者，从土面能辨有无之色，然后掘挖，深至五丈许方始得煤。初见煤端时，毒气灼人。有将巨竹凿去中节，尖锐其末，插入炭中，其毒烟从竹中透上，人从其下施攫取者。或一井而下，炭纵横广有，则随其左右阔取。其上枝板，以防压崩耳。

凡煤炭取空而后，以土填实其井，以二三十年后，其下煤复生长[3]，取之不尽。其底及四周石卵，土人名曰铜炭者，取出烧皂矾与硫黄（详见后款）。凡石卵单取硫黄者，其气熏甚，名曰臭煤，燕京房山、固安、湖广荆州等处间有之。凡煤炭经焚而后，质随火神化去，总无灰滓。盖金与土石之间，造化别现此种云。凡煤炭不生茂草盛木之乡，以见天心之妙。其炊爨功用所不及者，唯结腐一种而已（结豆腐者用煤炉则焦苦）。

【译文】

煤炭各地都有出产，供冶金和烧石之用。南方不生长草木的秃山底下便有煤，北方却不一定是这样。煤大致有三种：明煤、碎煤和末煤。明煤块头大，有的像米斗那样大，产于河北、山东、陕西及山西。明煤不必用风箱鼓风，只需加入少量木炭引燃，便能日夜炽烈地燃烧。明煤的碎屑，则可以用干净的黄土调水做成煤饼来烧。碎煤有两种，多产于江苏、安徽和湖北等地区。碎煤燃烧时，火焰高的叫作饭炭，用来煮饭；火焰平的叫作铁炭，用于冶炼。碎煤先用水浇湿，入炉后再鼓风才能烧红，以后只要不断添煤，便可继续燃烧。末煤呈粉状的叫作自来风，用泥水调成饼状，放入炉内，点燃之后，便和明煤一样，日夜燃烧不会熄灭。末煤有的用来烧火做饭，有的用来炼铜、熔化矿石及升炼朱砂。至于烧制石灰、矾或者硫，上述三种煤都可使用。

采煤经验多的人，从地面上的土质情况就能判断地下是不是有煤，然后再往下挖掘，挖到五丈深左右才能得到煤。煤层出现时，毒气冒出能伤人。一种方法是将大竹筒的中节凿通，削尖竹筒末端，插入煤层，毒气便通过竹筒往上空排出，人就可以下去用大锄挖煤了。井下发现煤层向四方延伸，人就可以横打巷道进行挖取。巷道要用木板支护，以防崩塌伤人。

1.南方秃山无草木者，下即有煤：这种说法并不准确，事实上我国南方大多数的煤矿地表都生长着茂盛的植物。2.炊爨：爨音同"窜"。炊爨指烧火做饭。3.其下煤复生长：由于当时科技和生产力水平有限，所以造成了作者对煤炭生成的规律认识不足，煤炭的形成需要数百万年的时间。

煤层挖完以后，如果用土把井填实，二三十年后，煤又会重生，取之不尽。煤层底板或者围岩中有一种石卵，当地人叫作铜炭，可以用来烧取皂矾和硫黄（在下文详述）。只能用来烧取硫黄的铜炭，气味特别臭，叫作臭煤，在北京的房山、河北的固安与湖北的荆州等地有时还可以采到。

煤炭燃烧的时候，煤质全部烧完，不会留下灰烬，这是自然界中介于金属与土石之间的特殊品种。煤不产于草木茂盛的地方，可见自然界安排得十分巧妙。如果说煤在炊事方面还有不足之处的话，那它仅仅是不适合用于做豆腐而已（用煤炉煮豆浆，结成的豆腐会有焦苦味）。

挖煤

煤炭各地都有出产，供冶金和烧石之用。采煤经验多的人，从地面上的土质情况就能判断地下是不是有煤，往下挖掘五丈深左右才能得到煤。煤层处有毒气，可以将大竹筒的中节凿通，削尖竹筒末端，插入煤层，毒气便通过竹筒往上空排出，人就可以下去用大锄挖煤了。

卷十一・燔石

剖面

青矾、红矾、黄矾、胆矾 各种矾石

【原文】

凡皂、红、黄矾，皆出一种而成，变化其质。取煤炭外矿石（俗名铜炭）子，每五百斤入炉，炉内用煤炭饼（自来风不用鼓鞴[1]者）千余斤，周围包裹此石。炉外砌筑土墙圈围，炉巅空一圆孔如茶碗口大，透炎直上，孔傍以矾滓厚罨（此滓不知起自何世，欲作新炉者，非旧滓罨盖则不成）。然后从底发火，此火度经十日方熄。其孔眼时有金色光直上（取硫，详后款）。

煅经十日后，冷定取出。半酥杂碎者另拣出，名曰时矾，为煎矾红用。其中清滓如矿灰形者，取入缸中浸三个时，漉入釜中煎炼。每水十石煎至一石，火候方足。煎干之后，上结者皆佳好皂矾，下者为矾滓（后炉用此盖）。此皂矾染家必需用。中国煎者亦唯五六所。原石五百斤成皂矾二百斤，其大端也。其拣出时矾（俗又名鸡屎矾）每斤入黄土四两，入罐熬炼，则成矾红。圬墁及油漆家用之。

其黄矾所出又奇甚，乃即炼皂矾炉侧土墙，春夏经受火石精气，至霜降、立冬之交，冷静之时，其墙上自然爆出此种，如淮北砖墙生焰硝[2]样。刮取下来，名曰黄矾，染家用之。金色淡者涂炙，立成紫赤也。其黄矾自外国来，打破，中有金丝者，名曰波斯矾[3]，别是一种。

又山、陕烧取硫黄山上，其滓弃地，二三年后雨水浸淋，精液流入沟麓之中，自然结成皂矾。取而货用，不假煎炼。其中色佳者，人取以混石胆云。

石胆一名胆矾者，亦出晋、隰等州，乃山石穴中自结成者，故绿色带宝光。烧铁器淬于胆矾水中，即成铜色也。

《本草》载矾虽五种，并未分别原委。其昆仑矾状如黑泥，铁矾状如赤石脂者，皆西域产也。

【译文】

皂矾、红矾、黄矾，都是由同一物质变化而来，性质却各不相同。先收取五百斤煤炭外层的矿石子（俗名"铜炭"）放入炉内，将一千多斤煤饼（不必鼓风就能燃烧的那种煤粉，因此名叫"自来风"）放在铜炭周围并包住这些矿石。在锅炉外修筑一个土墙绕圈围着，在炉顶留出一个圆孔，孔径好像茶碗口大，让火焰能够从炉孔中透出，炉孔旁边用矾渣盖严实（不知是从什么时候开始有的矾渣。奇妙的是，凡是起新炉子，不用旧渣掩住炉孔就会烧不成功），然后从炉底发火，大概估计这炉火要连续烧十天才能熄灭。燃烧时炉孔眼不时会有金色光焰冒出来（后文将详细叙述具体如何取硫）。煅烧十天以后，等待矾石都冷却了才取出。其中半酥碎的另外挑出，名叫"时矾"，用来煎炼红矾。将矿灰样的精华部分放进缸里，用水浸泡约六个小时，把它过滤后再放入锅中煎炼，要将十石水熬成一石水，这才说明火候够足。等水快干时，上层结成的是优质的皂矾，下层便是矾渣了（下一炉用另外一只孔）。这种皂矾是印染业所必需的原料，整个中国制矾的也不过五六家。大概每五百斤石料可以炼出二百斤皂矾来。另外挑出的"时矾"（俗名又叫"鸡屎矾"），每斤加进黄土四两，再入罐熬炼，便成红矾了。泥水工和油漆工经常用到这两种矾。

至于黄矾的出现就更加奇异了。在每年春夏炼皂矾时，炉旁的土墙因为吸附了矾的蒸气，到了霜降与立冬相交的季节，土墙干冷，矾便析出

1.鼓鞴：鞴音同"沟"。鼓鞴指鼓风机。 2.淮北砖墙生焰硝：不仅淮北，凡地性盐碱者，墙根皆生硝土。 3.波斯矾：波斯即今伊朗。

来，就好像淮北的砖墙上生出火硝一样，刮取下来，便是黄矾了，染坊经常会用到它。如果金色太淡了，把黄矾涂上去放在火上一烤，立刻就会变成紫赤色。此外，还有外国运来的黄矾，打破以后中间会现出金丝来，名叫波斯矾，这是另外一个品种。

山西、陕西等地烧硫黄的山上，随地丢弃废渣两三年后，其中的矾质经过雨水的淋洗溶解后流到山沟里，经过蒸发也能结成皂矾。这种皂矾，取用或拿去出售时就不必再炼了，其中色泽美丽的，还有人用来冒充石胆。

石胆又叫作胆矾，产自山西隰县等地。胆矾是在山崖洞穴中自然结晶的，因此它的绿色具有宝石般的光泽。将烧红的铁器淬入胆矾水中，铁器会立刻现出黄铜的颜色。

明朝李时珍的《本草纲目》中虽然记载了矾有五类，但并没有区别它们的来源和关系。昆仑矾好像黑泥，铁矾好像赤石脂，都是西域出产的。

烧皂矾

明矾是由矾石烧制而成的，先挖出矾石，将矾石与煤饼叠起来煅烧，煅烧十天以后，等待矾石都冷却了才取出。将矿灰样的精华部分放进缸里，用水浸泡约六个小时，过滤后再放入锅中煎炼，要将十石水熬成一石水，这才说明火候够足。等水快干时，上层结成的是优质的皂矾，下层便是矾渣了。

硫黄 硫黄的烧制

【原文】

凡硫黄，乃烧石承液[1]而结就。着书者误以焚石为矾石，逐有矾液之说。然烧取硫黄，石半出特生白石，半出煤矿烧矾石，此矾液之说所由混也。

又言中国有温泉处必有硫黄，今东海、广南产硫黄处又无温泉，此因温泉水气似硫黄，故意度言之也。

凡烧硫黄石，与煤矿石同形。掘取其石，用煤炭饼包裹丛架，外筑土作炉。炭与石皆载千斤于内，炉上用烧硫旧渣罨盖，中顶隆起，透一圆孔其中。火力到时，孔内透出黄焰金光。先教陶家烧一钵盂，其盂当中隆起，边弦卷成鱼袋样，覆于孔上。石精感受火神，化出黄光飞走，遇盂掩住不能上飞，则化成汁液靠着盂底，其液流入弦袋之中，其弦又透小眼流入冷道灰槽小池，则凝结而成硫黄矣。

其炭煤矿石浇取皂矾者，当其黄光上走时，仍用此法掩盖以取硫黄。得硫一斤则减去皂矾三十余斤，其矾精华已结硫黄，则枯滓逐为弃物。

凡火药，硫为纯阳，硝为纯阴，两精逼合，成声成变，此乾坤幻出神物也。

硫黄不产北狄，或产而不知炼取亦不可知。至奇炮出于西洋与红夷，则东徂西数万里，皆产硫黄之地也。其琉球土硫黄、广南水硫黄，皆误纪也。

【译文】

硫黄是由烧炼矿石时得到的液体经过冷却后凝结而成的，过去的著书者误以为硫黄都是煅烧矾石而取得的，就把它叫作矾液。事实上，煅烧硫黄的原料，有的是来自当地特产的白石，有的是来自煤矿的煅烧矾石，矾液的说法就是这样混杂进来的。

烧取硫黄

硫黄是由烧炼矿石时得到的液体经过冷却后凝结而成的，在西汉时，就有对硫黄应用的记载。火药的主要原料是硫黄和硝石，两种物质相互作用能引起爆炸，产生巨大的声响。

1.承液：承接所流液体。

又有人说中国凡是有温泉的地方就一定会有硫黄,可是,东南沿海一带出产硫黄的地方并没有温泉,这可能是因为温泉的气味很像硫黄而猜想到的吧。

烧取硫黄的矿石与煤矿石的形状相同。煅烧硫黄的大致步骤是:先用煤饼包裹矿石并堆垒起来,外面用泥土夯实并建造熔炉。每炉的石料和煤饼都有千斤左右,炉上用烧硫黄的旧渣掩盖,炉顶中间要隆起,空出一个圆孔。燃烧到一定程度,炉孔内便会有金黄色的气体冒出。预先请陶工烧制一个中部隆起的盂钵,盂钵边缘往内卷成像鱼膘状的凹槽,烧硫黄时,将盂钵覆盖在炉孔上。硫黄的黄色蒸气沿着炉孔上升,被盂钵挡住而不能跑掉,于是便冷凝成液体,沿着盂钵的内壁流入凹槽,又透过小眼沿着冷却管道流进小池子,最终凝结而变成固体硫黄。

用含煤黄铁矿烧取皂矾,当黄色的蒸气上升时,也可以用这种方法收取硫黄。得硫一斤,就要减收皂矾三十多斤,因为皂矾的精华都已经转化为硫了,剩下的枯渣便成了废物。

火药的主要原料是硫黄和硝石,硫黄是纯阳,硝石是纯阴,两种物质相互作用能引起爆炸,产生巨大的声响,这真是自然界变化出来的奇物。

北方少数民族居住的地方不出产硫黄,或者也有可能是有硫黄出产而不会炼取。新式枪炮出现在西洋与荷兰,这说明由东往西数万里,都有出产硫黄的地方。但是所谓琉球的土硫黄、广东南部的水硫黄,却都是一种错误的记载。

砒石 烧制砒霜

【原文】

凡烧砒霜,质料似土而坚,似石而碎,穴土数尺而取之。江西信郡[1]、河南信阳州皆有砒井,故名信石。近则出产独盛衡阳[2],一厂有造至万钧者。凡砒石井中,其上常有浊绿水,先绞水尽,然后下凿。

砒有红、白两种,各因所出原石色烧成。凡烧砒,下鞠[3]土窑,纳石其上,上砌曲突,以铁釜倒悬覆突口。其下灼炭举火。其烟气从曲突[4]内熏贴釜上。度其已贴一层厚结寸许,下复息火。待前烟冷定,又举次火,熏贴如前。一釜之内数层已满,然后提下,毁釜而取砒。故今砒底有铁沙,即破釜滓也。凡白砒止此一法。红砒则分金炉内银铜脑气有闪成[5]者。

凡烧砒时,立者必于上风十余丈外,下风所近,草木皆死。烧砒之人经两载即改徙,否则须发尽落。此物生人食过分厘立死。然每岁千万金钱速售不滞者,以晋地菽麦必用拌种,且驱田中黄鼠害,宁、绍郡[6]稻田必用蘸秧根,则丰收也。不然火药与染铜需用能几何哉!

【译文】

烧砒霜的原料好像泥土却又比泥土硬实,类似石头但又比石头坚脆,向下掘土几尺就能够获取到。江西信郡(今天的上饶地区)、河南信阳一带都有砒井,因此砒石又名信石。近来生产砒霜最多的则是湖南衡阳,一间工厂的年产量,能有达到上万斤的。砒井中,常常积有绿色的浊水,开采时要先将水除尽,然后再往下凿取。

1.江西信郡:江西广信府,今上饶。2.衡阳:在今湖南。3.下鞠:在地上挖砌。4.曲突:烟筒。5.分金炉内银铜脑气有闪成:于分金炉内炼银、铜等含砒金属时有偶尔生成的。6.宁、绍郡:浙江宁波府、绍兴府。

砒霜有红、白两种，各由原来的红、白色砒石烧制而成。烧制砒霜的时候，先在下面挖个土窑堆放砒石，在上面砌个弯曲的烟囱，然后把铁锅倒过来覆盖在烟囱口上。在窑下引火焙烧，烟便从烟囱内上升，熏贴在锅的内壁上。估计累计达到约有一寸厚时就熄灭炉火，等烟气已经冷却，便再次起火燃烧。这样反复几次，一直到锅内贴满砒霜为止，才把锅拿下来，打碎锅而剥取砒霜。因此接近锅底的砒霜常留有铁渣，那是锅的碎屑。白砒霜的制作方法只有这一种，至于红砒霜，则还有在冶炼含砷的银铜矿石时，由分金炉内析出的蒸气冷结而成的。

烧制砒霜时，操作者必须站在风向上方十多丈远的地方。风向下方所触及的地方，草木都会死去。所以烧砒霜的人两年后一定要改行，否则就会须发全部脱光。砒霜有剧毒，人只要吃一点点就会立即死亡。然而，每年却都有价值千百万的砒霜畅销无阻，这是因为山西等地乡民都要用它来给豆和麦子拌种，而且还用它来驱除田中的鼠害；浙江宁波绍兴一带，也有用砒霜来蘸秧根而使水稻获得丰收的。不然的话，如果砒霜仅仅是用于火药和炼铜方面，那又能用得了多少呢！

烧砒

砒石又名信石，砒霜有红、白两种，各由原来的红、白色砒石烧制而成。烧制砒霜时，操作者必须站在风向上方十多丈远的地方。风向下方所触及的地方，草木都会死去。

卷十二·膏液

植物油脂的提取方法

宋子曰：天道平分昼夜，而人工继晷以襄事，岂好劳而恶逸哉？使织女燃薪，书生映雪，所济成何事也。草木之实，其中韫藏膏液，而不能自流。假媒水火，冯藉木石，而后倾注而出焉。此人巧聪明，不知于何禀度也。

人间负重致远，恃有舟车。乃车得一铢而辖转，舟得一石而罅完，非此物之为功也不可行矣。至菹蔬之登釜也，莫或膏之，犹啼儿失乳焉。斯其功用一端而已哉？

油品 油料的种类

【原文】

　　凡油供馔食用者，胡麻（一名脂麻）、莱菔子、黄豆、菘菜子（一名白菜）为上，苏麻（形似紫苏，粒大于胡麻）、芸苔子（江南名菜子）次之，茶子（其树高丈余，子如金罂子，去壳取仁）次之，苋菜子次之，大麻仁（粒如胡荽子，剥取其皮，为绁索用者）为下。

　　燃灯则柏仁[1]内水油为上，芸苔[2]次之，亚麻子（陕西所种，俗名壁虱脂麻，气恶不堪食）次之，棉花子次之，胡麻次之（燃灯最易竭）。桐油与柏混油为下（桐油毒气熏人，柏油连皮膜则冻结不清）。造烛则柏皮油为上，蓖麻子次之，柏混油每斤入白蜡结冻次之，白蜡结冻诸清油又次之，樟树子油又次之（其光不减，但有避香气者），冬青子油又次之（韶郡[3]专用，嫌其油少，故列次）。北土广用牛油，则为下矣。

　　凡胡麻与蓖麻子、樟树子，每石得油四十斤。莱菔子每石得油二十七斤（甘美异常，益人五脏）。芸苔子每石得油三十斤，其耨勤而地沃、榨法精到者，仍得四十斤（陈历一年，则空内而无油）。茶子每石得油一十五斤（油味似猪脂，甚美，其枯则止可种火及毒鱼用）。桐子仁每石得油三十三斤。柏子分打时，皮油得二十斤，水油得十五斤，混打时共得三十三斤（此须绝净者），冬青子每石得油十二斤。黄豆每石得油九斤（吴下[4]取油食后，以其饼充豕粮）。菘菜子每石得油三十斤（油出清如绿水）。棉花子每百斤得油七斤（初出甚黑浊，澄半月清甚）。苋菜子每石得油三十斤（味甚甘美，嫌性冷滑）。亚麻、大麻仁每石得油二十余斤。此其大端，其他未穷究试验，与夫一方已试而他方未知者，尚有待云。

【译文】

　　在食用油之中，以胡麻油（又名脂麻油）、萝卜子油、黄豆油和大白菜子油等为最佳。苏麻油（苏麻子的形状像紫苏，粒比脂麻粒大些）、油菜子油次之，茶子油（茶树高的有一丈多，茶子外形像金樱子，去肉取仁）、苋菜子油为次品，大麻仁油（大麻种子像胡荽子，皮可以搓制绳索）为下品。

　　点灯所用的油料则以乌桕水油为最佳，油菜子油其次，亚麻仁油（陕西所种的亚麻，俗名叫壁虱脂麻，气味不太好闻，不堪食用）、棉子油又次之，胡麻子油（用来点灯耗油量最大）又其次，桐油和柏混油则为下品（桐油毒气熏人，连皮膜榨出的柏混油凝结不清）。制造蜡烛，则以桕皮油为最适宜的油料，蓖麻子油、加白蜡凝结的桕混油其次，加白蜡凝结的各种清油又其次，樟树子油（点灯时光度不减，但有人不喜欢它的香气）再其次，冬青子油（只有韶关地区才用，但嫌其含油量少，因此列为次等）更差一些。北方普遍用的牛油，则是很下等的油料了。

　　脂麻和蓖麻子、樟树子，每石可以榨油四十斤。莱菔子每石可以榨油二十七斤（味道很好，对人的五脏很有益）。油菜子每石可以榨油三十斤，如果除草勤、土壤肥、榨的方法又得当的话也可以榨四十斤（放置一年后，子实就会内空而变得无油）。茶子每石可以榨油十五斤（油味像猪油一样好，但得到的枯饼只能用来引火或者药鱼）。桐子仁每石可以榨油三十三斤。桕树子核和皮膜分开榨时，就可以得到皮油二十斤、水油十五斤，混和榨时则可以得柏混油三十三斤（子、皮都必须干净）。冬青子每石可以榨油十二斤。黄豆每石可

1.柏仁：柏音同"就"。柏仁指的是乌桕树子。2.芸苔：即油菜，其子用以榨油。3.韶郡：广东韶州府。今广东韶关地区。4.吴下：今江苏南部苏州一带。

以榨油九斤（江苏南部一带取豆油食用，豆枯饼则作为喂猪的饲料）。大白菜子每石可以榨油三十斤（油清澈得好像绿水一样）。棉花子每一百斤可以榨油七斤（刚榨出来时油色很黑、混浊不清，放置半个月后就很清了）。苋菜子每石可以榨油三十斤（味甘可口，但嫌冷滑）。亚麻仁、大麻仁每石可以榨油二十多斤。以上所列举的只是大概的情况而已，至于其他油料及其榨油率，因为没有进行深入考察和试验，或者有的已经在某个地方试验过而尚未推广的，那就有待以后再进行补述了。

法具　榨油的工具及方法

【原文】

凡取油，榨法而外，有两镬煮取法，以治蓖麻与苏麻。北京有磨法，朝鲜有舂法，以治胡麻。其余则皆从榨出也。凡榨木巨者围必合抱，而中空之。其木樟为上，檀与杞次之（杞木为者，防地湿，则速朽）。此三木者脉理循环结长，非有纵直文。故竭力挥椎，实尖其中，而两头无璺拆[1]之患，他木有纵文者不可为也。中土[2]江北少合抱木者，则取四根合并为之。铁箍裹定，横拴串合而空其中，以受诸质，则散木有完木之用也。

凡开榨[3]，空中其量随木大小。大者受一石有余，小者受五斗不足。凡开榨，辟中凿划平槽一条，以宛凿[4]入中，削圆上下，下沿凿一小孔，削一小槽，使油出之时流入承藉器中。其平槽约长三四尺，阔三四寸，视其身而为之，无定式也。实槽尖与枋唯檀木、柞子木两者宜为之，他木无望焉。其尖过斤斧而不过刨，盖欲其涩，不欲其滑，惧报转也。撞木与受撞之尖，皆以铁圈裹首，惧披散也。

榨具已整理，则取诸麻菜子入釜，文火慢炒（凡柏、桐之类属树木生者，皆不炒而碾蒸）透出香气，然后碾碎受蒸。凡炒诸麻菜子，宜铸平底锅，深止六寸者，投子仁于内，翻拌最勤。若釜底太深，翻拌疏慢，则火候交伤，减丧油质。炒锅亦斜安灶上，与蒸锅大异。凡碾埋槽土内（木为者以铁片掩之），其上以木竿衔铁陀，两人对举而椎之。资本广者则砌石为牛碾，一牛之力可敌十人。亦有不受碾而受磨者，则棉子之类是也。既碾而筛，择粗者再碾，细者则入釜甑受蒸。蒸气腾足，取出以稻秸与麦秸包裹如饼形。其饼外圈箍，或用铁打成，或破篾绞刺而成，与榨中则寸相稳合。

凡油原因气取，有生于无。出甑之时，包裹急缓，则水火郁蒸之气游走，为此损油。能者疾倾，疾裹而疾箍之，得油之多，诀由于此。榨工有自少至老而不知者。包裹既定，装入榨中，随其量满，挥撞挤轧，而流泉出焉矣。包内油出滓存，名曰枯饼。凡胡麻、莱菔、芸苔诸饼，皆重新碾碎，筛去秸芒，再蒸、再裹而再榨之。初次得油二分，二次得油一分。若柏、桐诸物，则一榨已尽流出，不必再也。

若水煮法，则并用两釜。将蓖麻、苏麻子碾碎，入一釜中，注水滚煎，其上浮沫即油。以杓掠取，倾于干釜内，其下慢火熬干水气，油即成矣。然得油之数毕竟减杀。北磨麻油法，以粗麻布袋揿绞，其法再详。

---

1. 璺拆：璺音同"问"。璺拆是指开裂破散。 2. 中土：指中原一带。 3. 开榨：制作榨具。 4. 宛凿：弧形凿。

樨油皮
油及
諸薹芸
麻胡
同皆

甑

此釜平底不深

榨油

  蓖麻子或油菜子之类在榨油前要进行炒制，选用六寸深的平底锅比较合适，将种子放进锅后不断翻拌，如果种子受热不均匀，就会使油品的产量和质量降低。

卷十二·膏液

南方榨

南方榨油

把油料包裹好装入榨具中，挥动撞木把尖楔打进去挤压，油就像泉水那样流出来了。包裹里剩下的渣滓叫作枯饼。胡麻、莱菔、芸苔等的初次枯饼都要重新碾碎，筛去茎秆和壳刺，再蒸、再包和再榨。第一次榨已经得到一份油了，第二次榨还能得到第一次油量的一半。

187

【译文】

制取油料的方法，除了压榨法之外，还有用两个锅煮取的方法，用来制取蓖麻油和苏麻油。北京用的是研磨法，朝鲜用的是舂磨法，用来制取芝麻油。其余的油都是用压榨法制取。榨具要用周长达到两臂伸出才能环抱住的木材来做，将木头中间挖空。用樟木做的最好，用檀木与杞木做的要差一些（杞木做的怕潮湿、容易腐朽）。这三种木材的纹理都是缠绕扭曲的，没有纵直纹。因此把尖的楔子插在其中并尽力舂打时，木材的两头不会拆裂，其他有直纹的木材则不适宜。中原地区长江以北很少有两臂抱围的大树，可用四根木拼合起来，用铁箍箍紧，再用横栓拼合起来，中间挖空，以便放进用于压榨的油料，这样就可把散木当作完整的木材来使用了。

木的中间挖空多少要以木料的大小为准，大的可以装下一石多油料，小的还装不了五斗。做油榨时，要在中空部分凿开一条平槽，用弯凿削圆上下，再在下沿凿一个小孔。再削一条小槽，使榨出的油能流入接受器中。平槽长约三四尺，宽约三四寸，大小根据榨身而定，没有一定的格式。插入槽里的尖楔和枋木都要用檀木或者柞木来做，其他木料不合用。尖楔用刀斧砍成而不需要刨，因为要它粗糙而不要它光滑，以免它滑出。撞木和尖楔都要用铁圈箍住头部以防披散。

榨具准备好了，就可以将蓖麻子或油菜子之类的油料放进锅里，用文火慢炒（凡属木本的桕子、桐子这类的子实，都要碾碎后蒸熟而不必经过炒制）到透出香气时就取出来，碾碎、入蒸。炒蓖麻子、菜子用六寸深的平底锅比较合适，将子仁放进锅后不断翻拌。如果锅太深，翻拌又少，就会因子仁受热不均匀而降低油的产量和质量。炒锅斜放在灶上，跟蒸锅大不一样。碾槽埋在地面上（木制的要用铁片覆盖），上面用一根木杆穿过圆铁饼的圆心，两人相对一齐向前推碾。资本雄厚的则用石块砌成牛碾，一头牛拉碾的劳动效率相当于十个人的劳动力。也有些子实，例如棉子之类，只能用磨而不需要用碾。碾了之后再筛，粗的再碾，细的放入甑子里蒸。当蒸气升腾足够饱和时取出，用稻秆或麦秆包裹成大饼的形状，饼外围的箍用铁打成或者用竹篾交织而成，这些箍要与榨中空隙的尺寸相符合。

油是通过蒸气而提取的，"有形"生于"无形"，所以出甑子的时候如果包裹动作太慢就会使一部分闭结的蒸气逸散，出油率也就降低了。技术熟练的人能够做到快倒、快裹、快箍，得油多的诀窍就全在这里。有的榨工从小做到老还不明白这个诀窍。油料包裹好了后，就可以装入榨具中，挥动撞木把尖楔打进去挤压，油就像泉水那样流出来了。包裹里剩下的渣滓叫作枯饼。胡麻、莱菔、芸苔等的初次枯饼都要重新碾碎，筛去茎秆和壳刺，再蒸、再包和再榨。第一次榨已经得到一份油了，第二次榨还能得到第一次油量的一半。但如果是桕子、桐子之类的子实，则第一次榨油已全部流出，因此也就不必再榨了。

水煮法制油，是同时使用两个锅，将蓖麻子或苏麻子碾碎，放进一个锅里，加水煮至沸腾，上浮的泡沫便是油。用勺子撇取，倒入另一个没有水的干锅中，下面用慢火熬干水分，便得到油了。不过用这种方法得到的油量毕竟有所降低。北京用研磨法制取芝麻油，是把磨过的芝麻子装在粗麻布袋里进行扭绞的，这种方法以后再详细地加以研究。

卷十二·膏液

皮油 用桕树皮油制造蜡烛

【原文】

凡皮油造浊法起广信郡[1]，其法取洁净桕子，囫囵入釜甑蒸，蒸后倾入臼内受舂。其臼深约尺五寸，碓以石为身，不用铁嘴，石以深山结而腻者，轻重斫成限四十斤，上嵌衡木之上而舂之。其皮膜上油尽脱骨而纷落，挖起，筛于盘内再蒸，包裹入榨皆同前法。皮油已落尽，其骨为黑子。用冷腻小石磨不惧火煅者（此磨亦从信郡深山觅取），以红火矢围壅煅热[2]，将黑子逐把灌入疾磨。磨破之时，风扇去其黑壳，则其内完全白仁，与梧桐子无异。将此碾

用皮油制造蜡烛

用皮油制造蜡烛是江西广信郡创始的。把洁净的乌桕子整个放入饭甑里去蒸煮，蒸好后倒入臼内舂捣。乌桕子核外包裹的蜡质舂过以后全部脱落，挖起来，把蜡质层筛掉放入盘里再蒸，然后包裹入榨，榨出的油非常清亮，就是制造蜡烛的皮油。

1.广信郡：江西广信府，今江西上饶地区。 2.以红火矢围壅煅热：用烧红的木炭围满石磨使其变热。

蒸，包裹入榨，与前法同。榨出水油清亮无比，贮小盏之中，独根心草燃至天明，盖诸清油所不及者。入食馔即不伤人，恐有忌者，宁不用耳。

其皮油造烛，截苦竹筒两破，水中煮涨（不然则粘带），小篾箍勒定，用鹰嘴铁杓挽油灌入，即成一枝。插心于内，顷刻冻结，捋箍开筒而取之。或削棍为模，裁纸一方，卷于其上而成纸筒，灌入亦成一烛。此烛任置风尘中，再经寒暑，不敝坏也。

【译文】

用皮油制造蜡烛是江西广信郡创始的。把洁净的乌桕子整个放入饭甑里去蒸煮，蒸好后倒入臼内舂捣。臼约一尺五寸深，碓身是用石块制造的，不用铁嘴，而采取深山中坚实而细滑的石块制就。琢成后重量限定四十斤，上部嵌在平横木的一端，便可以舂捣了。乌桕子核外包裹的蜡质舂过以后全部脱落，挖起来，把蜡质层筛掉放入盘里再蒸，然后包裹入榨，方法同上。乌桕子外面的蜡质脱落后，里面剩下的核子就是黑子。用不怕火烧的冷滑小石磨（这种磨石也是从广信的深山中找到的），周围堆满烧红的炭火加以烘热，将黑子逐把投入快磨。磨破以后，就用风扇掉黑壳，剩下的便全是白色的仁，如梧桐子一样。将这种白仁碾碎上蒸之后，用前文所述的方法包裹、入榨。榨出的油叫作"水油"，很是清亮，装入小灯盏中，用一根灯芯草就可点燃到天明，其他的清油都比不上它。拿它来食用并不对人有伤害，但也会有些人不放心，宁可不食用。

用皮油制造蜡烛的方法是：将苦竹筒破成两半，放在水里煮涨（否则会粘带皮油）后，用小篾箍固定，用尖嘴铁勺装油灌入筒中，再插进烛芯，便成了一支蜡烛。过一会儿待蜡冻结后，顺筒捋下篾箍，打开竹筒，将烛取出。另一种方法是把小木棒削成蜡烛模型，然后裁一张纸，卷在上面做成纸筒。然后将皮油灌入纸筒，也能结成一根烛。这种蜡烛无论风吹尘盖，还是经历冷天和热天，都不会变坏。

卷十三·杀青

造纸的程序

宋子曰：物象精华，乾坤微妙，古传今而华达夷，使后起含生，目授而心识之，承载者以何物哉？君与民通，师将弟命，凭藉呫呫口语，其与几何？持寸符，握半卷，终事诠旨，风行而冰释焉。覆载之间之藉有楮先生也，圣顽咸嘉赖之矣。身为竹骨为与木皮，杀其青而白乃见，万卷百家基从此起。其精在此，而其粗效于障风、护物之间。事已开于上古，而使汉、晋时人擅名记者，何其陋哉！

纸料 造纸的原料

【原文】

凡纸质用楮树（一名谷树）皮与桑穰[1]、芙蓉膜[2]等诸物者为皮纸，用竹麻者为竹纸。精者极其洁白，供书文、印文、柬启用；粗者为火纸[3]、包裹纸。所谓"杀青"，以斩竹得名；"汗青"以煮沥得名；"简"即已成纸名，乃煮竹成简[4]。后人遂疑削竹片以纪事，而又误疑韦编为皮条穿竹札也。秦火未经时，书籍繁甚，削竹能藏几何？如西番用贝树造成纸叶[5]，中华又疑以贝叶书经典。不知树叶离根即焦，与削竹同一可哂也。

【译文】

用楮树（一名谷树）、桑树和木芙蓉的第二层皮等造的纸叫作皮纸，用竹麻造的纸叫作竹纸。精细的纸非常洁白，可以用来书写、印刷和制柬帖；粗糙的纸则用于制作火纸和包装纸。所谓"杀青"就是从斩竹去青而得到的名称，"汗青"则是以煮沥而得到的名称，"简"便是已经造成的纸。因为煮竹能成"简"和纸，后人于是就误认为削竹片可以记事，进而还错误地以为古代的书册都是用皮条穿编竹简而成的。在秦始皇焚书以前，已经有很多书籍，如果纯用竹简，又能写下几个字呢？西域一带的人用贝树造成纸页，而我国中土的人士进而误传他们可以用贝树叶来书写经文（即"贝叶经"）。他们不懂得树叶离根就会焦枯的道理，这跟削竹记事的说法是同样可笑的。

造竹纸 以竹子为原料造纸

【原文】

凡造竹纸，事出南方，而闽省独专其盛。当笋生之后，看视山窝深浅，其竹以将生枝叶者为上料。节界芒种，则登山砍伐。截断五七尺长，就于本山开塘一口，注水其中漂浸。恐塘水有涸时，则用竹枧[6]通引，不断瀑流注入。浸至百日之外，加功槌洗，洗去粗壳与青皮（是名杀青），其中竹穰形同苎麻样。用上好石灰化汁涂浆，入楻桶下煮，火以八日八夜为率。

凡煮竹，下锅用径四尺者，锅上泥与石灰捏弦[7]，高阔如广中[8]煮盐牢盆样，中可载水十余石。上盖楻桶，其围丈五尺，其径四尺余。盖定受煮八日已足。歇火一日，揭楻取出竹麻，入清水漂塘之内洗净。其塘底面、四维皆用木板合缝砌完，以防泥污

1.桑穰：桑树里面那一层皮，较松软。2.芙蓉膜：即木芙蓉的韧皮。3.火纸：做冥钱烧用的纸。4."所谓'杀青'"句：宋应星继续为他的纸起于上古说进行论证，对"杀青""汗青"做出了自己的理解，即都是造纸的工序，而"简"就是纸的别名。这些说法显然是不正确的。5.西番用贝树造成纸叶：印度并不是宋应星说的把贝树造成纸，而是把文字直接写在贝树叶上。宋应星的这一臆测也是错误的。6.竹枧：毛竹做的水管或水槽。7.泥与石灰捏弦：弦指锅的边缘，捏弦即把边缘透气之处用灰泥封死。8.广中：两广一带。

（造粗纸者不须为此）。洗净，用柴灰浆过，再入釜中，其上按平，平铺稻草灰寸许。桶内水滚沸，即取出别桶之中，仍以灰汁淋下。倘水冷，烧滚再淋。如是十余日，自然臭烂。取出入臼受舂（山国[1]皆有水碓），舂至形同泥面，倾入槽内。

凡抄纸槽，上合方斗，尺寸阔狭，槽视帘，帘视纸[2]。竹麻已成，槽内清水浸浮其面三寸许。入纸药水汁于其中（形同桃竹叶，方语无定名），则水干自成洁白。凡抄纸帘，用刮磨绝细竹丝编成。展卷张开时，下有纵横架框。两手持帘入水，荡起竹麻入于帘内。厚薄由人手法，轻荡则薄，重荡则厚。竹料浮帘之顷，水从四际淋下槽内。然后覆帘，落纸于板上，叠积千万张。数满则上以板压。俏绳入棍。如榨酒法，使水气净尽流干。然后以轻细铜镊逐张揭起焙干。凡焙纸先以土砖砌成夹巷地面，下以砖盖地面，数块以往，即空一砖。火薪从头穴烧发，火气从砖隙透巷外。砖尽热，湿纸逐张贴上焙干，揭起成帙。

近世阔幅者名大四连，一时书文贵重。其废纸洗去朱墨污秽，浸烂入槽再造，全省从前煮浸之力，依然成纸，耗亦不多。南方竹贱之国，不以为然，北方即寸条片角在地，随手拾取再

斩竹漂塘

南方大多制造竹纸，每到芒种时，把将要生枝叶的嫩竹砍下来截成五到七尺一段，就地开一口山塘，灌水漂浸。浸泡超过一百天，把竹子取出用木棒敲打，最后洗掉粗壳与青皮。

1.山国：此指南方山区。2.尺寸阔狭，槽视帘，帘视纸：尺寸的规格，纸槽要根据纸帘的大小，纸帘要根据所制之纸的大小。

火足楻煮

煮楻足火

　　浸泡好的竹子就像苎麻一样，再用优质石灰调成乳液拌和，煮上八天八夜。煮竹子的锅，直径约四尺，用黏土调石灰封固锅的边沿，使其高度和宽度类似于广东中部沿海地区煮盐的牢盆那样，里面可以装下十多石水。

造，名曰还魂纸。竹与皮，精与细，皆同之也。若火纸、糙纸，斩竹煮麻，灰浆水淋，皆同前法。唯脱帘之后不用烘焙，压水去湿，日晒成干而已。

盛唐时鬼神事繁，以纸钱代焚帛（北方用切条，名曰板钱），故造此者名曰火纸。荆楚近俗，有一焚侈至千斤者。此纸十七供冥烧，十三供日用。其最粗而厚者曰包裹纸，则竹麻和宿田晚稻稿所为也。若铅山诸邑所造柬纸，则全用细竹料厚质荡成。以射重价。最上者曰官柬，富贵之家通刺[1]用之。其纸敦厚而无筋膜，染红为吉柬，则先以白矾水染过，后上红花汁云。

【译文】

竹纸是南方制造的，其中以福建省为最多。当竹笋生出以后，到山窝里观察竹林长势，将要生枝叶的嫩竹是造纸的上等材料。每年到芒种节令，便可上山砍竹。把嫩竹截成五到七尺一段，就地开一口山塘，灌水漂浸。为了避免塘水干涸，用竹制导管引水滚滚流入。浸到一百天开外，把竹子取出再用木棒敲打，最后洗掉粗壳与青皮（这一步骤就叫作"杀青"）。这时候的竹穰就像苎麻一样，再用优质石灰调成乳液拌和，放入楻桶里煮上八天八夜。

煮竹子的锅，直径约四尺，用黏土调石灰封固锅的边沿，使其高度和宽度类似于广东中部沿海

荡料入簾

荡料入簾
抄纸槽像个方斗，大小由抄纸帘而定，抄纸帘又由纸张的大小来定。抄纸帘是用刮磨得极其细的竹丝编成的，展开时下面有木框托住。两只手拿着抄纸帘放进水中，荡起竹浆让它进入抄纸帘中。

1.刺：名帖，相当于今天的名片，是在拜访别人时通报所用。

紙壓簾覆

覆簾压纸

当纸张积累到一定数的时候，就压上一块木板，捆上绳子并插进棍子，绞紧，用类似榨酒的方法把水分压干，然后用小铜镊把纸逐张揭起，烘干。

地区煮盐的牢盆那样，里面可以装下十多石水。上面盖上周长约一丈五尺、直径约四尺多的楻桶。竹料加入锅和楻桶中，煮八天就足够了。停止加热一天后，揭开楻桶，取出竹麻，放到清水塘里漂洗干净。漂塘底部和四周都要用木板合缝砌好以防止沾染泥污（造粗纸时不必如此）。竹麻洗净之后，用柴灰水浸透，再放入锅内按平，铺一寸左右厚的稻草灰。煮沸之后，就把竹麻移入另一桶中，继续用草木灰水淋洗。草木灰水冷却以后，要煮沸再淋洗。这样经过十多天，竹麻自然就会腐烂发臭。把它拿出来放入臼内舂成泥状（山区都有水碓），倒入抄纸槽内。

抄纸槽像个方斗，大小由抄纸帘而定，抄纸帘又由纸张的大小来定。抄纸槽内放置清水，水面高出竹浆约三寸左右，加入纸药水汁（这种纸药液用一种好像桃竹叶的植物叶子制成，各地的名称都不一样），这样抄成的纸干后便会很洁白。抄纸帘是用刮磨得极其细的竹丝编成的，展开时下面有木框托住。两只手拿着抄纸帘放进水中，荡起竹浆让它进入抄纸帘中。纸的厚薄可以由人的手法来调控、掌握：轻荡则薄，重荡则厚。提起抄纸帘，水便从帘眼淋回抄纸槽；然后把帘网翻转，让纸落到木板上，叠积成千上万张。等到数目够了时，就压上一块木板，捆上绳子并插进棍子，绞紧，用类似榨酒的方法把水分压干，然后用小铜镊把纸逐张揭起，烘干。烘焙纸张时，先用土砖砌两堵墙形成夹巷，底下用砖盖火道，夹巷之内盖的砖块每隔几块砖就留出一个空位。火从巷头的炉口燃烧，热气从留空的砖缝中透出而充满整个夹巷，等到夹巷外壁的砖都烧热时，就把湿纸逐张贴上去焙干，再揭下来放成一叠。

近来生产一种宽幅的纸，名叫大四连，用来书写，显得贵重。等到它用废以后，废纸也可以洗去朱墨、污秽，浸烂之后入抄纸槽再造，因此节省了浸竹和煮竹等工序，依然成纸，损耗不多。南方竹子数量多而且价钱低廉，也就用不着这样做。北方即使是寸条片角的纸丢在地，也要随手拾起来再造，这种纸叫作还魂纸。竹纸与皮纸、精细的纸与粗糙的纸，都是用上述方法制造的。至于火纸与粗纸，斩竹、制取竹麻、用石灰浆、用稻草灰水淋洗等工序都和前面讲过的相同，只是脱帘之后不必再行烘焙，压干水分后放在阳光底下晒干就可以了。

盛唐时期，很时兴拜神祭鬼，祭祀时烧纸钱而不再烧帛（纸钱北方则用切条，名为板钱），因而这种纸叫火纸。湖南、湖北一带近来的风俗有的浪费到一次烧火纸就达到上千斤的。这种纸十分之七用于祭祀，十分之三供人日常所用。其中最粗糙的厚纸叫作包裹纸，是用竹麻和来年晚稻的稻草制成的。铅山等县出产的柬纸，完全是用细竹料加厚抄成的，用以抬高价格。其中最上等的纸称为官柬纸，供富贵人家制作名片所用。这种纸厚实而没有粗筋，如果把它染红用做办喜事的红"古帖"，就要先用明矾水浸过，再染上红花汁。

乾焙火透

透火焙干

烘焙纸张时，先用土砖砌两堵墙形成夹巷，底下用砖盖火道，夹巷之内盖的砖块每隔几块砖就留出一个空位。火从巷头的炉口燃烧，热气从留空的砖缝中透出而充满整个夹巷，等到夹巷外壁的砖都烧热时，就把湿纸逐张贴上去焙干，再揭下来放成一叠。

造皮纸 以树皮为原料造纸

【原文】

凡楮树取皮，于春末夏初剥取。树已老者，就根伐去，以土盖之。来年再长新条，其皮更美。凡皮纸，楮皮六十斤，仍入绝嫩竹麻四十斤，同塘漂浸，同用石灰浆涂，入釜煮糜。近法省嗇者，皮竹十七而外，或入宿田稻稿十三，用药得方，仍成洁白。凡皮料坚固纸。其纵文扯断绵丝，故曰绵纸，衡断且费力。其最上一等，供用大内糊窗格者，曰棂纱纸。此纸自广信郡造，长过七尺，阔过四尺。五色颜料先滴色汁槽内和成，不由后染。其次曰连四纸，连四中最白者曰红上纸。皮名而竹与稻稿参和而成料者，曰揭贴呈文纸。

芙蓉等皮造者统曰小皮纸，在江西则曰中夹纸。河南所造，未详何草木为质，北供帝京，产亦甚广。又桑皮造者曰桑穰纸，极其敦厚，东浙所产，三吴收蚕种者必用之。凡糊雨伞与油扇，皆用小皮纸。

凡造皮纸长阔者，其盛水槽甚宽，巨帘非一人手力所胜，两人对举荡成。若棂纱，则数人方胜其任。凡皮纸供用画幅，先用巩水荡过，则毛茨不起。纸以逼帘者为正面，盖料即成泥浮其上者[1]，粗意犹存也。朝鲜白硾纸，不知用何原料。倭国有造纸不用帘抄者，煮料成糜时，以巨阔青石覆于炕面，其下爇火，使石发烧。然后用糊刷蘸糜，薄刷石面，居然顷刻成纸一张，一揭而起。其朝鲜用此法与否，不可得知。中国有用此法者亦不可得知也。永嘉蠲糨纸[2]，亦桑穰造。四川薛涛笺，亦芙蓉皮为料煮糜，入芙蓉花末汁。或当时薛涛笺[3]所指，遂留名至今。其美在色，不在质料也。

【译文】

剥取楮树皮最好是在春末夏初进行。如果树龄已老的，就在接近根部的地方将它砍掉，再用土盖上，第二年又会生长出新树枝，它的皮会更好。制造皮纸，用楮树皮六十斤，嫩竹麻四十斤，一起放在池塘里漂浸，然后再涂上石灰浆，放到锅里煮烂。近来又出现了比较经济的办法，就是用十分之七的树皮和竹麻原料，用十分之三的隔年稻草制造，如果药水汁下得得当的话，纸质也会很洁白。坚固的皮纸，扯断纵纹就像丝绵一样，因此又叫作绵纸，要想把它横向扯断更不容易。其中最好的一种叫作棂纱纸，这种纸是江西广信郡造的，长约七尺多，宽约四尺多。染成各种颜色是先将色料放进抄纸槽内而不是做成纸后才染成的。其次是连四纸，其中最洁白的叫作红上纸。还有名为皮纸而实际上是用竹子与稻草掺和制成的纸，叫作揭帖呈文纸。

此外，用木芙蓉等树皮造的纸都叫作小皮纸，在江西则叫作中夹纸。河南造的纸不知道用的是什么原料，这种纸供京城人使用，产地十分广泛。还有用桑皮造的纸叫作桑穰纸，纸质特别厚，是浙江东部出产的，江浙一带收蚕种时都必定会用到它。糊雨伞和油扇则都要用小皮纸。

制造又长又宽的皮纸，所用的水槽要很宽、纸帘很大，一个人干不了，需要两个人对抄。如果是棂纱纸，则需要好几个人才行。凡是用来绘画和写条幅的皮纸，要先用明矾水浸过以后才不会起毛。贴近竹帘的一面为纸的正面，因为料泥都

1.盖料即成泥浮其上者：盖料即纸的背面，叠纸时朝上，故曰盖料。背面因是纸浆荡浮而成，故较粗糙。
2.蠲糨纸：蠲音同"娟"，糨音同"匠"。蠲糨纸为五代时温州（即永嘉）所造，吴越国王钱镠以贡此纸者蠲其赋税，故名蠲纸。3.薛涛笺：薛涛为唐代名妓，精诗，晚年居于成都浣花溪上，自造粉红笺纸，有名于时，号薛涛笺。此为后世仿制，沿用其名。

浮在上面，纸的反面就比较粗。

朝鲜的白硾纸，不知道是用什么原料做成的。日本有些地方造的纸不用帘抄，制作方法是将纸料煮烂之后，将宽大的青石放在炕上，在下面烧火而使石发热，用刷子把纸浆薄薄地刷在青石面上，揭一次就是一张纸。朝鲜是不是用这种方法造纸，我们不得而知。中国有没有用这种方法，也不清楚。温州的蠲糨纸也是用桑树皮造的。四川的薛涛笺，则是以木芙蓉皮为原料，煮烂然后加入芙蓉花的汁，做成彩色的小幅信纸。这种做法可能是当时薛涛个人提出来的，所以"薛涛笺"的名字流传到今天。这种纸的优点是颜色好看，而不是因为它的质料好。

造皮纸

在春末夏初时剥取楮树一两年生新枝的树皮，与嫩竹麻一起放在池塘里漂浸，再涂上石灰浆，放到锅里煮烂，然后制成皮纸。

卷十四·五金

金属的开采和冶炼

宋子曰：人有十等，自王公至于舆台，缺一焉而人纪不立矣。大地生五金以利用天下与后世，其义亦犹是也。贵者千里一生，促亦五六百里而生；贱者舟车稍艰之国，其土必广生焉。黄金美者，其值去黑铁一万六千倍，然使釜鬵、斤、斧不呈效于日用之间，即得黄金，直高而无民耳。懋迁有无，货居《周官》泉府，万物司命系焉。其分别美恶而指点重轻，孰开其先而使相须于不朽焉？

黄金 黄金的产地与冶炼

【原文】

凡黄金为五金之长，熔化成形之后，住世永无变更。白银入洪炉虽无折耗，但火候足时，鼓鞴而金花闪烁，一现即没，再鼓则沉而不现。唯黄金则竭力鼓鞴，一扇一花，愈烈愈现，其质所以贵也。凡中国产金之区，大约百余处，难以枚举。山石中所出，大者名马蹄金，中者名橄榄金、带胯金，小者名瓜子金。水沙中所出，大者名狗头金，小者名麸麦金、糠金。平地掘井得者，名面沙金，大者名豆粒金。皆待先淘洗后冶炼而成颗块。

金多出西南，取者穴山至十余丈见伴金石，即可见金。其石褐色，一头如火烧黑状。水金多者出云南金沙江（古名丽水），此水源出吐蕃，绕流丽江府，至于北胜州，回环五百余里，出金者有数截。又川北潼川[1]等州邑与湖广沅陵、溆浦等，皆于江沙水中淘沃取金。千百中间有获狗头金一块者，名曰金母，其余皆麸麦形。入冶煎炼，初出色浅黄，再炼而后转赤也。儋、崖[2]有金田，金杂沙土之中，不必深求而得，取太频则不复产，经年淘炼，若有则限。然岭南夷獠洞穴中金，初出如黑铁落[3]，深挖数丈得之黑焦石下。初得时咬之柔软，夫匠有吞窃腹中者亦不伤人。河南蔡、矾等州邑，江西乐平、新建等邑，皆平地掘深井取细沙淘炼成，但酬答人功所获亦无几耳。大抵赤县之内隔千里而一生。《岭表录》[4]云居民有从鹅鸭屎中淘出片屑者，或日得一两，或空无所获。此恐妄记也。

凡金质至重，每铜方寸重一两者，银照依其则，寸增重三钱。银方寸重一两者，金照依其则，寸增重二钱。凡金性又柔，可屈折如枝柳。其高下色，分七青、八黄、九紫、十赤。登试金石上（此石广信郡河中甚多，大者如斗，小者如拳，入鹅汤中一煮，光黑如漆），立见分明。凡足色金参和伪售者，唯银可入，余物无望焉。欲去银存金，则将其金打成薄片剪碎，每块以土泥裹涂，入坩锅中硼砂熔化，其银即吸入土内，让金流出以成足色。然后入铅少许，另入坩锅内，勾出土内银，亦毫厘具在也。

凡色至于金，为人间华美贵重，故人工成箔而后施之。凡金箔每金七分造方寸金一千片，粘铺物面，可盖纵横三尺。凡造金箔，既成薄片后，包入乌金纸内，竭力挥椎打成（打金椎，短柄，约重八斤）。凡乌金纸由苏、杭造成，其纸用东海巨竹膜为质。用豆油点灯，闭塞周围，止留针孔通气，熏染烟光而成此纸。每纸一张打金箔五十度，然后弃去，为药铺包朱用，尚未破损，盖人巧造成异物也。凡纸内打成箔后，先用硝熟猫皮绷急为小方板，又铺线香灰撒漫皮上，取出乌金纸内箔覆于其上，钝刀界画成方寸。口中屏息，手执轻杖，唾湿而挑起，夹于小纸之中。以之华物，先以熟漆布地，然后粘贴（贴字者多用楮树浆）。秦中造皮金者，硝扩羊皮使最薄，贴金其上，以便剪裁服饰用，皆煌煌至色存焉。凡金箔粘物，他日敝弃之时，刮削火化，其金仍藏灰内。滴清油数点，伴落聚底，淘洗入炉，毫厘无恙。

凡假借金色者，杭扇以银箔为质，红花子油刷盖，向火熏成。广南货物以蝉蜕壳调水描画，向火一微炙而就，非真金色也。其金成器物呈分浅淡者，以黄矾涂染，炭火炸炙，即成赤宝色。然风尘逐渐淡去，见火又即还原耳（黄矾详《燔石》卷）。

1.川北潼川：今四川梓潼。2.儋、崖：儋耳、琼崖，即海南岛。3.铁落：锻打铁时敲出的铁渣。4.《岭表录》：即《岭表录异》，唐人刘恂著。

【译文】

黄金是五金中最贵重的,一旦熔化成形,永远不会发生变化。白银入洪炉熔化虽然不会有损耗,但当温度够高时,用风箱鼓风引起金花闪烁,出现一次就没有了,再鼓风也不再出现金花。只有黄金,用力鼓风时,鼓一次金花就闪烁一次,火越猛金花出现越多,这是黄金之所以珍贵的原因。中国的产金地区约有一百多处,难以列举。山石中所出产的,大的叫马蹄金,中的叫橄榄金或带胯金,小的叫瓜子金。在水沙中所出产的,大的叫狗头金,小的叫麦麸金、糠金。在平地挖井得到的叫面沙金,大的叫豆粒金。这些都要先经淘洗然后进行冶炼,才成为整颗整块的金子。

黄金多数出产在我国西南部,采金的人开凿矿井十多丈深,一看到伴金石,就可以找到金了。这种石呈褐色,一头好像给火烧黑了似的。蕴藏在河里的沙金,大多产于云南的金沙江(古名丽水),这条江发源于青藏高原,绕过丽江府,流至北胜州,迂回达五百多里,产金的有好几段。此外还有四川北部的潼川等州和湖南的沅陵、溆浦等地,都可在江沙中淘得沙金。在千百次淘取中,偶尔才会获得一块狗头金,叫作金母,其余的都

黄金

黄金在自然界中是以游离状态存在的天然产物。按其来源的不同和提炼后含量的不同分为生金和熟金等。生金亦称天然金、荒金、原金,是熟金的半成品,是从矿山或河底冲积层开采的没有经过熔化提炼的黄金。生金分为矿金和沙金两种。

不过是麦麸形状的金屑。

　　金在冶炼时，最初呈现浅黄色，再炼就转化成为赤色。海南岛的儋、崖两县地区都有砂金矿，金夹杂在沙土中，不必深挖就可以获得。但淘取太频繁，便不会再出产，一年到头都这样挖取、熔炼，即使有也是很有限的了。在广东、广西少数民族地区的洞穴中，刚挖出来的金好像黑色的氧化铁屑，这种金要挖几丈深，在黑焦石下面才能找到。初得时拿来咬一下，是柔软的，采金的人有的偷偷把它吞进肚子里去也不会对人有伤害。河南汝南县和巩县一带，江西乐平、新建等地，都是在平地开挖很深的矿井，取得细矿砂淘炼而得到金的，可是由于消耗劳动力太大，扣除人工费用外，所得也就很少了。在我国大概要隔一千里才会找到一处金矿。《岭表录》中说："有人从鹅、鸭屎中淘取金屑，多的每日可得一两，少的则毫无所获。"这个记载恐怕是虚妄不可信的。

　　金是最重的东西，假定铜每立方寸重一两，则银每立方寸要增加三钱重量；再假定银每立方寸重一两，则金每立方寸增加重量二钱。黄金的另一种性质就是柔软，能像柳枝那样屈折。至于它的成分高低，大抵青色的含金七成，黄色的含金八成，紫色的含金九成，赤色的则是纯金了。把这些金在试金石上划出条痕（这种石头在江西省信江流域河里很多，大的有斗那样大，小的就像个拳头，把它放进鹅汤里煮一下，就显得像漆那样又光又黑了），用比色法就能够分辨出它的成色。纯金如果要掺和别的金属来作伪出售，只有银可以掺入，其他金属都不行。如果要想除银存金，就要将这些杂金打成薄片，剪碎，每块用泥土涂上或包住，然后放入坩埚里加入硼砂熔化，这样银便被泥土所吸收，让金水流出来，成为纯金。然后另外放一点儿铅在坩埚里，又可以把泥土中的银吸附出来，而丝毫不会有损耗。

　　黄金以其华美的颜色为人所珍重，因此人们将黄金加工打造成金箔用于装饰。每七厘黄金捶成一平方寸的金箔一千片，把它们粘铺在器物表面，可以盖满三尺见方的面积。金箔的制法是：把金捶成薄片，再包在乌金纸里，用力挥动铁锤打成（打金箔的锤大约有八斤重，柄很短）。乌金纸由苏州或杭州制造，用东海大竹膜做原料。纸做成后点起豆油灯，封闭着周围，只留下一个针眼大的小孔通气，经过灯烟的熏染制成乌金纸。每张乌金纸供捶打金箔五十次后就不要了，还未破损的话，可以给药铺作包朱砂之用，这是凭精妙工艺制造出来的奇妙东西。

　　夹在乌金纸里的金片被打成箔后，先把硝制过的猫皮绷紧成小方板，再将香灰撒满皮面，拿出乌金纸里的金箔放上去，用钝刀画成一平方寸的方块。然后屏住呼吸，拿一根轻木条用唾液沾湿一下，粘起金箔，夹在小纸片里。用金箔装饰对象时，先用熟漆在对象表面上涂刷一遍，然后将金箔粘贴上去（贴字时多用楮树浆）。陕西中部制造的皮金，是用硝制过的羊皮拉至极薄，然后把金箔贴在皮上，供剪裁服饰使用。这些器物皮件因此都显出辉煌夺目的美丽颜色。凡用金箔粘贴的对象，如果日后破旧不用，可以刮下来用火烧，金质就留在灰里。加进几滴菜子油，金质又会积聚沉底，淘洗后再熔炼，可以全部回收而毫无损耗。

　　杭州的扇子是用银箔做底，涂上一层红花子油，再在火上熏一下做成金色的。广东、广西的货物是用蝉蜕壳磨碎后浸水来描画，再用火稍微烤一下做成金色的，这些都不是真金的颜色。即使由金做成的器物，因成色较低而颜色浅淡的，也可用黄矾涂染，在猛火中烘一烘，立刻就会变成赤宝色。但是日子久了又会逐渐褪色，如果把它拿到火中焙一下，则又可以恢复赤宝色（黄矾详见《燔石》卷）。

银 银的产地与冶炼

【原文】

凡银中国所出，浙江、福建旧有坑场，国初或采或闭。江西饶、信、瑞三郡有坑从未开。湖广则出辰州，贵州则出铜仁，河南则宜阳赵保山、永宁秋树坡、卢氏高嘴儿、嵩县马槽山，与四川会川密勒山、甘肃大黄山等，皆称美矿。其他难以枚举。然生气有限，每逢开采，数不足则括派[1]以赔偿。法不严则窃争而酿乱，故禁戒不得不苛。燕、齐诸道，则地气寒而石骨薄，不产金、银。然合八省所生，不敌云南之半，故开矿煎银，唯滇中可永行也。

凡云南银矿，楚雄、永昌、大理为最盛，曲靖、姚安次之，镇沅又次之。凡石山硐中有铆砂，其上现磊然小石，微带褐色者，分丫成径路。采者穴土十丈或二十丈，工程不可日月计。寻见土内银苗，然后得礁砂所在。凡礁砂藏深土，如枝分派别，各人随苗分径横挖而寻之。上楂横板架顶，以防崩压。采工篝灯逐径施钁，得矿方止。凡土内银苗，或有黄色碎石，或土隙石缝有乱丝形状，此即去矿不远矣。凡成银者曰礁，至碎者如砂，其面分丫若枝形者曰铆，其外包环石块曰矿。矿石大者如斗，小者如拳，为弃置无用物。其礁砂形如煤炭，底衬石而不甚黑，其高下有数等（商民凿穴得砂，先呈官府验辨，然后定税）。出土以斗量，付与冶工，高者六七两一斗，中者三四两，最下一二两（其礁砂放光甚者，精华泄露，得银偏少）。

凡礁砂入炉，先行拣净淘洗。其炉土筑巨墩，高五尺许，底铺瓷屑、炭灰，每炉受礁砂二石。用栗木炭二百斤，周遭丛架。靠炉砌砖墙一朵，高阔皆丈余。风箱安置墙背，合两三人力，带拽透管通风。用墙抵炎热，鼓韛之人方克安身。炭尽之时，以长铁叉添入。风火力到，礁砂熔化成团。此时银隐铅中，尚未出脱，计礁砂二石熔出团约重百斤。

冷定限出，另入分金炉（一名虾蟆炉）内，用松木炭匝围，透一门以辨火色。其炉或施风箱，或使交箄[2]。火热功到，铅沉下为底子（其底已成陀僧[3]样，别入炉炼，又成扁担铅）。频以柳枝从门隙入内燃照，铅气净尽，则世宝[4]凝然成象矣。此初出银，亦名生银。倾定无丝纹，即再经一火，当中止现一点圆星，滇人名曰"茶经"。逮后入铜少许，重以铅力熔化，然后入槽成丝（丝必倾槽而现，以四围匡住，宝气不横溢走散）。其楚雄所出又异，彼硐砂铅气甚少，向诸郡购铅佐炼。每礁百斤，先坐铅二百斤于炉内，然后煽炼成团。其再入虾蟆炉沉铅结银，则同法也。此世宝所生，更无别出。方书、本草，无端妄想妄注，可厌之甚。

大抵坤元精气，出金之所三百里无银，出银之所三百里无金，造物之情亦大可见。其贱役扫刷泥尘，入水漂淘而煎者，名曰淘厘锱。一日功劳轻者所获三分，重者倍之。其银俱日用剪、斧口中委余[5]，或鞋底粘带布于衢市，或院宇扫屑弃于河沿，其中必有焉，非浅浮土面能生此物也。

凡银为世用，唯红铜与铅两物可杂入成伪。然当其合琐碎而成钣锭，去疵伪而造精纯，高炉火中，坩锅足炼。撒硝少许，而铜、铅尽滞锅底，名曰银锈。其灰池中敲落者，名曰炉底。将锈与底同入分金炉内，填火土甑之中，其铅先化，就低溢流，而铜与粘带余银，用铁条逼就分拨，井然不紊。人工、天工亦见一斑云。

1.括派：搜括摊派。 2.交箄：箄音同"煞"。交箄指团扇。 3.陀僧：一种矿石，为黄色的氧化铅。 4.世宝：世上可以作为货币流通的白银。 5.日用剪、斧口中委余：大约是指剪割银块时掉下的渣滓，平时所用的剪刀斧头是不会掉下银渣来的。

205

【译文】

中国产银的情况大体上是这样的：浙江和福建两省原有的银矿坑场，到了明初之时，有的仍然在开采中，但是有的已经关闭了。江西饶州、信州和瑞州三个州县，有些银坑还从来没有开采过。湖南的辰州，贵州的铜仁，河南的宜阳县赵保山、永宁县秋树坡、卢氏县高嘴儿、嵩县马槽山，四川的会川密勒山，以及甘肃的大黄山等处，都有优良的产银矿场，其余的地方就难以一一列举了。然而，这些银矿一般而言都没有多少产量。因此每次开采时，如果采银的数量还达不到原定的最低限额，那么参加开采银矿的人就得摊派钱财用来赔偿。如果法制不严，就很容易出现偷窃争夺而造成祸乱的事件，所以禁戒律令又不得不十分严苛。河北和山东一带，由于天气寒冷，石层又薄，因而不出产金银。以上八省合起来的产银总量还比不上云南的一半，所以开矿炼银，只有在云南一省可以常办不衰。

云南的银矿，以楚雄、永昌和大理三个地方储量最为丰富，曲靖、姚安位居其次，镇沅又居其次。凡是石山洞里蕴藏有银矿的，在山上面就会出现一堆堆带有微褐色的小石头，分成若干个

開採銀礦圖

开采银矿

银矿埋藏得很深，而且像树枝那样有主干、枝干。采矿的工人跟踪着银矿苗分成几路横挖找矿，一边挖一边还要搭架横板用以支撑坑顶，以防塌方。采矿的工人提着灯笼分头挖掘，一直到取得矿砂为止。

熔礁结银与铅图

熔礁结银与铅

炼银的炉子是用土筑成的，土墩高约五尺左右，每个炉子可容纳含银矿石二石。风箱安装在墙背，由两三个人拉动鼓风。靠这一道砖墙来隔热，拉风箱的人才能有立身之地。用这种炉子炼烧的矿石会熔化成团，这时的银还混在铅里而没有被分离出来。

支脉。采矿的人要挖土一二十丈深才能找到矿脉，这种巨大的工程强度不是几天或者几个月所能完成的。找到了银矿苗以后，才能知道银矿具体所在。银矿埋藏得很深，而且像树枝那样有主干、枝干。采矿的工人跟踪着银矿苗分成几路横挖找矿，一边挖一边还要搭架横板用以支撑坑顶，以防塌方。采矿的工人提着灯笼分头挖掘，一直到取得矿砂为止。在土里的银矿苗，有的掺杂着一些黄色碎石，有的在泥隙石缝中出现有乱丝的形状，这都表明银矿就在附近了。银矿石中，含银较多的成块矿石叫作礁，细碎的叫作砂，其表面分布成树枝状的叫作铆，外面包裹着的石块

叫作围岩。围岩大的像斗，小的像拳头，都是可以抛弃的废物。礁砂形状像煤炭，底下垫着石头因而显得不那么黑。礁砂的品质分几个等级（矿场主挖到矿砂后，先要呈交官府验辨分级，然后再行定税）。刚出土的矿砂用斗量过之后，交给冶工去炼。矿砂品质高的每斗可以炼出纯银六七两，中等的矿砂可以炼出纯银三四两，最差的可以炼出的纯银只有一二两（那些特别光亮的礁砂，反倒由于里面的精华已经被泄漏得太多，最终得到的纯银反而偏少）。

礁砂在入炉之前，先要进行手选、淘洗。炼银的炉子是用土筑成的，土墩高约五尺左右，炉

圖銀結鉛沉

沉铅结银

把冷却后的银铅混合物放入另一个炉子中继续熔炼，如果铅全部被氧化成氧化铅，就可以提炼出纯银来了。

子底下铺上瓷片和炭灰之类的东西，每个炉子可容纳含银矿石二石。用栗木炭二百斤，在矿石周围叠架起来。靠近炉旁还要砌一道砖墙，高和宽各一丈多。风箱安装在墙背，由两三个人拉动鼓风。靠这一道砖墙来隔热，拉风箱的人才能有立身之地。等到炉里的炭烧完时，就用长铁叉陆续添加。如果火力够了，炉里的矿石就会熔化成团，这时的银还混在铅里而没有被分离出来。两石银矿石熔成团后约有一百斤。冷却后取出，放入另一个名叫分金炉或者虾蟆炉的炉子里，用松木炭围住熔团，透过一个小门辨别火色。可以用风箱鼓风，也可以用扇子来回扇。达到一定的温度时，熔团会重新熔化，铅就沉到炉底（炉底的铅已成为氧化铅，再放进别的炉子里熔炼，可以得到扁担

卷十四·五金

分 金 爐 清 銹 底

（图中文字：澆火在中、土甑、蓋泥、銅出、條鐵）

分金炉清锈底

将银锈和炉底一起放进分金炉里，用土甑子装满木炭起火熔炼，铅就会首先熔化，流向低处，剩下的铜和银可以用铁条分拨，两者就截然分开了。

铅）。要不断用柳树枝从门缝中插进去燃烧，如果铅全部被氧化成氧化铅，就可以提炼出纯银来了。刚炼出来的银叫作生银。倒出来凝固以后的银如果表面没有丝纹，就要再熔炼一次，直到凝固的银锭中心出现一种云南人叫"茶经"的一点圆星。接着加入少许铜，再重新用铅来协助熔化，然后倒入槽里就会现出丝纹了（倒进槽里才能出现丝纹，是因为四周被围住，银气不会四处走散）。云南楚雄的银矿有些不一样，那里的矿砂含铅太少，还要向其他地方采购铅来辅助炼银。每炼银矿石一百斤，就得先在炉子里垫二百斤铅，然后才鼓风将矿砂冶炼成团。至于再转到虾蟆炉里使铅沉下分离出银的方法则是相同的。银的开采和熔炼用的就是这种方法，并没有其他方法。讲炼丹的

209

方书和谈医药的《本草纲目》中，常常没有根据地乱想乱注，真是令人十分讨厌。

一般说来，金和银都是大地里面隐藏着的宝气的精华，因此产金的地方三百里之内没有银矿，产银的地方三百里之内也没有金矿。大自然的安排设计，从这里也能看出个大概。有的干粗活儿的人把扫刷到的泥尘放进水里进行淘洗，然后再加以熬炼，这就叫作淘厘锱。操劳一天，少的只能得到三分银子，多的也只有六分银子。这些银屑都是平常从剪刀或者斧子口上掉下来的，或者是由鞋底带到街道地面，或者是从院子房舍扫出来被抛弃在河边的。泥尘中必然会夹杂着一些银屑，这并不是浅的浮土上所能出产的。

世间使用的银，只有红铜和铅两种金属可以掺混进去用来作假，但是把碎银铸成银锭的时候，就可以除去杂质加以提纯。方法是将杂银放在坩埚里，送进高炉里用猛火熔炼，撒上一些硝石，其中的铜和铅便全部结在埚底了，这就叫作银锈。那些敲落在灰池里的叫作炉底。将银锈和炉底一起放进分金炉里，用土甑子装满木炭起火熔炼，铅就会首先熔化，流向低处，剩下的铜和银可以用铁条分拨，两者就截然分开了。人工与天工的关系由此可见一斑。

卷十四·五金

附：朱砂银 银的产地与冶炼

【原文】

　　凡虚伪方士以炉火惑人者，唯朱砂银愚人[1]易惑。其法以投铅、朱砂与白银等分，入罐封固，温养三七日后，砂盗银气[2]，煎成至宝。拣出其银，形有神丧，块然枯物[3]。入铅煎时，逐火轻折，再经数火，毫忽无存。折去[4]砂价、炭资、愚者贪惑犹不解，并志于此。

【译文】

　　那些虚伪的方士用炉火骗人的方法中，用朱砂银愚弄人是比较容易的。在罐子里放入铅、朱砂、白银等物，封存起来，用火低温养二十一天后，朱砂含有银的成分，成为很好的宝物。把银子挑出来，剩下的已经没有银的样子，光有渣滓了。放铅炼时，随着火力铅有损耗，再炼几次，一点儿都不剩了。损失了朱砂、炭的钱，笨人还抱着贪恋不放，我把这也记录下来。

铜 铜矿与炼铜

【原文】

　　凡铜供世用，出山与出炉只有赤铜。以炉甘石或倭铅参和，转色为黄铜，以砒霜等药制炼为白铜；矾、硝等药制炼为青铜；广锡参和为响铜；倭铅和写为铸铜。初质则一味红铜而已。

　　凡铜坑所在有之。《山海经》言出铜之山四百六十七[5]，或有所考据也。今中国供用者，西自四川、贵州为最盛。东南间自海舶来[6]，湖广武昌、江西广信皆饶铜穴。其衡、瑞等郡，出最下品曰蒙山[7]铜者，或入冶铸混入，不堪升炼成坚质也。

　　凡出铜山夹土带石，穴凿数丈得之，仍有矿包其外，矿状如姜石，而有铜星，亦名铜璞，煎炼仍有铜流出，不似银矿之为弃物。凡铜砂在矿内，形状不一，或大或小，或光或暗，或如钥石，或如姜铁。淘洗去土滓，然后入炉煎炼，其熏蒸傍溢者，为自然铜，亦曰石髓铅。

　　凡铜质有数种。有全体皆铜，不夹铅、银者，洪炉单炼而成。有与铅同体者，其煎炼炉法，傍通高低二孔，铅质先化从上孔流出，铜质后化从下孔流出。东夷铜又有托体银矿内者，入炉炼时，银结

1.愚人：愚弄人。2.盗银气：吸收银的成分。3.拣出其银，形有神丧，块然枯物：把银子从混合物中拣出，剩下的只有银之形而无银之实，只是一堆渣滓。4.折去：损失掉。5.《山海经》言出铜之山四百六十七：本书原刻本为"四百三十七"，经过查证，《山海经·中山经》中所说为"出铜之山四百六十七"，现在依照此文将原《天工开物》中"四百三十七"改为"四百六十七"。6.舶来：用船运来。7.蒙山：在今江西上高县南，此地从宋代以来即产铜。因此地产的铜矿杂质较多而且性脆，只能用来铸造而不能用来锤炼。

211

于面，铜沉于下。商舶漂入中国，名曰日本铜，其形为方长板条。漳郡[1]人得之，有以炉再炼，取出零银，然后泻成薄饼，如川铜一样货卖者。

凡红铜升黄色为锤锻用者，用自风煤炭（此煤碎如粉，泥糊作饼，不用鼓风，通红则自昼达夜。江西则产袁郡[2]及新喻[3]邑）百斤，灼于炉内，以泥瓦罐载铜十斤，继入炉甘石六斤坐于炉内，自然熔化。后人因炉甘石烟洪飞损，改用倭铅。每红铜六斤，入倭铅四斤，先后入罐熔化，冷定取出，即成黄铜，唯人打造。

凡用铜造响器，用出山广锡无铅气者入内。钲（今名锣）、镯（今名铜鼓）之类，皆红铜八斤，入广锡二斤。铙、钹、铜与锡更加精炼。凡铸器，低者红铜、倭铅均平分两，甚至铅六铜四。高者名三火黄铜、四火熟铜，则铜七而铅三也。

凡造低伪银者，唯本色红铜可入。一受倭铅、砒、矾等气，则永不和合。然铜入银内，使白质顿成红色，洪炉再鼓，则清浊浮沉立分，至于净尽云。

【译文】

世间用的铜，开采后经过熔炼得来的只有红铜一种。但是如果加入炉甘石或锌共同熔炼，就会转变成黄铜；如果加入砒霜等药物，可以炼成白铜；加入明矾和硝石等药物可炼成青铜；加入锡的得响铜；加入锌的得铸铜。然而最基本的质地不过是红铜一种而已。

铜矿到处都有，《山海经》一书中提到全国产铜的地方共有四百六十七处，这或许是有根据的。今天中国供人使用的铜，要算西部的四川、贵州两省出产为最多，东南多是从国外由海上运来的，湖北的武昌以及江西的广信，都有丰富的铜矿。从湖南衡州、瑞州等地出产的蒙山铜，品质低劣，仅可以在铸造时掺入，不能熔炼成坚实的铜块。

产铜的山总是夹土带石的，要挖几丈深才能得到铜矿石，取得的矿石仍然有围岩包在外层。围岩的形状好像礓石那样，表面呈现一些铜的斑点，这又叫作铜璞。把它拿到炉里去冶炼，仍然会有一些铜流出来，不像银矿石那样完全是废物。铜砂在矿里的形状不一样，有的大，有的小，有的光，有的暗，有的像黄铜矿石，有的则像礓铁。把铜砂夹杂着的土滓洗去，然后入炉熔炼，经过熔化后从炉里流出来的，就是自然铜，也叫石髓铅。

铜矿石有几个品种，其中有全部是铜而不夹杂铅和银的，只要入炉一炼就成。有的却和铅混杂在一起，这种铜矿的冶炼方法是：在炉旁留高低两个孔，先熔化的铅从上孔流出，后熔化的铜则从下孔流出。日本等处的铜矿，也有与银矿在一块的，当放进炉里去熔炼时，银会浮在上层，而铜沉在下面。由商船运进中国的铜，叫作日本铜，它是铸成长方形的板条状的。福建漳州人得到后，有把这种铜入炉再炼，取出其中零星的银，然后铸成薄饼模样，像四川的铜那样出售。

由红铜炼成可以锤锻的黄铜，要用一百斤自风煤（这种煤细碎如粉，和泥做成来烧，不需要鼓风，从早到晚炉火通红。产于江西宜春、新余等县）放入炉里烧，在一个泥瓦罐里装铜十斤、炉甘石六斤，放入炉内，让它自然熔化。后来人们因为炉甘石挥发得太厉害，损耗很大，就改用锌。每次红铜六斤，配锌四斤，先后放入罐里熔化，冷却后取出即是黄铜，供人们打造各种器物。

制造乐器用的响铜，要把不含铅的两广产的锡放进罐里与铜同熔。制造锣、鼓一类乐器，一般用红铜八斤，掺入广锡二斤；锤制铙、钹所用铜、锡还须进一步精炼。一般质量差的铜器，含红铜和锌各一半，甚至锌占六成而铜占四成；好的铜器则要用经过三次或四次熔炼的所谓三火黄铜或四火熟铜来制成，其中含铜七成、铅三成。

1.漳郡：今福建漳州。 2.袁郡：府名，指今江西宜春。 3.新喻：旧时的县名，指今江西新余。

那些制造假银的，只有纯铜可以混入。如果掺杂有锌、砒、矾等物质，永远都不能互相结合。然而铜混进银里，使白色立刻变成红色，再入炉鼓风熔炼，等它全部熔化后，此时哪个清、哪个浊、哪个浮、哪个沉，就能辨识得清清楚楚，银和铜便分离得干干净净了。

炼铜

古代人开采熔炼后得到的是红铜，后来发现在熔炼时加入锡可以制成青铜，这一发现被认为是人类历史上的一个重大突破，人类由此进入了青铜时代。人们开始大量使用青铜来制造工具、武器、艺术品等。

附：倭铅 锌

【原文】

凡倭铅古书本无之，乃近世所立名色。其质用炉甘石熬炼而成。繁产山西太行山一带，而荆、衡为次之。每炉甘石十斤，装载入一泥罐内，封裹泥固以渐砑[1]干，勿使见火拆裂。然后逐层用煤炭饼垫盛，其底铺薪，发火煅红，罐中炉甘石熔化成团，冷定毁罐取出。每十耗去其二，即倭铅也。此物无铜收伏，入火即成烟飞去。以其似铅而性猛，故名之曰倭[2]云。

【译文】

"倭铅"（锌）在古书里本来没有什么记载，只是到了近代才有了这个名字。它是由炉甘石熬炼而成的，大量出产于山西太行山一带，其次是湖北荆州和湖南衡州。熔炼的方法是：每次将十斤炉甘石装进一个泥罐里，在泥罐外面涂上泥封固，再将表面碾光滑，让它渐渐风干。千万不要用火烤，以防泥罐拆裂。然后用煤饼一层层地把装炉甘石的罐垫起来，在下面铺柴引火烧红，最终泥罐里的炉甘石就能熔成一团了。等到泥罐冷却以后，将罐子打烂后取出来的就是倭铅（锌），每十斤炉甘石会损耗两斤。但是，这种倭铅如果不和铜结合，一见火就会挥发成烟。由于它很像铅而又比铅的性质更猛烈，所以把它叫作"倭铅"。

升炼倭锌

倭铅就是锌，《天工开物》中关于升炼倭锌的描述是世界上现存最早关于炼锌技术的文字记载。熔炼锌时，将十斤炉甘石装进一个泥罐并风干，然后用煤饼泥罐垫起来，在下面铺柴引火烧红，等到泥罐冷却后，将罐子打烂后取出来的就是锌，每十斤炉甘石会损耗两斤。

1.砑：碾压。2.故名之曰倭：此言"倭铅"之倭乃猛烈的意思，非日本之倭也。

铁 铁矿与炼铁

【原文】

凡铁场[1]所在有之，其铁浅浮土面，不生深穴，繁生平阳、冈埠[2]，不生峻岭高山。质有土锭、碎砂数种。凡土锭铁，土面浮出黑块，形似秤锤。遥望宛然如铁，捻之则碎土。若起冶煎炼，浮者拾之，又乘雨湿之后牛耕起土，拾其数寸土内者。耕垦之后，其块逐日生长，愈用不穷。西北甘肃，东南泉郡[3]，皆锭铁之薮也。燕京、遵化与山西平阳，则皆砂铁之薮也。凡砂铁一抛土膜即现其形，取来淘洗，入炉煎炼，熔化之后与锭铁无二也。

凡铁分生、熟，出炉未炒则生，既炒则熟。生熟相和，炼成则钢。凡铁炉用盐做造，和泥砌成。其炉多傍山穴为之，或用巨木匡围，朔造盐泥，穷月之力不容造次[4]。盐泥有罅，尽弃全功。凡铁一炉载土二千余斤，或用硬木柴，或用煤炭，或用木炭，南北各从利便。扇炉风箱必用四人、六人带拽。土化成铁之后，从炉腰孔流出。炉孔先用泥塞。每旦昼六时，一时出铁一陀。既出即又泥塞，鼓风再熔。

凡造生钱为冶铸用者，就此流成长条、圆块，范内取用。若造熟铁，则生铁流出时相连数尺内，低下数寸筑一方塘，短墙抵之。其铁流入塘内，数人执持柳木棍排立墙上，先以污潮泥晒干，舂筛细罗如面，一人疾手撒滟，众人柳棍疾搅，即时炒成熟铁。其柳棍每炒一次，烧折二三寸，再用则又更之。炒过稍冷之时，或有就塘内斩划成方块者，或有提出挥椎打圆后货者。若浏阳[5]诸冶，不知出此也。

凡钢铁炼法，用熟铁打成薄片如指头阔，长寸半许，以铁片束尖紧，生铁安置其上（广南生铁名堕子生钢者妙甚），又用破草履盖其上（粘带泥土者，故不速化），泥涂其底下。洪炉鼓鞲，火力到时，生钢先化，渗淋熟铁之中，两情投合，取出加锤。再炼再锤，不一而足。俗名团钢，亦曰灌钢者是也。

凡倭夷刀剑有百炼精纯、置日光檐下则满室辉曜者，不用生熟相和炼，又名此钢为下乘云。夷人又有以地溲淬刀剑者（地溲乃石脑油之类，不产中国），云钢可切玉，亦未之见也。凡铁内有硬处不可打者名铁核，以香油涂之即散。凡产铁之阴，其阳出慈石，第有数处不尽然也。

【译文】

全国各地都有铁矿，而且都是浅藏在地面而不深埋在洞穴里。出产得最多的，是在平原和丘陵地带，而不在高山峻岭上。铁矿石有土块状的"土锭铁"和碎砂状的"砂铁"等好几种。铁矿石呈黑色，露出在泥土上面，形状好像秤锤，从远处看上去就像一块铁，用手一捏却成了碎土。如果要进行冶炼，就可以把浮在土面上的这些铁矿石拾起来，还可以在下雨地湿时，用牛犁耕浅土，把那些埋在泥土里几寸深的铁矿石都捡起来。犁耕过之后，铁矿石还会逐渐生长，用不完。我国西北的甘肃和东南的福建泉州都盛产这种"土锭铁"，而北京、遵化和山西临汾都是盛产"砂铁"的主要地区。至于"砂铁"，一挖开表土层就可以找到，把它取出来后进行淘洗，再入炉冶炼。这样熔炼出来的铁跟来自"土锭铁"的完全是一种品质。

铁分为生铁和熟铁两种：其中已经出炉但是还没有炒过的是生铁，炒过以后便成了熟铁。把生铁和熟铁混合熔炼就变成了钢。炼铁炉是用掺盐的泥土砌成的，这种炉大多是依傍着山洞而砌成的，也有些是用大根木头围成框框的。用盐泥

1.铁场：采铁矿之场。 2.平阳、冈埠：平原与丘陵。 3.泉郡：泉州府，今福建泉州。 4.造次：马虎凑合。 5.浏阳：今湖南浏阳。

锭拾土垦

垦土拾锭

铁矿浅藏在地面下,铁矿石呈黑色,露出在泥土上面,形状好像秤锤,可以在下雨地湿时,用牛犁耕浅土,把那些埋在泥土里几寸深的铁矿石都捡起来。

塑造出这样一个炉子,非得要花个把月时间不可,不能轻率贪快。盐泥一旦出现裂缝,那就会前功尽弃了。一座炼铁炉可以装铁矿石两千多斤,燃料有的用硬木柴,有的用煤或者用木炭,南方北方可根据方便就地取料。鼓风的风箱要由四个人或者六个人一起推拉。铁矿石化成了铁水之后,就会从炼铁炉腰孔中流出来,这个孔要事先用泥塞住。白天十二个钟头当中,每两个钟头就能炼出一炉子铁来。出铁之后,立即用叉拨泥把孔塞住,然后再鼓风熔炼。

如果是造供铸造用的生铁,就让铁水注入条形或者圆形的铸模里。如果是造熟铁,便在离炉子几尺远而又低几寸的地方筑一口方塘,四周砌上矮墙。让铁水流入塘内,几个人拿着柳木棍,站在矮墙上。事先将污潮泥晒干,舂成粉,再筛成像面粉一样的细末。一个人迅速把泥粉均匀地撒播在铁水上面,另外几个人就用柳棍猛烈搅拌,这样很快就炒成熟铁了。柳木棍每炒一次便会燃掉二三寸,再炒时就得更换一根新的。炒过以后,稍微冷却时,有的人就在塘里划成方块,有的人则拿出来锤打成圆块,然后出售。但是湖南浏阳那些冶铁场却并不懂得这种技术。

炼钢的方法是:先将熟铁打成约有一寸半长像指头一般宽的薄片,然后把薄片包扎紧,将生铁放在扎紧的熟铁片上面(广东南部有一种叫作堕子生钢的生铁

砂鐵洗淘

淘洗铁砂

　　北京、遵化和山西临汾都是盛产"砂铁"的主要地区。"砂铁",一挖开土层就可以找到,把它取出来后进行淘洗,再入炉冶炼。这样熔炼出来的铁跟来自"土锭铁"的是一种品质。

最适宜）。再盖上破草鞋（要沾有泥土的，才不会被立即烧毁），在熟铁片底下还要涂上泥浆。投进洪炉进行鼓风熔炼，达到一定的温度时，生铁会先熔化而渗到熟铁里，两者相互融合。取出来后进行敲打，再熔炼再敲打，如此反复进行多次。这样锤炼出来的钢，俗名叫作团钢，也叫作灌钢。

日本出的一种刀剑，用的是经过百炼的精纯的好钢，白天放在日光下，那么整个屋子都非常明亮。这种钢不是用生铁和熟铁炼成的，有人把它称为次品。日本人又有用地溲（即石脑油之类的东西，我国中原地区不出产）来淬刀剑的，据说这种钢刀可以切玉，但也未曾见过。打铁时铁里偶尔会出现一种非常坚硬的、打不散的硬块，这东西叫作铁核。如果涂上香油再次敲打，铁核就会消散了。凡是在山的北坡有铁矿的，山的南坡就会有磁石，好几个地方都有这种现象，但并不是全都如此。

生熟炼铁炉

铁分为生铁和熟铁两种：其中已经出炉但是还没有炒过的是生铁，炒过以后便成了熟铁。把生铁和熟铁混合熔炼就变成了钢。炼铁炉是用掺盐的泥土砌成的，这种炉大多是依傍着山洞而砌成的，也有些是用大根木头围成框框的。

锡 锡矿与炼锡

【原文】

凡锡中国偏出西南郡邑，东北寡生。古书名锡为"贺"者，以临贺郡[1]产锡最盛而得名也。今衣被天下[2]者，独广西南丹、河池[3]二州居其十八，衡、永[4]则次之。大理、楚雄即产锡甚盛，道远难致也。

凡锡有山锡、水锡两种。山锡中又有锡瓜、锡砂两种，锡瓜块大如小瓠，锡砂如豆粒，皆穴土不甚深而得之。间或土中生脉充牣，致山土自颓，恣人拾取者。水锡衡、永出溪中，广西则出南丹州河内，其质黑色，粉碎如重罗面。南丹河出者，居民旬前从南淘至北，旬后又从北淘至南。愈经淘取，其砂日长[5]，百年不竭。但一日功劳淘取煎炼不过一斤。会计炉炭资本，所获不多也。南丹山锡出山之阴，其方无水淘洗，则接连百竹为枧，从山阳枧水淘洗土滓，然后入炉。

凡炼煎亦用洪炉，入砂数百斤，丛架木炭亦数百斤，鼓鞴熔化。火力已到，砂不即熔，用铅少许勾引，方始沛然流注。或有用人家炒锡剩灰勾引者。其炉底炭末、瓷灰铺作平地，傍安铁管小槽道，熔时流出炉外低池。其质初出洁白，然过刚，承锤即拆裂。入铅制柔，方充造器用。售者杂铅太多，欲取净则熔化，入醋淬八九度，铅尽化灰而去。出锡唯此道。方书云马齿苋取草锡者，妄言也；谓砒为锡苗[6]者，亦妄言也。

【译文】

中国的产锡地主要分布在西南地区，而东北

河池山锡

河池山锡，是一种产于广西河池的锡矿石，山锡又分锡瓜和锡砂两种。锡瓜好像个小葫芦瓜，锡砂则像豆粒，都可以在不深的地层里找到。

1.临贺郡：今广西贺县。2.衣被天下：广布于天下。3.南丹、河池：南丹，在今广西壮族自治区的西北部。河池，为明代州名，在今天的广西壮族自治区的北部，与南丹县相邻。4.衡、永：今湖南衡阳、永州。5.愈经淘取，其砂日长：这种说法是不正确的。实际上是一些锡矿砂新从上游冲下来，或从原来河砂里被水翻滚到上面来的。6.砒为锡苗：根据《本草纲目》第十卷《砒石》条中说"砒乃锡之苗"，此话很有道理。中国锡矿床中多含毒砂，作者这一批评是不对的。

爐錫煉

點鉛
勾錫

流入鐵盤

炼锡炉

熔炼锡时要用洪炉，每炉入锡砂数百斤，添加的木炭也要数百斤，一起鼓风熔炼，还要掺少量的铅，锡才会大量熔流出来。洪炉炉底用炭末和瓷灰铺成平池，炉旁安装一条铁管小槽，炼出的锡水引入炉外低池内。

地区十分少。古书中称锡为"贺"，是因为广西贺县一带产锡最多。今天供应全国的锡，仅广西的南丹、河池二州就占了八成，湖南的衡阳、永州次之。云南的大理、楚雄虽然产锡很多，但路途遥远，难以供应内地。

锡矿分为山锡和水锡两种。山锡又分锡瓜和锡砂两种。锡瓜的块度好像个小葫芦瓜，锡砂则像豆粒，都可以在不深的地层里找到。偶尔还会有这样的情况，原生矿床所含的矿脉露出地表后受到风化和崩解，而形成呈条带状分布的次生矿，可任凭人们拾取。水锡，在湖南衡阳和永州两地产于小溪里，广西则产于南丹河里。这种水锡是黑色的，细碎得好像是筛过了的面粉。南丹河出产水锡，居民十天前从南淘到北，十天后再从北淘到南，这些矿砂不断生长出来，千百年都取之不尽。但是，一天的淘取和熔炼也就不过一斤左右，计算所耗费的炉炭成本，获利实在是不多。南丹的山锡产于山的北坡，那里缺水淘洗，因此就用许多根竹管接起来当导水槽，从山的南坡引水过来洗矿，把泥沙除掉，然后入炉。

熔炼时也要用洪炉，每炉入锡砂数百斤，添加的木炭也要数百斤，一起鼓风熔炼。当火力足够时，锡砂还不一定能马上熔化，这时要掺少量的铅去催化，锡才会大量熔流出来。也有采用别人的炼锡炉渣去催化的。洪炉底用炭末和瓷灰铺成平池，炉旁安装一条铁管小槽，炼出的锡水引入炉外低池内。锡出炉时洁白，可是太过硬脆，一经敲打就会碎裂，要加铅使锡质变软，才能用来制造各种器具。市面上卖的锡掺铅太多，如果需要提纯，就应该在把它熔化后与醋酸反复接触八九次，其中所含的铅便会形成渣灰而被除去。生产纯锡只有这么一种方法。有的医药书说什么可以从马齿苋中提取草锡，这是胡说。所谓发现了砒就一定有锡矿的苗头的说法，也是信口胡言。

南丹水锡

南丹水锡

　　广西的水锡产于南丹河里,是黑色的,细碎得好像是筛过了的面粉。矿工在南丹河开采锡矿,仿佛取之不尽一般。

铅 铅矿与炼铅

【原文】

凡产铅山穴，繁于铜、锡。其质有三种，一出银矿中，包孕白银。初炼和银成团，再炼脱银沉底，曰银矿铅，此铅云南为盛。一出铜矿中，入烘炉炼化，铅先出，铜后随，曰铜山铅，此铅贵州为盛。一出单生铅穴，取者穴山石，挟油灯寻脉，曲折如采银矿，取出淘洗煎炼，名曰草节铅，此铅蜀中嘉、利等州为盛。其余雅州出钓脚铅，形如皂荚子，又如蝌斗子，生山涧沙中。广信郡上饶、饶郡乐平出杂铜铅，剑州[1]出阴平铅，难以枚举。

凡银矿中铅，炼铅成底，炼底复成铅。草节铅单入烘炉煎炼，炉傍通管注入长条土槽内，俗名扁担铅，亦曰出山铅，所以别于凡银炉内频经煎炼者。凡铅物值虽贱，变化殊奇，白粉、黄丹，皆其显像。操银底于[2]精纯，勾锡成其柔软，皆铅力也。

【译文】

产铅的矿山比产铜矿和锡矿的矿山都要多。铅矿的质地有三种：第一种产白银矿铅，这种矿，初炼时和银熔成一团，再炼时脱离银而沉底，名为银铅矿，以我国云南出产为最多。第二种夹杂在铜矿里，入洪炉冶炼时，铅比铜先熔化流出，名为铜山铅，以我国贵州出产为最多。第三种产自山洞中找到的纯铅矿，开采的人凿开山石，点着油灯在山洞里寻找铅脉，好像采银矿时的那种曲折情况。采出来后再加淘洗、熔炼，名为草节铅，这种矿以四川的嘉州和利州出产为最多。除此之外，还有四川的雅州出产有钓脚铅，形状像个皂荚子，又好像蝌蚪，出自山涧的沙里。江西广信郡的上饶和饶郡的乐平等地还出产有杂铜铅，剑州还出产有阴平铅，在这里难以一一列举。

银矿铅的熔炼方法是：先从银铅矿中提取银，剩下的作为"炉底"，再把"炉底"炼成铅。草节铅则单独放入洪炉里冶炼，洪炉旁通一条管子以便浇注入长条形的土槽里，这样铸成的铅俗名叫作扁担铅，也叫作出山铅，用以区别从银炉里多次熔炼出来的那种铅。铅的价值虽然低贱，可是变化却特别奇妙，白粉和黄丹便是一种明显的体现。此外，促使白银矿的"炉底"提炼精纯，从而使锡变得很柔软，都是铅起的作用。

1.剑州：指今四川剑阁。2.底于：达到。

铅铜取穴

穴取铜铅

铅矿有三种：第一种是银铅矿，以我国云南出产为最多。第二种是铜山铅，以我国贵州出产为最多。第三种是纯铅矿，采出来后再加淘洗、熔炼，名为草节铅，这种矿以四川的嘉州和利州出产为最多。

附：胡粉 铅矿与炼铅

【原文】

凡造胡粉，每铅百斤，熔化，削成薄片，卷作筒，安木甑内。甑下甑中各安醋一瓶，外以盐泥固济[1]，纸糊甑缝。安火四两，养之七日。期足启开，铅片皆生霜粉，扫入水缸内。未生霜者，入甑依旧再养七日，再扫，以质尽为度，其不尽者留作黄丹料。

每扫下霜一斤，入豆粉二两、蛤粉四两，缸内搅匀，澄去清水，用细灰按成沟，纸隔数层，置粉于上。将干，截成瓦定形[2]，或如磊鬼，待干收货。此物古因辰、韶诸郡专造，故曰韶粉（俗误朝粉）。今则各省直饶为之矣。其质入丹青，则白不减。揸妇人颊，能使本色转青。胡粉投入炭炉中，仍还熔化为铅，所谓色尽归皂者。

【译文】

制作胡粉的方法是：先把一百斤铅熔化之后再削成薄片，卷成筒状，安置在木甑子里面。甑子下面及甑子中间各放置一瓶醋，外面用盐泥封固，并用纸糊严甑子缝。用大约四两木炭的火力持续加热，七天之后，再把木盖打开，就能够见到铅片上面覆盖着的一层霜粉，将粉扫进水缸里。那些还未产生霜的铅再放进甑子里，按照原来的方法再次加热七天后，再次收扫，直到铅用尽为止，剩下的残渣可作为制黄丹的原料。

每扫下霜粉一斤，加进豆粉二两、蛤粉四两，在缸里把它们调和搅匀，澄清之后再把水倒去。用细灰做成一条沟，沟上平铺几层纸，将湿粉放在上面。快干的时候把湿粉截成瓦形或者是方块状，等到完全风干之后收藏起来。由于古代只有湖南的辰州和广东的韶州制造这种粉，所以也把它叫作韶粉（民间误叫它朝粉），到今天全国各省都已经有制造了。这种粉如果用做颜料，能够长期保持白色；如果妇女经常用它来粉饰脸颊，涂多了就会使脸色变青。将胡粉投入炭炉里面烧，仍然会还原为铅，这就是所谓一切的颜色终归还会变回黑色。

附：黄丹 铅矿与炼铅

【原文】

凡炒铅丹，用铅一斤，土硫黄十两，硝石一两。熔铅成汁，下醋点之。滚沸时下硫一块，少顷入硝少许，沸定再点醋，依前渐下硝、黄。待为末，则成丹矣。其胡粉残剩者，用硝石、矾石炒成丹，不复用醋也。欲丹还铅，用葱白汁拌黄丹慢炒[3]，金汁出时，倾出即还铅矣。

【译文】

制炼铅丹的方法是用铅一斤、土硫黄十两、硝石一两配合。铅熔化变成液体后，加进一点儿醋。沸腾时再投入一块硫黄，过一会儿再加进一点硝石，沸腾停止后再按程序加醋，接着再加硫黄和硝石，就这样下去直到炉里的东西都成为粉末，就炼成黄丹了。如要将制胡粉时剩余的铅炼成黄丹，那就只用硝石、矾石加进去炒，不必加醋了。如想把黄丹还原成铅，则要用葱白汁拌入黄丹，慢火熬炒，等到有黄汁流出时，倒出来就可得到铅了。

1.固济：封牢固。2.截成瓦定形：截成瓦状以定形。3.慢炒：慢火熬炒。

卷十五·佳兵

各种武器的制造方法

宋子曰：兵非圣人之得已也。虞舜在位五十载，而有苗犹弗率。明王圣帝，谁能去兵哉？弧矢之利，以威天下，其来尚矣。为老氏者，有葛天之思焉。其词有曰："佳兵者，不祥之器。"盖言慎也。

火药机械之窍，其先凿自西番与南裔，而后乃及于中国。变幻百出，日盛月新。中国至今日，则即戎者以为第一义，岂其然哉？虽然，生人纵有巧思，乌能至此极也？

弧矢 弓、箭

【原文】

凡造弓，以竹与牛角为正中干质[1]（东北夷无竹，以柔木为之），桑枝木为两梢[2]。弛则竹为内体，角护其外；张则角向内而竹居外。竹一条而角两接，桑梢则其末刻锲，以受弦驱[3]，其本则贯插接榫于竹丫[4]，而光削一面以贴角。

凡造弓，先削竹一片（竹宜秋冬伐，春夏则朽蛀），中腰微亚小，两头差大，约长二尺许。一面粘胶靠角，一面铺置牛筋与胶而固之。牛角当中牙接[5]（北边无修长牛角，则以羊角四接而束之。广弓则黄牛明角亦用，不独水牛也），固以筋胶。胶外固以桦皮，名曰暖靶。凡桦木关外产辽阳，北土繁生遵化，西陲繁生临洮郡，闽、广、浙亦皆有之。其皮护物，手握如软绵，故弓靶所必用。即刀柄与枪干亦需用之。其最薄者，则为刀剑鞘室也。

凡牛脊梁每只生筋一方条，约重三十两。杀取晒干，复浸水中，析破如苎麻丝。北边无蚕丝，弓弦处皆纠合此物为之。中华则以之铺护弓干，与为棉花弹弓弦也。凡胶乃鱼脬杂肠所为，煎治多属宁国郡，其东海石首鱼，浙中以造白鲞者，取其脬为胶，坚固过于金铁。北边取海鱼脬煎成，坚固与中华无异，种性则别也。天生数物，缺一而良弓不成，非偶然也。

凡造弓初成坯后，安置室中梁阁上，地面勿离火意。促者旬日，多者两月，透干其津液，然后取下磨光，重加筋胶与漆，则其弓良甚。货弓之家，不能俟日足者，则他日解释之患因之。

凡弓弦取食柘叶蚕茧，其丝更坚韧。每条用丝线二十余根作骨，然后用线横缠紧约。缠丝分三停，隔七寸许则空一二分不缠，故弦不张弓时，可折叠三曲而收之。往者北边弓弦，尽以牛筋为质，故夏月雨雾，妨其解脱，不相侵犯。今则丝弦亦广有之。涂弦或用黄蜡，或不用亦无害也。凡弓两弰系驱处，或以最厚牛皮，或削柔木如小棋子，钉黏角端，名曰垫弦，义同琴轸。放弦归返时，雄力向内，得此而抗止，不然则受损也。

凡造弓，视人力强弱为轻重，上力挽一百二十斤，过此则为虎力，亦不数出。中力减十之二三，下力及其半。彀满之时皆能中的。但战阵之上洞胸彻札，功必归于挽强者。而下力倘能穿杨贯虱，则以巧胜也。凡试弓力，以足踏弦就地，称钩搭挂弓腰，弦满之时，推移称锤所压，则知多少。其初造料分两，则上力挽强者，角与竹片削就时，约重七两。筋与胶、漆与缠约丝绳，约重八钱。此其大略。中力减十之一二，下力减十之二三也。

凡成弓，藏时最嫌霉湿（霉气先南后北，岭南谷雨时，江南小满，江北六月，燕、齐七月。然淮、扬霉气独盛）。将士家或置烘厨、烘箱，日以炭火置其下（春秋雾雨皆然，不但霉气）。小卒无烘厨，则安顿灶突之上。稍怠不勤，立受朽解之患也（近岁命南方诸省造弓解北，纷纷驳回，不知离火即坏之故，亦无人陈说本章者）。

凡箭笴，中国南方竹质，北方萑柳质，北边桦质，随方不一。竿长二尺，镞长一寸，其大端也。凡竹箭削竹四条或三条，以胶粘合，过刀光削而圆成之。漆丝缠约两头，名曰"三不齐"箭杆。浙与广南有生成箭竹，不破合者。柳与桦杆，则取彼圆直枝条而为之，微费刮削而成也。凡竹箭其体自直，不用矫揉。木杆则燥时必曲，削造成时以数寸之木，刻槽一条，名曰箭端。将木杆逐寸戛拖而过，其身

1.正中干质：此指弓背中间的主干部分。质，材料。2.梢：弓背的两端为梢。3.弦驱：弓弦套在弓背两端的索套。4.其本则贯插接榫于竹丫：桑弰之根部用榫子与竹片的丫口相衔插。5.牙接：以牙榫相接。

乃直。即首尾轻重，亦由过端而均停也。

凡箭，其本刻衔口以驾弦，其末受镞。凡镞冶铁为之（《禹贡》砮石乃方物，不适用）。北边制如桃叶枪尖，广南黎人矢镞如平面铁铲，中国则三棱锥象也。响箭则以寸木空中锥眼为窍，矢过招风而飞鸣，即《庄子》所谓嚆矢也。凡箭行端斜与疾慢，窍妙皆系本端翎羽之上。

箭本近衔处剪翎直贴三条，其长三寸，鼎足安顿，粘以胶，名曰箭羽（此胶亦忌霉湿，故将卒勤者，箭亦时以火烘）。羽以雕膀为上（雕似鹰而大，尾长翅短），角鹰次之，鸱鹞又次之。南方造箭者，雕无望焉，即鹰、鹞亦难得之货，急用塞数，即以雁翎，甚至鹅翎亦为之矣。凡雕翎箭行疾过鹰、鹞翎，十余步而端正，能抗风吹。北边羽箭多出此料。鹰、鹞翎作法精工，亦恍惚焉。若鹅、雁之质，则释放之时，手不应心，而遇风斜窜者多矣。南箭不及北，由此分也。

【译文】

造弓，要用竹片和牛角做正中的骨干（东北少数民族地区没有竹，就用柔韧的木料），两头接上桑木。未安紧弓弦时，竹在弓弧的内侧，角在弓弧的外侧起保护作用；安紧弓弦以后，角在弓弧的内侧，竹在弓弧的外侧。弓的本体是用一整条竹片，牛角则两段相接。弓两头的桑木末端都刻有缺口，使弓弦能够套紧。桑木本身与竹片互相穿插接榫，并削光一面贴上牛角。

动手造弓时，先削竹片一根（秋冬季节砍伐的竹子较好，因为春夏砍的容易蛀朽），中腰略小，两头稍大一些，长约两尺左右。一面用胶粘贴上牛角，一面用胶粘贴上牛筋，加固弓身。两段牛角之间互相咬合（北方少数民族没有长的牛角，就用羊角分四段相接扎紧。广东一带的弓，不单用水牛角，有时也用半透明的黄牛角），用牛筋和胶液固定，外面再粘上桦树皮加固，这就叫作"暖靶"。桦树，东北地区产在辽阳，华北地区以河北遵化为最多，西北地区以甘肃临洮为最多，福建、广东和浙江等地也有出产。用桦树皮作为保护层，

手握起来感到柔软，所以造弓把一定要用它。即使是刀柄和枪身也要用到它。最薄的可用来作为刀剑的套子。

牛脊骨里都有一条长方形的筋，重约三十两。宰杀牛以后取出来晒干，再用水浸泡，然后将它撕成苎麻丝那样的纤维。北方少数民族没有蚕丝，弓弦都是用这种牛筋缠合的。中原地区则用它铺护弓的主干，或者用它来作为弹棉花的弓弦。胶是从鱼鳔、杂肠中熬取的，多数在宁国郡熬炼。东海有一种石首鱼，浙江人常用它晒成美味的鱼干，用它的鳔熬成的胶比铜铁还要牢固。北方少数民族用其他海鱼的鳔熬成的胶，同中原的一样牢固，只是种类不同而已。天然的这几种东西，缺少一种就造不成良弓，看来这并不是偶然的。

弓坯子刚刚做成之后，要放在屋梁高处，地面不断地生火烘焙。短则放置十来天，长则两个月，等到胶液干透后，就拿下来磨光，再一次添加牛筋、涂胶和上漆，这样做出来的弓质量就很好了。有的卖弓人不到足够的烘焙时间就把弓卖

骑在马背上的民族

出，这样，日后就可能出现脱胶的毛病。

用柘蚕丝为弓弦的弓更加坚韧。每条弦用二十多根丝线为骨，然后用丝线横向缠紧。缠丝的时候分成三段，每缠七寸左右就留空一两分不缠。这样，在弦不上弓时就可以折成三节收起。过去北方少数民族都用牛筋为弓弦，每逢夏天雨季就怕它吸潮解脱而不敢贸然出兵进犯。现在到处都有丝弦了，有的人用黄蜡涂弦防潮，不用也不要紧。弓两端系弦的部位，要用最厚的牛皮或软木做成像小棋子那样的垫子，用胶粘紧钉在牛角末端，这叫作垫弦，作用跟琴弦的码子差不多。放箭时弓弦的回弹力很大，有了垫弦就可以抵消它，否则会损伤弓弦。

造弓还要按人的挽力大小来分轻重。上等力气的人能挽一百二十斤，超过这个数目的叫作虎力，但这样的人很少见。中等力气的人能挽八九十斤，下等力气的人只能挽六十斤左右。这些弓箭在拉满弦时都可以射中目标。但在战场上能射穿敌人的胸膛或铠甲，当然是力气大的射手；力气小的人如果有能射穿杨树叶或射中虱子的，那是以巧取胜。测定弓力的方法是：用脚踩弓弦，将秤钩钩住弓的中点往上拉，弦满之时，推移秤锤称平，就可知道弓力大小。做弓料的分量是，上等力气所用的弓，角和竹片削好后约重七两，筋、胶、漆和缠丝约重八钱，这是大概的数字。中等力气的相应减少十分之一或五分之一，下等力气的减少五分之一或十分之三。

弓的保管：藏弓最怕潮湿（阴雨天气先南后北，开始的节气，岭南是谷雨，江南是小满，江北是六月，河北、山东一带是七月。而以淮河和扬州地区的阴雨天气为最多）。军官家里常设有烘厨或烘箱，每天都用炭火放在下面烘（不仅是阴雨天，春秋下雨或多雾的天气也都这样做）。士兵没有烘厨或烘箱，就把弓放在灶头烟道的凸起上。稍微照管不周到，弓就会朽坏解脱（近年来朝廷命令南方各省造弓解送北京，纷纷被退回，就是因为他们不知道弓如果离火就坏的道理，也没有人就此事上奏朝廷陈述个中原因）。

箭杆的用料各地不尽相同，我国南方用竹，北方使用薄柳木，北方少数民族则用桦木。箭杆长二尺，箭头长一寸，这是一般的规格。做竹箭时，削竹三四条并用胶粘合，再用刀削圆刮光。然后再用漆丝缠紧两头，这叫作"三不齐"箭杆。浙江和广东南部有天然的箭竹，不用破开粘合。柳木或桦木做的箭杆，只要选取圆直的枝条稍加削刮就可以了。竹箭本身很直，不必矫正。木箭杆干燥后势必变弯，矫正的办法是用一块几寸长的木头，上面刻一条槽，名叫箭端。将木杆嵌在槽里逐寸刮拉而过，杆身就会变直，即使原来杆身头尾重量不均匀的也能得到矫正。

箭杆的末端刻有一个小凹口，叫作"衔口"，以便扣在弦上，另一端安装箭头。箭头是用铁铸成的（《尚书·禹贡》中所记载的那种石制箭头，是用一种土办法做的，并不适用），至于箭头的形状，北方少数民族做的像桃叶枪尖，广东南部黎族人做的像平头铁铲，中原地区做的则是三棱锥形。响箭之所以能迎风飞鸣，巧妙就在于小小的箭杆上锥有孔眼，这就是《庄子》说的"嚆矢"。

箭飞行得是正还是偏，快还是慢，关键都在箭羽上。在箭杆末端靠近衔口的地方，用脬胶粘上三条三寸长的三足鼎立形的翎羽，名叫箭羽（这种胶也怕潮湿，因此勤劳的将士经常用火来烘烤箭）。所用的羽毛，以雕的翅毛为最好（雕像鹰而比鹰大，尾长而翅膀短），角鹰的翎羽居其次，鹞鹰的翎羽更次。南方造箭的人，固然没希望得到雕翎，就是鹰翎也很难得到，急用时就只好用雁翎，甚至用鹅翎来充数。雕翎箭飞得比鹰、鹞翎箭快十多步而且端正，还能抗风吹。北方少数民族的箭羽多数都用雕翎。角鹰或鹞鹰翎箭如果精工制作，效用也跟雕翎箭差不多。可是，鹅翎箭和雁翎箭射出时却手不应心，往往一遇到风就歪到一边去了。南方的箭比不上北方的箭，原因就在这里。

制造弓箭

制造箭杆时，木箭杆干燥后势必变弯，矫正的办法是用一块几寸长的木头，上面刻一条槽，名叫箭端。将木杆嵌在槽里逐寸刮拉而过，杆身就会变直，即使原来杆身头尾重量不均匀的也能得到矫正。

弩 弩的制作

【原文】

凡弩为守营兵器，不利行阵。直者名身，衡者名翼，弩牙发弦者[1]名机。斫木为身，约长二尺许，身之首横拴度翼。其空缺度翼处，去面刻定一分（稍厚则弦发不应节），去背则不论分数。面上微刻直槽一条以盛箭。其翼以柔木一条为者名扁担弩，力最雄。或一木之下加以竹片叠承（其竹一片短一片），名三撑弩，或五撑、七撑而止。身下截刻锲衔弦，其衔傍活钉牙机，上剔发弦。上弦之时唯力是视。一人以脚踏强弩而弦者，《汉书》名曰"蹶张材官"[2]。弦送矢行，其疾无与比数。

凡弩弦以苎麻为质，缠绕以鹅翎，涂以黄蜡。其弦上翼则谨，放下仍松，故鹅翎可扱首尾于绳内。弩箭羽以箬叶为之。析破箭本，衔于其中而缠约之。其射猛兽药箭，则用草乌一味，熬成浓胶，蘸染矢刃。见血一缕则命即绝，人畜同之。凡弓箭强者行二百余步，弩箭最强者五十步而止，即过咫尺，不能穿鲁缟[3]矣。然其行疾则十倍于弓，而入物之深亦倍之。

国朝军器[4]造神臂弩、克敌弩，皆并发二矢、三矢者。又有诸葛弩，其上刻直槽，相承函十矢，其翼取最柔木为之。另安机木随手扳弦而上，发去一矢，槽中又落一矢，则又扳木上弦而发。机巧虽工，然其力绵甚，所及二十余步而已。此民家妨窃具，非军国器。其山人射猛兽者名曰窝弩，安顿交迹之衢，机傍引线，俟兽过，带发而射之。一发所获，一兽而已。

【译文】

弩是镇守营地的重要兵器，不适用于冲锋陷阵。其中直的部分叫身，横的部分叫翼，扣弦发箭的开关叫机。砍木做弩身，长约二尺。弩身的前端横拴弩翼，拴翼的孔离弩面划定一分厚（稍微厚了一些，弦和箭就配合不精准），与弩底的距离则不必计较。弩面上还要刻上一条直槽用以盛放箭。有的弩翼只用一根柔木做成，叫作扁担弩，这种弩的射杀力最强。如果弩翼是在一根柔木下面再用竹片（挨次缩短）叠撑的就相应叫作三撑弩、五撑弩或七撑弩。弩身后端刻一个缺口扣弦，旁边钉上活动扳机，将活动扳机上推即可发箭。上弦时全靠人的体力。由一个人脚踏强弩上弦的，《汉书》称为"蹶张材官"。弩弦把箭射出，快速无比。

弩弦用苎麻绳为骨，还要缠上鹅翎，涂上黄蜡。弩弦装上弩翼时虽然拉得很紧，但放下来时仍然是松的，所以鹅翎的头尾都可以夹入麻绳内。弩箭的箭羽是用箬竹叶制成的。把箭尾破开一点，然后把箬竹叶夹进去并将它缠紧。射杀猛兽用的药箭，则是用草乌熬成浓胶蘸涂在箭头上，这种箭一见血就能使人畜丧命。强弓可以射出二百多步远，而强弩只能射五十步远，再远一点儿就连薄绢也射不穿了。然而，弩比弓要快十倍，而穿透物体的深度也要深一倍。

本朝作为军器的弩有神臂弩和克敌弩，都是能同时发出两三支箭的。还有一种诸葛弩，弩上刻有

1.弩牙发弦者：弩上有突牙，用以扣弦以发弩箭。2.《汉书》名曰"蹶张材官"："蹶张材官"，又作"材官蹶张"。材官，应即兵士中较强壮者。脚踏强弩张之，故曰蹶张。3.不能穿鲁缟：《史记·韩长孺传》："强弩之极，矢不能穿鲁缟。"鲁缟，缟中尤薄者。4.军器：疑指军器局。明置军仗、军器二局，分造火器及刀牌、弓箭、枪弩等各种武器。

制造连发弩

弩是镇守营地的重要兵器，不适用于冲锋陷阵。上弦时全靠人的体力。由一个人脚踏强弩上弦的，《汉书》称为"蹶张材官"。弩弦把箭射出，快速无比。

诸葛弩

诸葛弩上刻有直槽，可装箭十支，弩翼用最柔韧的木制成。另外还安有木制弩机，随手扳机就可以上弦，发出一箭，槽中又落下一箭，又可以再拉扳机上弦发一箭。这种弩机结构精巧，但射杀力弱，射程只有二十来步远。这是民间用来防盗用的，而不是军队所用的兵器。

直槽可装箭十支，弩翼用最柔韧的木制成。另外还安有木制弩机，随手扳机就可以上弦，发出一箭，槽中又落下一箭，又可以再拉扳机上弦发一箭。这种弩机结构精巧，但射杀力弱，射程只有二十来步远。这是民间用来防盗用的，而不是军队所用的兵器。山区的居民用来射杀猛兽的弩叫作"窝弩"，装在野兽出没的地方，拉上引线，野兽走过时一触动引线，箭就会自动射出。每发一箭，所得的收获只是一只野兽罢了。

卷十五·佳兵

干 盾牌

【原文】

　　凡干戈名最古，干与戈相连得名者，后世战卒，短兵驰骑者更用之。盖右手执短刀，左手执干以蔽敌矢。古者车战之上，则有专司执干，并抵[1]同人之受矢者。若双手执长戈与持戟、槊，则无所用之也。凡干长不过三尺，杞柳织成尺径圈置于项下，上出五寸，亦锐其端，下则轻竿可执。若盾名中干，则步卒所持以蔽矢并拒槊者，俗所谓傍牌是也。

【译文】

　　"干戈"这个名字在兵器中是最为古老的，干和戈相连成为一个词，是因为后代的步兵和手握短兵器的骑兵经常配合使用干和戈。右手执短刀，左手执盾牌以抵挡敌人的箭。古时候的战车上，有人专门负责拿着盾牌，用来保护同车的人免中敌方的来箭。要是双手拿着长矛或者戟，那就腾不出手来拿盾牌了。盾牌长度一般不会超过三尺，用杞柳枝条编织成直径约一尺的圆块，盾牌上方的尖部突出五寸，它的下端接有一根轻竿可供手握，放在脖子下面进行防护。另有一种盾叫"中干"，那是步兵拿来挡箭或长矛用的，俗称傍牌。

火药料 火药制作的方法

【原文】

　　火药、火器，今时妄想进身博官者，人人张目而道，着书以献，未必尽由试验。然亦粗载数叶[2]，附于卷内。

　　凡火药以硝石、硫黄为主，草木灰为铺。硝性至阴，硫性至阳，阴阳两神物相遇于无隙可容之中。其出也，人物膺[3]之，魂散惊而魄齑粉。凡硝性主直，直击者硝九而硫一。硫性主横，爆击者硝七而硫三。其佐使之灰，则青杨、枯杉、桦根、箬叶、蜀葵、毛竹根、茄秸之类，烧使存性，而其中箬叶为最燥也。

　　凡火攻有毒火、神火、法火、烂火、喷火。毒火以白砒、硇砂为君，金汁、银锈、人粪和制。神火以朱砂、雄黄、雌黄为君。烂火以硼砂、磁末、牙皂、秦椒配合。飞火以朱砂、石黄、轻粉、草乌、巴豆配合。劫营火则用桐油、松香。此其大略。其狼粪烟[4]昼黑夜红，迎风直上，与江豚灰能逆风而炽，皆须试见而后详之。

【译文】

　　关于火药和火器，现在那些妄图博取高官厚禄的人，个个都是高谈阔论，撰书呈献朝廷，他们

1.抵：抵挡、遮蔽。 2.数叶：数页。叶同"页"。 3.膺：膺受，承受打击。 4.狼粪烟：即常说的狼烟，边塞燃狼粪以报警。

233

说的不一定都是经过试验的。在这里还是要粗略写上几页，附在卷内。

火药的成分以硝石和硫黄为主、草木灰为辅。其中硝石的阴性最强，硫黄的阳性最强，这两种神奇的阴阳物质在没有一点儿空隙的地方相遇，就会爆炸起来，不论人还是物都要魂飞魄散、粉身碎骨。硝石纵向的爆发威力大，所以用于射击的火药成分是硝九硫一。硫黄横向的爆发威力大，所以用于爆破的火药成分是硝七硫三。作为辅助剂的炭粉，可以用青杨、枯杉、桦树根、箬竹叶、蜀葵、毛竹根、茄秆之类，烧制成炭，其中以箬竹叶炭末最为燥烈。

战争中采用火攻的有毒火、神火、法火、烂火、喷火等名目。毒火主要以白砒、硇砂为主，再加上金汁、银锈、人粪混和配制；神火主要以朱砂、雄黄、雌黄为主；烂火要加上硼砂、瓷屑、猪牙皂荚、花椒等物；飞火要加上朱砂、雄黄、轻粉、草乌、巴豆；劫营火则要用桐油、松香。这些配方只是个大概。至于焚烧狼粪的烟白天黑、晚上红，迎风直上，以及江豚的灰还能逆风燃烧，这些都只是传闻，必须先得经过试验，亲眼看一看，才能详加说明。

硝石 硝石矿与火药的制作

【原文】

凡硝，华夷皆生，中国则专产西北。若东南贩者不给官引[1]，则以为私货而罪之。硝质与盐同母，大地之下潮气蒸成，现于地面。近水而土薄者成盐，近山而土厚者成硝。以其入水即硝熔，故名曰"硝"。长、淮[2]以北，节过中秋，即居室之中，隔日扫地，可取少许以供煎炼。

凡硝三所最多：出蜀中者曰川硝，生山西者俗呼盐硝，生山东者俗呼土硝。凡硝刮扫取时（墙中亦或进出），入缸内水浸一宿，秽杂之物浮于面上，掠取去时，然后入釜，注水煎炼。硝化水干，倾于器内，经过一宿，即结成硝。其上浮者曰芒硝，芒长者曰马牙硝（皆从方产本质幻出），其下猥杂者曰朴硝。欲去杂还纯，再入水煎炼。入莱菔数枚同煮熟，倾入盆中，经宿结成白雪，则呼盆硝。

凡制火药，牙硝、盆硝功用皆同。凡取硝制药，少者用新瓦焙，多者用土釜焙，潮气一干，即成研末。凡研硝不以铁碾入石臼，相激火生，则祸不可测，凡硝配定何药分两，入黄[3]同研，木灰则从后增入。凡硝既焙之后，经久潮性复生。使用巨泡，多从临期装载也。

【译文】

硝石这种东西，中国和外国都有，而中国只有西北部才出产。东南地区卖硝石的人如果没有官府下发的运销凭证，就会以走私的罪名而被治罪。硝石和盐都是在地底下面生成的，随着水气蒸发，出现在地面。近水而土层薄的地方形成盐，靠山而土层厚的地方形成硝。因为它入水即消溶，所以就叫硝。长江、淮河以北地区，过了中秋节

1.官引：由官府发放的专卖许可证。2.长、淮：长江、淮河。3.黄：硫黄。

以后，即使是在室内，隔天扫地也可扫出少量的粗硝，以供进一步煎炼提纯。

我国有三个地方出产硝石为最多：其中，四川产的叫做川硝，山西产的叫做盐硝，山东产的叫做土硝。把刮扫来的粗硝（土墙中有时也有硝冒出来）放进缸里，用水浸一夜，捞去浮渣，然后放进锅中，加水煎煮直到硝完全溶解并又充分浓缩时，倒入容器，经过一晚便析出硝石的结晶。其中浮在上面的叫芒硝，芒长的叫马牙硝（这都是各地出产的硝再经过纯化得到的），而沉在下面含杂质较多的叫朴硝。要除去杂质把它提纯，还需要加水再煮。扔进去几只萝卜一起煮熟后，再倒入盆中，经过一晚便能析出雪白的结晶，这叫作盆硝。

牙硝和盆硝制造火药的功用相同。用硝制造火药，少量的可以放在新瓦片上焙干，多的就要放在土锅中焙。焙干后，立即取出研成粉末。不能用铁碾在石臼里研磨硝，因为铁石摩擦一旦产生火花，造成的灾祸就不堪设想了。硝和硫按照某种火药所要求的配方比例拌匀研磨以后，木炭末随后才加入。硝焙干后，时间久了又会返潮，因此大炮所用的硝药，多数是临时才装上去的。

硫黄 硫黄

【原文】

凡硫黄配硝，而后火药成声。北狄无黄之国，空繁硝产[1]，故中国有严禁，凡燃炮拈硝与木灰为引线，黄不入内，入黄即不透关。凡碾黄难碎，每黄一两，和硝一钱同碾，则立成微尘细末也。

【译文】

硫黄和硝配合好之后，火药才能够爆炸。北方少数民族地区不产硫黄，硝石产量虽然多也用不上。因此中原地区对于硫黄是严禁贩运的。大炮点火，要用硝和木炭末混合搓成导火线，不要加入硫黄，不然引线导火就会失灵。硫黄很难单独碾碎，但是如果每两硫黄加入一钱硝一起碾磨，很快就可以碾成像尘一样的粉末了。

1.空繁硝产：白白地生产那么多硝（而不能制火药）。

火器 西洋武器

【原文】

西洋炮熟铜铸就，圆形若铜鼓。引放时，半里之内，人马受惊死。（平地熱引炮有关捩[1]，前行遇坎方止。点引之人反走坠入深坑内，炮声在高头，放者方不丧命。）红夷炮铸铁为之，身长丈许，用以守城。中藏铁弹并火药数斗，飞激二里，膺其锋者为齑粉。凡炮熱引内灼时，先往后坐千钧力，其位须墙抵住，墙崩者其常。

大将军、二将军（即红夷之次，在中国为巨物）。佛郎机[2]（水战舟头用）。

三眼铳、百子连珠炮。

地雷，埋伏土中，竹管通引，冲土起击，其身从其炸裂。所谓横击，用黄多者（引线用矾油，炮口覆以盆）。

混江龙，漆固皮囊炮沉于水底，岸上带索引机。囊中悬吊火石、火镰，索机一动，其中自发。敌舟行过，遇之则败。然此终痴物也。

鸟铳。凡鸟铳长约三尺，铁管载药，嵌盛木棍之中，以便手握。凡锤鸟铳，先以铁梃一条大如箸为冷骨，裹红铁锤成。先为三接，接口炽红，竭力撞合。合后以四棱钢锥如箸大者，透转其中，使极光净，则发药无阻滞。其本近身处，管亦大于末，所以容受火药。每铳约载配硝一钱二分，铅铁弹子二钱。发药不用信引（岭南制度，有用引者），孔口通内处露硝分厘，捶熟苎麻点火。左手握铳对敌，右手发铁机逼苎火于消上，则一发而去。鸟雀遇于三十步内者，羽肉皆粉碎，五十步外方有完形，若百步则铳力竭矣。鸟枪行远过二百步，制方仿佛鸟铳，而身长药多，亦皆倍此也。

万人敌。凡外郡小邑乘城却敌，有炮力不具者，即有空悬火炮而痴重难使者，则万人敌近制随

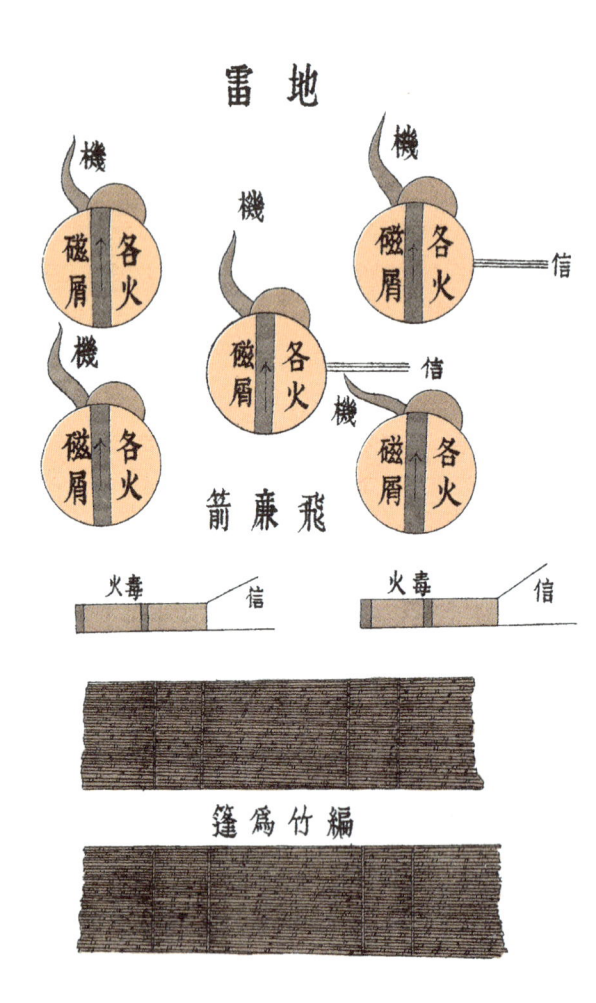

地雷

早期的地雷构造比较简单，多为石制外壳，内装火药，插入引信后密封埋于地下，并加以伪装。当敌人接近时，引信发火，引爆地雷。这种地雷主要是利用爆炸来杀伤敌人。

1.关捩：操纵转动的部件。2.佛郎机：明代称西班牙人和葡萄牙人为佛郎机，从而将其船上的火炮称为佛郎机炮，简称佛郎机。

炸雷地

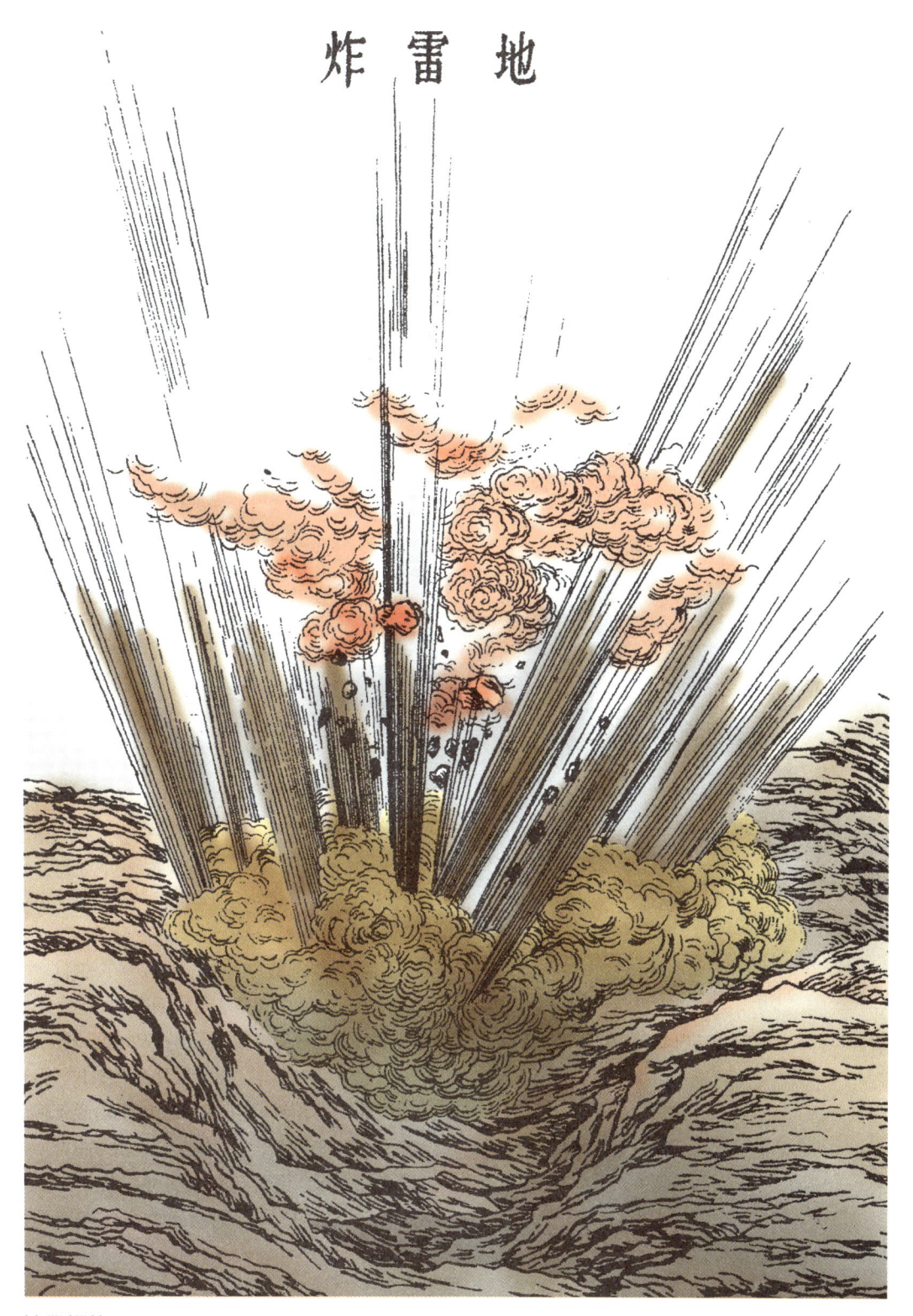

地雷爆炸

地雷埋藏在泥土中,用竹管套上保护引线,引爆时冲开泥土起到杀伤作用,地雷本身也同时炸裂了。这便是所谓的"横击",是因为火药配方中硫黄用得较多的缘故。

宜可用，不必拘执一方也。盖硝、黄火力所射，千军万马立时糜烂。其法：用宿干空中泥团，上留小眼筑实硝、黄火药，参入毒火、神火，由人变通增损。贯药安信而后，外以木架匡围，或有即用木桶而塑泥实其内郭者，其义亦同。若泥团必用木匡，所以妨掷投先碎也。敌攻城时，燃灼引信，抛掷城下。火力出腾，八面旋转。旋向内时，则城墙抵信，不伤我兵。旋向外时，则敌人马皆无幸。此为守城第一器。而能通火药之性、火器之方者，聪明由人。作者不上十年[1]，守土者留心可也。

【译文】

西洋炮是用熟铜铸成的，圆得像一个铜鼓。

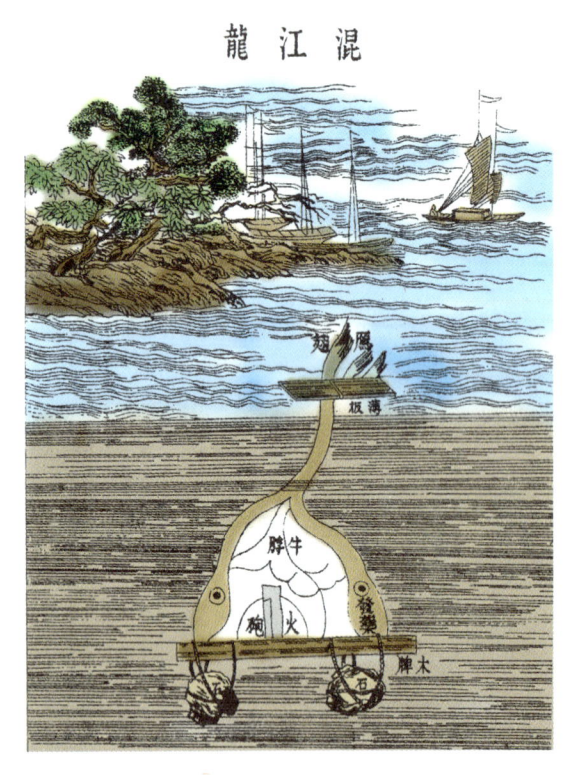

放炮时，半里之内，人和马都会吓死。（在平地点燃引线时装上可以使炮身转动的机关，转到一个缺口才停下来。炮手点燃引线之后马上往回跑并跳进深坑里，这时炮声在高处爆响，炮手才不至于受伤或丧命。）

红夷炮是用铸铁造的，身长一丈多，用来守城。炮膛里装有几斗铁丸和火药，射程二里，被击中的目标会变得粉碎。大炮引发时，首先会产生很大的后坐力，炮位必须用墙顶住，墙因此而崩塌也是常见的事。

大将军、二将军（是小一点儿的红夷炮，在中国却已算是个大家伙了）、佛郎机（水战时装在船头用）。

三眼铳、百子连珠炮。

地雷：埋藏在泥土中，用竹管套上保护引线，引爆时冲开泥土起到杀伤作用，地雷本身也同时炸裂了。这便是所谓的"横击"，是火药配方中硫黄用得较多的缘故（引线要涂上矾油，引线入口处要用盆覆盖）。

混江龙：用皮囊包裹，再用漆密封，然后沉入水底，岸上用一条引索控制。皮囊里挂有火石和火镰，一旦牵动引索，皮囊里自然就会点火引爆。敌船如果碰到它就会被炸坏，但它毕竟是个笨重的家伙。

鸟铳：约有三尺长，装火药的铁枪管嵌在木托上，以便于手握。锤制鸟铳时，先用一根像筷子一样粗的铁条当锻模，然后将烧红的铁块包在它上面打成铁管。枪管分三段，再把接口烧红，尽力锤打接合。接合之后，又用如同筷子一样粗的四棱钢锥插进枪管里来回转动，使枪管内壁极其圆滑，发射时才不会有阻滞。枪管近人身的一端较粗，用来装载火药。每支铳一次大约装火药一钱二分，铅铁弹子二钱。点火时不用引信（岭南的鸟铳制法，也有用引信的），在枪管近人身一端通到枪膛的小孔上露出一点儿硝，用锤烂了的苎麻点火。左手握铳对准目标，右手扣动扳机将苎麻火逼到硝药上，一

混江龙

用皮囊包裹，再用漆密封，然后沉入水底，岸上用一条引索控制。皮囊里挂有火石和火镰，一旦牵动引索，皮囊里自然就会点火引爆，敌船如果碰到它就会被炸坏。

---

1. 作者不上十年：指万人敌的研制还不超过十年的时间。

鸟铳

鸟铳约有三尺长，装火药的铁枪管嵌在木托上，以便于手握。枪管近人身的一端较粗，用来装载火药。鸟铳是欧洲人发明的，明朝时由土耳其传入中国，是近代步枪的雏形。

刹那就发射出去了。鸟雀在三十步之内中弹，会被打得稀巴烂，五十步以外中弹才能保存原形，到了一百步，火力就不及了。鸟枪的射程超过二百步，制法跟鸟铳相似，但枪管的长度和装火药的量都增加了一倍。

万人敌：万人敌是适合近距离作战的机动武器，主要用于边远小县城守城御敌。边远小县城有的没有炮，有的即使配有火炮也笨重难使。在这种情况下，万人敌就很适用，而不受环境限制。硝石和硫黄配合产生的火力，能使千军万马炸得血肉横飞。它的制法是：把中空的泥团晾干后，通过上边留出的小孔装满由硝和硫黄配成的火药，并由人灵活地增减和掺入毒火、神火等药料，压实并安上引信后，再用木框框住。也有在木桶里面糊泥并填实火药而制成的，道理是一样的。如果用泥团就一定要在泥团外加上木框以防止抛出去还没爆炸就破裂了。敌人攻城时，点燃引信，把万人敌抛掷到城下。这时，万人敌不断射出火力，而且四方八面地旋转起来。当它向内旋时，由于有城墙挡着，不会伤害自己人；当它向外旋时，敌军人马会大量伤亡。这是守城的首要武器。凡能通晓火药性能和火器制法的人，都可以发挥自己的聪明才智。这种武器发明还不到十年，负责守卫疆土的将士们都应密切关注其中的技巧原理呀！

万人敌

　　万人敌是适合近距离作战的机动武器，主要用于边远小县城守城御敌。敌人攻城时，点燃引信，把万人敌抛掷到城下。这时，万人敌不断射出火力，而且四方八面地旋转起来。当它向内旋时，由于有城墙挡着，不会伤害自己人；当它向外旋时，敌军人马会大量伤亡。这是守城的首要武器。

卷十六·丹青

墨和颜料的制作

宋子曰：斯文千古之不坠也，注玄尚白，其功孰与京哉？离火红而至黑孕其中，水银白而至红呈其变。造化炉锤，思议何所容也。五章遥降，朱临墨而大号彰。万卷横披，墨得朱而天章焕。文房异宝，珠玉何为？至画工肖像万物，或取本姿，或从配合，而色色咸备焉。夫亦依坎附离，而共呈五行变态，非至神孰能与于斯哉？

朱 朱砂的制作

【原文】

凡朱砂、水银、银朱，原同一物，所以异名者，由精细老嫩而分也。上好朱砂出辰、锦[1]（今名麻阳）与西川者，中即孕汞，然不以升炼。盖光明、箭镞、镜面等砂[2]，其价重于水银三倍，故择出为朱砂货鬻。若以升水，反降贱值。唯粗次朱砂方以升炼水银，而水银又升银朱也。

凡朱砂上品者，穴土十余丈乃得之。始见其苗，磊然白石，谓之朱砂床。近床之砂，有如鸡子大者。其次砂不入药，只为研供画用与升炼水银者。其苗不必白石，其深数丈即得。外床或杂青黄石，或间沙土，土中孕满，则其外沙石多自折裂。此种砂贵州思、印、铜仁[3]等地最繁，而商州、秦州[4]出亦广也。

凡次砂取来，其通坑色带白嫩者，则不以研朱，尽以升汞。若砂质即嫩而烁视欲丹者，则取来时，入巨铁碾槽中，轧碎如微尘，然后入缸，注清水澄浸。过三日夜，跌取其上浮者，倾入别缸，名曰二朱。其下沉结者，晒干即名头朱也。

凡升水银，或用嫩白次砂，或用缸中跌出浮面二朱，水和搓[5]成大盘条，每三十斤入一釜内升汞，其下炭质亦用三十斤。凡升汞，上盖一釜，釜当中留一小孔，釜傍盐泥紧固。釜上用铁打成一曲弓溜管，其管用麻绳缠通梢，仍用盐泥涂固。煅火之时，曲溜一头插入釜中通气（插处一丝固密），一头以中罐注水两瓶，插曲溜尾于内，釜中之气在达于罐中之水而止。共煅五个时辰，其中砂末尽化成汞，布于满釜。冷定一日，取出扫下。此最妙玄，化全部天机也（《本草》胡乱注，"凿地一孔，放碗一个盛水"）。

凡将水银再升朱用，故名曰银朱。其法或用磬口泥罐，或用上下釜[6]。每水银一斤入石亭脂（即硫黄制造者）二斤，同研不见星，炒作青砂头，装于罐内。上用铁盏盖定，盏上压一铁尺。铁线兜底捆缚，盐泥固济口缝，下用三钉插地鼎足盛罐。打火三炷香久，频以废笔蘸水擦盏，则银自成粉，贴于罐上，其贴口者朱更鲜华。冷定揭出，刮扫即用。其石亭脂沉下罐底，可取再用也。每升水银一斤得朱十四两，次朱三两五钱，出数藉硫质而生。

凡升朱与研朱，功用亦相仿。若皇家、贵家画彩，则即同辰、锦丹砂研成者，不用此朱也。凡朱，文房胶成条块，石砚则显，若磨于锡砚之上，则立成皂汁。即漆工以鲜物彩，唯入桐油调则显，入漆亦晦也。凡水银与朱更无他出，其汞海、草汞之说[7]无端狂妄，耳食者信之。若水银已升朱，则不可复还为汞，所谓造化之巧已尽也。

【译文】

朱砂、水银和银朱本来都是同一类东西，名称不同只是由于其中精与粗、老与嫩等的差别所造成的。上等的朱砂，产于湖南西部的辰州府、锦江流域以及四川西部地区，朱砂里面虽然包含着水银，但不用来炼取水银，这是因为光明砂、箭镞砂、镜面砂等几种朱砂比水银还要贵上三倍，因此要选出来销售。如果把它们炼成水银，反而会降低它们的价值。只有粗糙的和低等的朱砂，

1.辰、锦：辰州府，治在今湖南沅陵。2.光明、箭镞、镜面等砂：都是指的朱砂，是根据朱砂功用而出现的称谓。3.思、印、铜仁：贵州思南、印江、铜仁，俱在今贵州东北部。4.商州、秦州：今陕西商县、甘肃天水。5.搓：疑为"搓"字的笔误。6.上下釜：一上一下，口径一样的两只锅。7.汞海、草汞之说：这种说法是针对《本草纲目·金石部》所引诸家说，以为可从马齿苋中提炼水银而言的。此说未必"无端狂妄"。

才用来提炼水银，又由水银再炼成银朱。

上档次的朱砂矿，要挖土十多丈深才能找到。发现矿苗时，只看见一堆白石，这叫作朱砂床。靠近床的朱砂，有的像鸡蛋那样大块。那些次等朱砂一般是不用来配药的，而只是研磨成粉供绘画或炼水银用。这种次等朱砂矿不一定会有白石矿苗，挖到几丈深就可以得到，它的矿床外面还掺杂有青黄色的石块或沙土，由于土中蕴藏着朱砂，因此石块或沙土大多自行裂开。这种次等朱砂以贵州东部的思南、印江、铜仁等地最为常见，而陕西商县、甘肃天水县一带也十分常见。

次等朱砂，如果整条矿坑都是质地较嫩而颜色泛白的，就不用来研磨做朱砂，而全部用来炼取水银。如果砂质虽然很嫩但其中有红光闪烁的，就用大铁槽碾成尘粉，然后放入缸内，用清水浸泡三天三夜，然后摇荡它把上浮的砂石倒入别的缸里，这是二朱，把下沉的取出来晒干成头朱。

升炼水银，要用嫩白次等朱砂或缸中倾出的浮面二朱，加水搓成粗条，盘起来放进锅里。每锅共装三十斤，下面烧火用的炭也要三十斤。锅上面还要倒扣另一只锅，锅顶留一个小孔，两锅的衔接处要用盐泥加固密封。锅顶上的小孔和一支弯曲的铁管相连接，铁管通身要用麻绳缠绕紧密，并涂上盐泥加固，使每个接口处不能有丝毫漏气。曲管的另一端则通到装有两瓶水的罐子中，使熔炼锅中的气体只能到达罐里的水为止。在锅底下起火加热，约共煅烧十个钟头后，朱砂就会全部化为水银布满整个锅壁。冷却一天之后，再取出扫下。这里面的道理最难以捉摸，自然界的变化真是奥妙无穷（《神农本草经》注释中说什么炼水银时要"凿地一孔，放碗一个盛水"等，那是胡乱注的）！

把水银再炼成朱砂，因此就叫作银朱。提炼时用一个开口的泥罐子或者用上下两只锅。每斤水银加入石亭脂（天然硫黄）两斤一起研磨，要磨到看不见水银的亮斑为止，并炒成青黑色，装进罐子里。罐子口要用铁盏盖好，盏上压一根铁尺，并用铁线兜底把罐子和铁盏绑紧，然后用盐泥封

砗 生 復 銀

银复生朱

把水银与石亭脂（天然硫黄）一起混合加热就可以得到朱砂。一斤水银，可炼得上等朱砂十四两、次等朱砂三两半，其中多出的重量是凭借石亭脂的硫质而产生的。

口，再用三根铁棒插在地上用以承托泥罐。烧火加热时需要约燃完三炷香的时间，在这个过程中要不断用废毛笔蘸水擦拭铁盏表面，那么水银便会变成银朱粉凝结在罐子壁上，贴近罐口的银朱色泽更加鲜艳。冷却之后揭开铁盏封口，把银朱刮扫下来。剩下的石亭脂沉到罐底，还可以取出来再用。每一斤水银，可炼得上等朱砂十四两、次

等朱砂三两半，其中多出的重量是凭借石亭脂的硫质而产生的。

用这种方法升炼成的朱砂跟天然朱砂研成的朱砂功用差不多。皇家贵族绘画，用的是辰州、锦州等地出产的丹砂直接研磨而成的粉，而不用升炼成的银朱粉。书房用的朱砂通常胶合成条块状，在石砚上磨就能显出原来的鲜红色。但如果在锡砚上磨，就会立即变成灰黑色。当漆工用朱砂调制红油彩来粉饰器具时，和桐油调在一起就会色彩鲜明，和天然漆调在一起就会色彩灰暗。

水银和朱砂再没有别的出处了。关于水银海和水银草的说法都是没有根据的，只有盲目轻信的人才会相信。水银在升炼为朱砂之后，再不能还原为水银了，因为大自然创造化育万物的工巧到此施展完了。

墨 墨的制作

【原文】

凡墨烧烟凝质而为之。取桐油、清油、猪油烟为者居十之一，取松烟为者居十之九。凡造贵重墨者，国朝推重徽郡[1]人，或以载油之艰，遣人僦居荆、襄、辰、沅，就其贱值桐油点烟而归。其墨他日登于纸上，日影横射有红光者，则以紫草汁浸染灯心而燃炷者也。

凡爇油取烟，每油一斤得上烟一两余。手力捷疾者，一人供事灯盏二百付。若刮取怠缓则烟老，火燃质料并丧也。其余寻常用墨，则先将松树流去胶香，然后伐木。凡松香有一毛未净尽，其烟造墨，终有滓结不解之病。凡松树流去香，木根凿一小孔，炷灯缓炙，则通身膏液就暖倾流而出也。

凡烧松烟，伐松斩成尺寸，鞠篾[2]为圆屋如舟中雨篷式，接连十余丈。内外与接口皆以纸及席糊固完。隔位数节，小孔出烟，其下掩土砌砖先为通烟道路。燃薪数日，歇冷入中扫刮。凡烧松烟，放火通烟，自头彻尾。靠尾一二节者为清烟，取入佳墨为料。中节者为混烟，取为时墨料。若近头一二节，只刮取为烟子，货卖刷印书文家，仍取研细用之。其余则供漆工、垩工之涂玄者。

凡松烟造墨，入水久浸，以浮沉分清悫[3]。其和胶之后，以捶敲多寡分脆坚。其增入珍料与漱金、衔麝，则松烟、油烟增减听人。其余《墨经》《墨谱》[4]，博物者自详，此不过粗纪质料原因而已。

【译文】

墨是由烟（炭黑）和胶二者结合而成的。其中，用桐油、清油或猪油等烧成的烟做墨的，约占十分之一；用松烟做墨的，约占十分之九。制造贵重的墨，本朝（明朝）最推崇安徽的徽州人。他们有时由于油料运输困难，于是派人到湖北的江陵、襄阳和湖南的辰溪、沅陵等地租屋居住，购买当地便宜的桐油就地点烟，燃成的烟灰带回去用来制墨。有一种墨，写在纸上后在阳光斜照下可泛红光，那是用紫草汁浸染灯芯之后，用点油灯所得的烟做成的。

1.徽郡：徽州府。今安徽徽州一带。2.鞠篾：编竹条。3.悫：此即"确"字。4.《墨经》《墨谱》：宋人晁贯之有《墨经》，李孝美有《墨谱》。明代此类书籍更多。

取流松液

取流松液

利用松树制墨前，要先把松脂去除干净，然后砍伐。流掉松脂的方法是，在松树干接近根部的地方凿一个小孔，然后点灯缓缓燃烧，这样整棵树上的松脂就会朝着这个温暖的小孔倾流出来。

烧取松烟

烧取松烟

以松烟为原料制墨，需要烧松木取烟。把松木砍成一定的尺寸，放在用竹篾搭成的圆拱篷内燃烧，冷歇后人们便可进去刮取松烟了。

燃油取烟，每斤油可获得上等烟一两多。手脚伶俐的，一个人可照管专门用于收集烟的灯盏二百多副。如果刮取烟灰不及时，烟就会过火而质量下降，造成油料和时间的浪费。其余的一般用墨，都是用松烟制成的，先使松树中的松脂流掉，然后砍伐。松脂哪怕有一点点没流干净，用这种松烟做成的墨就总会有渣滓，不好书写。流掉松脂的方法是在松树干接近根部的地方凿一个小孔，然后点灯缓缓燃烧，这样整棵树上的松脂就会朝着这个温暖的小孔倾流出来。

烧松木取烟，先把松木砍成一定的尺寸，并在地上用竹篾搭建一个圆拱篷，就像小船上的遮雨篷那样，逐节连接成长达十多丈，它的内外和接口都要用纸和草席糊紧密封。每隔几节，留出一个出烟小孔，竹篷和地接触的地方要盖上泥土，篷内砌砖要预先设计一个通烟火路。让松木在里面一连烧上好几天，冷歇后人们便可进去刮取了。烧松烟时，放火通烟的操作顺序是从篷头弥散到篷尾。从靠尾一二节中取的烟叫作清烟，是制作优质墨的原料。从中节取的烟叫作混烟，用做普通墨料。从近头一二节中取的烟叫作烟子，只能卖给印书的店家，仍要磨细后才能用。其他的就留给漆工、粉刷工作为黑色颜料使用了。

造墨用的松烟，放在水中长时间浸泡的话，其中那些精细而纯粹的会浮在上面，粗糙而稠厚的就会沉在下面。在和胶调在一起固结之后，用锤敲它，根据敲出的多少来区别墨的坚脆。至于在松烟或油烟中刻上金字或加入麝香之类的珍贵原料，多少则可由人自行决定。其他有关墨的知识，《墨经》《墨谱》等书中都有所记述，想要知道更多知识的人，可以自己去仔细阅读，这里只不过是简单地概述一下制墨的原料和方法罢了。

燃扫清烟

烧松烟时，放火通烟的操作顺序是从篷头弥散到篷尾。从靠尾一二节中取的烟叫作清烟，是制作优质墨的原料。从中节取的烟叫作混烟，用做普通墨料。

附 诸色颜料

【原文】

胡粉（至白色，详《五金》卷）。

黄丹（红黄色，详《五金》卷）。

靛花（至蓝色，详《彰施》卷）。

紫粉（辰红色，贵重者用胡粉、银朱对和，粗者用染家红花滓汁为之）。

大青（至青色，详《珠玉》卷）。

铜绿（至绿色，黄铜打成板片，醋涂其上，裹藏糠内，微藉暖火气，逐日刮取）。

石绿（详《珠玉》卷）。

代赭石（殷红色，处处山中有之，以代郡者为最佳）。

石黄（中黄色，外紫色，石皮内黄，一名石中黄子）。

【译文】

胡粉（最白色，详见《五金》卷）。

黄丹（红黄色，详见《五金》卷）。

靛花（纯蓝色，详见《彰施》卷）。

紫粉（粉红色，贵重的用胡粉、银朱相互对和，粗糙的则用染布坊里的红花滓汁制成）。

大青（深蓝色，详见《珠玉》卷）。

铜绿（深绿色，将黄铜打成板片，在上面涂上醋，包裹起来放在米糠里，稍微利用其中的温暖火气，每天从铜板面上刮取）。

石绿（详见《珠玉》卷）。

代赭石（殷红色，各地山中都有，以山西代县一带出产的质量为最好）。

石黄（中心黄色，表层紫色的一种石头，内层是黄色的，又叫作"石中黄子"）。

卷十七·曲蘖

做酒的方法

宋子曰：狱讼日繁，酒流生祸，其源则何辜！祀天追远，沉吟《商颂》《周雅》之间，若作酒醴之资曲蘖也，殆圣作而明述矣。唯是五谷菁华变幻，得水而凝，感风而化，供用岐黄者神其名，而坚固食羞者丹其色。君臣自古配合日新，眉寿介而宿痾怯，其功不可殚述。自非炎黄作祖、末流聪明，乌能竟其方术哉。

酒母 酒曲

【原文】

　　凡酿酒必资曲药成信。无曲即佳米珍黍，空造不成。古来曲造酒，蘖造醴，后世厌醴味薄，遂至失传，则并蘖法亦亡。凡曲，麦、米、面随方土造，南北不同，其义则一。凡麦曲，大、小麦皆可用。造者将麦连皮，井水淘净，晒干，时宜盛暑天。磨碎，即以淘麦水和作块，用楮叶包扎，悬风处，或用稻秸罨黄[1]，经四十九日取用。

　　造面曲用白面五斤、黄豆五升，以蓼汁煮烂，再用辣蓼末五两、杏仁泥十两和踏成饼，楮叶包悬与稻秸罨黄，法亦同前。其用糯米粉与自然蓼汁溲和成饼，生黄收用者，罨法与时日，亦无不同也。其入诸般君臣[2]草药，少者数味，多者百味，则各土各法，亦不可殚述。

　　近代燕京，则以薏苡仁为君，入曲造薏酒。浙中宁、绍则以绿豆为君，入曲造豆酒。二酒颇擅天下佳雄（别载《酒经》[3]）。

　　凡造酒母家，生黄未足，视候不勤，盥拭不洁，则疵药[4]数丸动辄败人石米。故市曲之家必信著名闻，而后不负酿者。凡燕、齐黄酒曲药，多从淮郡造成，载于舟车北市。南方曲酒，酿出即成红色者，用曲与淮郡[5]所造相同，统名大曲。但淮郡市者打成砖片，而南方则用饼团。其曲一味，蓼身为气脉，而米、麦为质料，但必用已成曲、酒糟为媒合。此糟不知相承起自何代，犹之烧矾之必用旧矾滓云。

【译文】

　　酿酒必须要用酒曲作为酒引子，没有酒曲，即便有好米好黍也酿不成酒。自古以来用曲酿黄酒，用蘖酿甜酒。后来的人嫌甜酒酒味太薄，结果导致所谓酿甜酒的技术和制蘖的方法都失传了。制作酒曲可以因地制宜用麦子、面粉或米粉为原料，南方和北方做法不同，但原理同出一辙。做麦曲，大麦、小麦都可以。制作酒曲的人，最好选在炎热的夏天，把麦粒带皮都用井水洗净、晒干。把麦粒磨碎，就用淘麦水拌和做成块状，再用楮叶包扎起来，悬挂在通风的地方，或者用稻草覆盖使它变黄，这样经过四十九天之后便可以取用了。

　　制作面曲，是用白面五斤、黄豆五升，加入蓼汁一起煮烂，再加辣蓼末五两、杏仁泥十两，混合踏压成饼状，再用楮叶包扎悬挂或用稻草覆盖使它变黄，方法跟麦曲相同。拿着用糯米粉加蓼汁搓和揉成饼，覆盖使它变黄让它长出黄毛后才取用，方法和时间也跟前述的相同。在酒曲中加入主料、配料和草药，少的只有几种，多的可达上百种，各地的做法不同，难以一一详尽论述。

　　近代，北京用薏米为主要原料制作酒曲后再酿造薏酒，浙江的宁波和绍兴则用绿豆为料制作酒曲后再酿造豆酒。这两种酒都被列为名酒（《酒经》一书有所记载）。

　　制作酒曲时，如果生黄不足，看管不勤，洗抹得不干净，都会出岔子。几粒坏的酒曲轻易地就能败坏人们上百斤的粮食。所以，卖酒曲的人必须要守信用、重名誉，这样才不会对不起酿酒的人。河北、山东一带酿造黄酒用的酒曲，大部分都是在江苏淮安造好后用车船运去贩卖的。南方酿造红酒所用的酒曲跟淮安造的相同，都叫作

1.罨黄：罨音同"眼"。罨黄指捂盖使其生出黄毛。2.君臣：中药讲究君臣配伍，即以某药为君，某药为臣，以区别其在药剂中的主辅关系。此处君臣亦指曲药中各种材料的配伍。3.《酒经》：宋人朱翼中著。此处当指另一书。4.疵药：有杂菌的曲蘖。5.淮郡：淮安府，今江苏北部，治在今淮安市。

大曲。但淮安卖的酒曲是打成砖块状，而南方的酒曲则是做成饼团状。制作酒曲，加进辣蓼粉末以便于通风透气，用稻米或麦子作为基本原料，还必须加入已制成酒曲的酒糟作为媒介。这种酒糟不清楚是从哪个年代开始流传下来的，就像烧矾必须使用旧矾滓来掩盖炉口一样。

神曲 入药的曲

【原文】

凡造神曲所以入药，乃医家别于酒母者。法起唐时，其曲不通酿用也。造者专用白面，每百斤入青蒿自然汁、马蓼、苍耳自然汁相和作饼，麻叶或楮叶包罨如造酱黄法。待生黄衣，即晒收之。其用他药配合，则听好医者增入，苦无定方[1]也。

【译文】

制作神曲是专供医药上用的，把它称为神曲是因为医家为了与酒曲相区别。神曲的制作方法开始于唐代，这种曲不能用来酿酒。制作时只用白面，每百斤加入青蒿、马蓼和苍耳三种东西的原汁，拌匀制成饼状，再用麻叶或楮叶包藏覆盖着，像制作豆酱黄曲的方法一样，等到曲面颜色变黄就晒干收藏起来。至于要用其他什么药配合，则要按医生的不同经验而加以酌定，很难列举出固定的处方。

丹曲[2] 红曲

【原文】

凡丹曲一种，法出近代。其义臭腐神奇，其法气精变化。世间鱼肉最朽腐物，而此物薄施涂抹，能固其质于炎暑之中，经历旬日蛆蝇不敢近，色味不离初，盖奇药也。

凡造法用籼稻米，不拘早晚。舂杵极其精细，水浸一七日，其气臭恶不可闻，则取入长流河水漂净（必用山河流水，大江者不可用）。漂后恶臭犹不可解，入甑蒸饭则转成香气，其香芬甚。凡蒸此米成饭，初一蒸半生即止，不及其熟。出离釜中，以冷水一沃，气冷再蒸，则令极熟矣。熟后，数石共积一堆拌信。

凡曲信必用绝佳红酒糟为料，每糟一斗入马蓼自然汁三升，明矾水和化。每曲饭一石入信二斤，乘饭热时，数人捷手拌匀，初热拌至冷。候视曲信入饭，久复微温，则信至矣。凡饭拌信后，倾入箩内，过矾水一次，然后分散入篾盘，登架乘风。后此风力为政，水火无功[3]。

凡曲饭入盘，每盘约载五升。其屋室宜高大，

1.苦无定方：只可叹没有固定的配方。2.丹曲：即今之红曲，用大米培养的红曲霉。3.风力为政，水火无功：以风干为主，不再用水火加工了。

米漂流长

防瓦上暑气侵逼。室面宜向南，防西晒。一个时中翻拌约三次。候视者七日之中，即坐卧盘架之下，眠不敢安，中宵数起。其初时雪白色，经一二日成至黑色。黑转褐，褐转赭，赭转红，红极复转微黄。目击风中变幻，名曰生黄曲，则其价与入物之力皆倍于凡曲也。凡黑色转褐，褐转红，皆过水一度。红则不复入水。凡造此物，曲工盥手与洗净盘箪，皆令极洁。一毫滓秽，则败乃事也。

【译文】

有一种红曲，它的制作方法是近代才研究出来的，它的效果就在于能化腐朽为神奇，它的巧妙之处是利用空气和白米的变化。在自然界中，鱼和肉是最容易腐烂的东西，但是只要将红曲薄薄地涂上一层，即便是在炎热的暑天也能保持它原来的样子，放上十来天，蛆蝇都不敢接近，色泽味道都还能保持原样。这真是一种奇药啊！

制造红曲用的是籼稻米，不管早晚稻米都可以用。米要舂得十分精细，用水浸泡七天，那时的气味真是臭不堪闻，到这时就把它放到流动的河水中漂洗干净了（必须要用山间流动的溪水，大河水不能用）。漂洗之后臭味还不能完全消除，把米放入饭甑里面蒸成饭，就会变得香气四溢了。蒸饭时，先将稻米蒸到半生半熟的状态，然后就从锅中取出，用冷水淋浇一次，等到冷却以后再次将稻米蒸到熟透。这样蒸熟了好几石米饭以后，再堆放在一起拌进曲种。

曲种一定要用最好的红酒糟为原料，每一斗酒糟加入马蓼汁三升，再

长流漂米

长流漂米是制造红曲的一个步骤，把籼稻米洗干净，用水浸泡七天，在籼稻米的气味臭不可闻时，放到流动的河水中漂洗干净。这个步骤就是长流漂米。

加明矾水拌和调匀。每石熟饭中加入曲种二斤，趁熟饭热时，几个人一起迅速拌和调匀，从热饭拌到饭冷。然后再注意观察曲种与熟饭相互作用的情况。过一段时间之后，饭的温度又会逐渐上升，这就说明曲种发生作用了。饭拌入曲种后，倒进箩筐里面，用明矾水淋过一次后，再分开放进篾盘中，放到架子上通风。这以后就主要是做好通风工作，而水火也就派不上什么用场了。

曲饭放入篾盘中时，每个篾盘大约装载五升。安放这些曲饭的房屋要比较高大宽敞，以防屋顶瓦面上的热气侵入。屋向应该朝南，用以防止太阳西晒。每两个小时之中大约要翻拌三次。观察曲饭的人，在七天之内都要日夜守护在盘架之下，不能熟睡，即便在深更半夜里也要起来好几次。曲饭要做到起先一看颜色雪白，经过一两天后就变成黑色了。以后的颜色会继续变化，由黑色转为褐色，又由褐色转为赭色，再由赭色转为红色，到了最红的时候再转回微黄色。通风过程中所看到的这一系列的颜色变化，叫作"生黄曲"。这样制成的红曲，其价值和功效都比一般的红曲要高好几倍。当黑色变褐色、褐色又变成红色时，都要淋浇一次水。变红以后就不需要再加水了。

制造这种红曲的时候，造曲的人必须把手和盛物的篾盘、竹席洗得非常干净。只要有一点儿的渣滓和肮脏的东西，都会使得制作红曲的工作失败。

凉风吹变
把在流动的河水中漂洗干净的籼稻米蒸熟，与酒曲混合，混合时需要在阴凉通风的环境下为米饭降温，这就是凉风吹变。

卷十八·珠玉

珠宝玉石的来源

宋子曰：玉韫山辉，珠涵水媚，此理诚然乎哉，抑意逆之说也？大凡天地生物，光明者昏浊之反，滋润者枯涩之仇，贵在此则贱在彼矣。合浦、于阗行程相去二万里，珠雄于此，玉峙于彼，无胫而来，以宠爱人寰之中，而辉煌廊庙之上，使中华无端宝藏折节而推上坐焉。岂中国辉山、媚水者，萃在人身，而天地菁华止有此数哉？

珠 珍珠

【原文】

凡珍珠必产蚌腹，映月成胎，经年最久，乃为至宝。其云蛇腹、龙颔、鲛皮有珠者，妄也。凡中国珠必产雷、廉二池[1]。三代以前，淮扬亦南国地，得珠稍近《禹贡》"淮夷蠙珠"[2]，或后互市之便，非必责其土产也。金采蒲里路，元采杨村直沽口[3]，皆传记相承之妄，何尝得珠。至云忽吕古江[4]出珠，则夷地，非中国也。

凡蚌孕珠，乃无质而生质。他物形小而居水族者，吞噬弘多，寿以不永。蚌则环包坚甲，无隙可投，即吞腹，囫囵不能消化，故独得百年千年，成就无价之宝也。凡蚌孕珠，即千仞水底，一逢圆月中天，即开甲仰照，取月精以成其魄。中秋月明，则老蚌犹喜甚。若彻晓无云，则随月东升西没，转侧其身而映照之。他海滨无珠者，潮汐震撼，蚌无安身静存之地也。

凡廉州池自乌泥、独揽沙至于青莺，可百八十里。雷州池自对乐岛斜望石城界，可百五十里。户采珠每岁必以三月，时牲杀祭海神，极其虔敬。蛋户生啖海腥，入水能视水色，知蛟龙所在，则不敢侵犯。

凡采珠舶，其制视他舟横阔而圆，多载草荐于上。经过水漩，则掷荐投之，舟乃无恙。舟中以长绳系没人腰，携篮投水。凡没人以锡造弯环空管，其本缺处对掩没人口鼻，令舒透呼吸于中，别以熟皮包络耳项之际。极深者至四五百尺，拾蚌篮中。气逼则撼绳，其上急提引上，无命者或葬鱼腹。凡没人出水，煮热毳急覆之，缓则寒栗死。

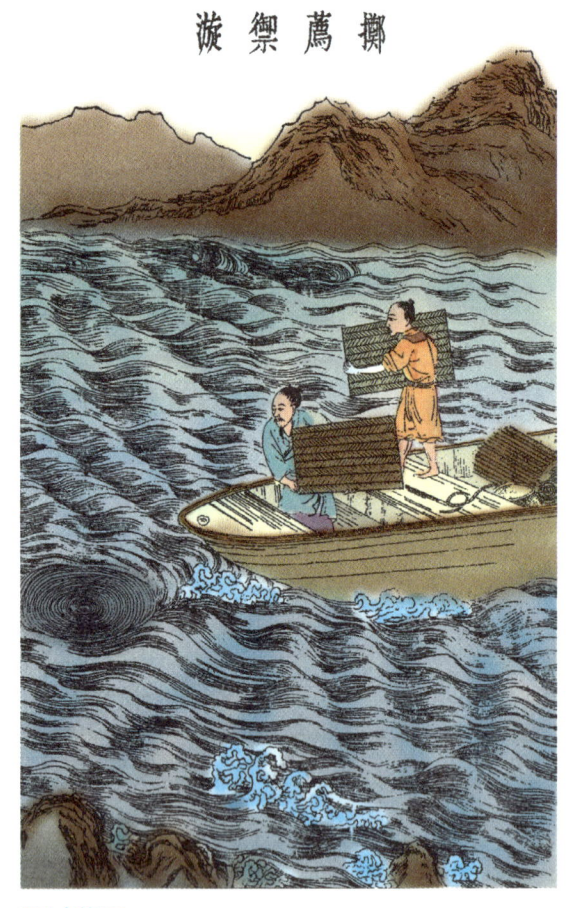

通过漩涡

采珠船比其他的船要宽和圆一些，船上装载有许多草垫子。每当经过有漩涡的海面时，就把草垫子抛下去，这样船就能安全地驶过。

1.雷、廉二池：雷州府，治在今广东雷州半岛之海康。廉州府，治在今广西合浦。2.《禹贡》"淮夷蠙珠"：淮、夷为二水名，蠙即蚌。3.杨村直沽口：即今天津大沽口。4.忽吕古江：在今东北境内。

卷十八·珠玉

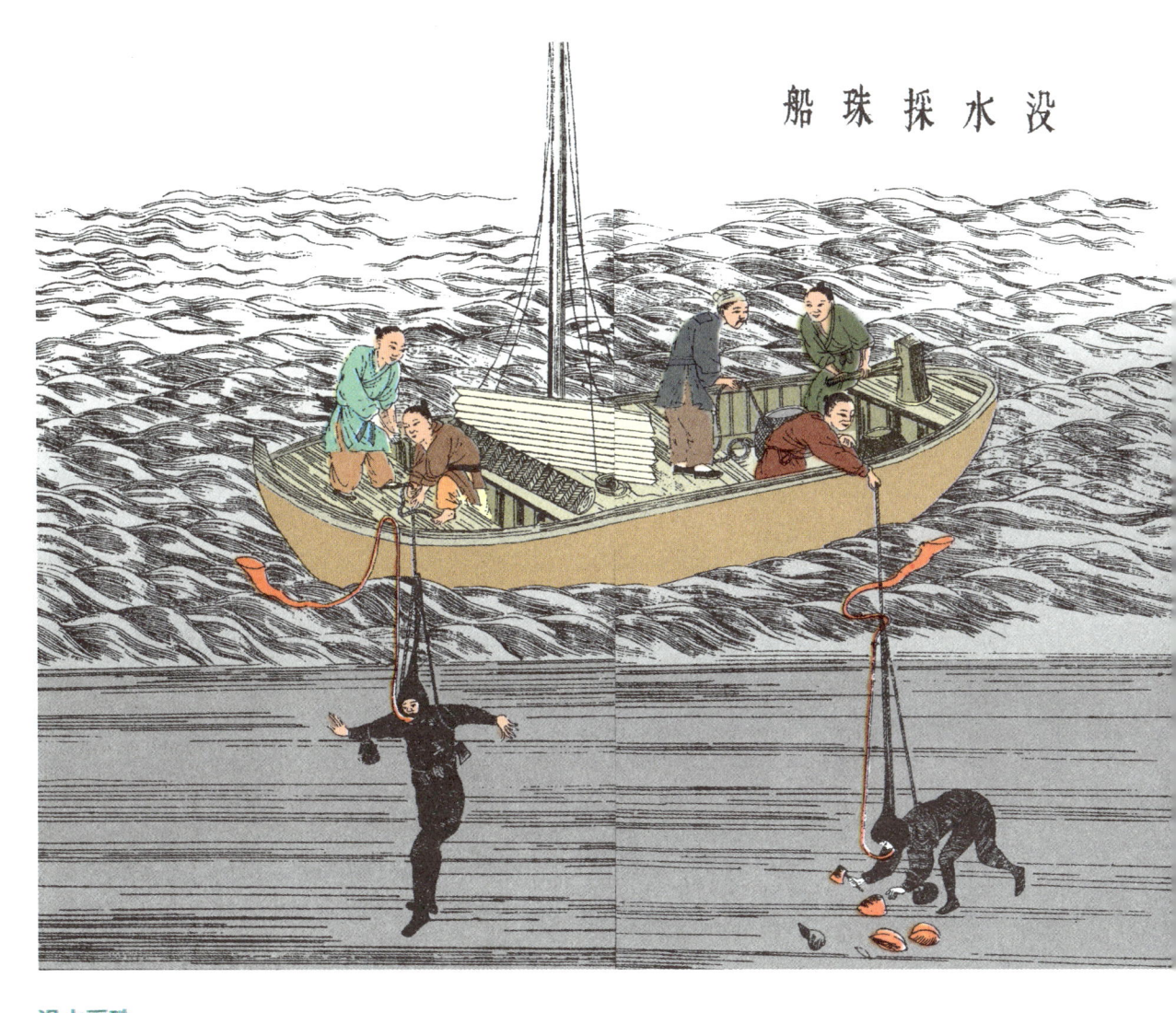

没水采珠船

没水采珠

　　采珠人在船上先用一条长绳绑住腰部，然后带着篮子潜入水里。潜水前还要用一种锡做的弯环空管将口鼻罩住，并将罩子的软皮带包缠在耳项之间，以便于呼吸。呼吸困难时就摇绳子，船上的人便赶快把他拉上来，命薄的人也有的会葬身鱼腹。

　　宋朝李招讨设法以为构，最后木柱扳口，两角坠石，用麻绳作兜如囊状。绳系舶两傍，乘风扬帆而兜取之，然亦有漂溺之患。今蜑户[1]两法并用之。

　　凡珠在蚌，如玉在璞。初不识其贵贱，剖取而识之。自五分至一寸一分经者为大品。小平似覆釜，一边光彩微似镀金者，此名珰珠，其值一颗千金矣。古来"明月""夜光"，即此便是。白昼晴明，檐下看有光一线闪烁不定，"夜光"乃其美号，非真有昏夜放光之珠也。次则走珠，置平底盘中，圆转无定歇，价亦与珰珠相仿（化者之身受含一粒，则不复

1.蜑户：蜑音同"旦"。蜑户指当时广东、广西、福建以船为家的居民。

朽坏，故帝王之家重价购此）。次则滑珠，色光而形不甚圆。次则螺蛳珠，次官雨珠，次税珠，次葱符珠。幼珠如梁粟，常珠如豌豆。琕而碎者曰玑。自夜光至于碎玑，譬均一人身而王公至于氓隶也。

凡珠生止有此数，采取太频，则其生不继。经数十年不采，则蚌乃安其身，繁其子孙而广孕宝质。所谓珠徙珠还，此煞定死谱，非真有清官感召也（我朝弘治中，一采得二万八千两。万历中，一采止得三千两，不偿所费）。

【译文】

珍珠一定是出产自蚌腹内，映照着月光而逐渐孕育成形，其中年限最为长久的，就成了最贵重的宝物。至于蛇的腹内、龙的下颔及鲨鱼的皮中有珍珠，这些说法都是虚妄而不可信的。中国的珍珠必定出产在广东海康（雷州）和广西合浦（廉州）这两个"珠池"里。在夏、商、周三代以前，淮安、扬州一带也属于南方诸侯国的地域，得到的珠子比较接近《尚书·禹贡》中所记载的珠，或许只是从互市上交易得来的，却不一定是当地所出产。宋代金人采自东北黑龙江克东县乌裕尔河一带，元代采自河北武清（杨村）到天津大沽口一带的种种说法，都只是误传，这些地方什么时候采得过珍珠呢？至于说忽吕古江产珠，那则是少数民族地区，而不是中原地区了。

从蚌中孕育出珍珠，这是从无到有。其他形体小的水生动物，多因天敌太多而被吞噬掉了，所以寿命都不长。蚌却因为有其坚硬的外壳包裹着，天敌没有空子可以钻，即便蚌被吞咽到肚子里，也是囫囵吞枣而不容易被消化掉，所以蚌的寿命很长，能够生成无价之宝。蚌孕育珍珠是在很深的水底下，每逢圆月当空时，就张开贝壳接受月光照耀，吸取月光的精华，化为珍珠的形魄。尤其是中秋月明之夜，老蚌就会格外高兴。如果通宵无云，它就随着月亮的东升西沉而不断转动它的身体以获取月光的照耀。也有些海滨不产珍珠，是因为当地潮汐涨落波涌得过于厉害，蚌没有藏身和静养之地的缘故。

广西合浦的珠池从乌泥池、独揽沙池到青莺池，大约有一百八十里远。广东海康的珠池从乐岛到石城界（合浦与廉江边界），约有一百五十里。这些地方的水上居民采集珍珠，每年必定是在三月间，到时候还宰杀牲畜来祭祀海神，显得非常虔诚恭敬。他们能生吃海腥，在水中也能看透水色，知道蛟龙藏身的地方，于是不敢前去侵犯。

采珠船比其他的船要宽和圆一些，船上装载有许多草垫子。每当经过有旋涡的海面时，就把草垫子抛下去，这样船就能安全地驶过。采珠人在船上先用一条长绳绑住腰部，然后带着篮子潜入水里。潜水前还要用一种锡做的弯环空管将口鼻罩住，并将罩子的软皮带包缠在耳项之间，以便于呼吸。有的最深能潜到水下四五百尺，将蚌捡回到篮里。呼吸困难时就摇绳子，船上的人便赶快把他拉上来，命薄的人也有的会葬身鱼腹。潜水的人在出水之后，要立即用煮热了的毛皮织物盖上，太迟了的话人就会被冻死。

宋朝有一位姓李的招讨官发明了一种采珠网兜，他想办法做了一种齿耙形状的铁器，底部横放木棍用以封住网口，两角坠上石头（作为沉子）沉底，四周围上如同布袋子的麻绳网兜，将牵绳绑缚在船的两侧，借着风力张开风帆，继而兜取珠贝。这种采珠的办法也有漂失和沉没的危险。现在，水上采珠的居民上述两种方法同时采用。

珍珠生长在蚌的腹内，就如同玉生在璞中一样。开始的时候还分不出贵贱，等到剖取之后才能分开。周长从五分到一寸五分的就算是大珠。其中有一种大珠，不是很圆，像个倒放的锅一样，一边光彩略微像镀了金似的，名叫珰珠，每一颗都价值千金。这便是过去人们所传说的"明月珠"和"夜光珠"。白天天气晴朗的时候，在屋檐下能看见它有一线光芒闪烁不定，"夜光"不过是它的美号罢了，并不是真有能在夜间发光的珍珠。其次便是走珠，放在平底的盘子里，它会滚动不停，价值与珰珠差不多（死人口中含上一颗，尸体就不会腐烂，所以帝王之家不惜出重金购买）。再次的就是滑珠，

竹笆沉底　　　　　　　　　　扬帆采珠

扬帆采珠，竹笆沉底

宋朝有一位姓李的招讨官发明了一种采珠网兜，他想办法做了一种齿耙形状的铁器，底部横放木棍用以封住网口，两角坠上石头沉底，四周围上如同布袋子的麻绳网兜，将牵绳绑缚在船的两侧，借着风力张开风帆，继而兜取珠贝。这种采珠的办法有漂失和沉没的危险。

色泽光亮，但形状不是很圆。再次的是螺蚵珠、官雨珠、税珠、葱符珠等。粒小的珠像小米粒儿，普通的珠像豌豆。低劣而破碎的珠叫作玑。从夜光珠到碎玑，就好比同样的人却分成从王公到奴隶几个不同等级一样。

珍珠的自然产量是有限度的，采得太频繁，珠的产量就会跟不上。如果几十年不采，那么蚌可以安身繁殖后代，孕珠也就多了。所谓"珠去而复还"，这其实是取决于珍珠固有的消长规律，并不是真有什么"清官"感召之类的神迹（明代弘治年间，有一年采得二万八千两；万历年间，有一年仅仅只采得三千两，还抵不上采珠的花费）。

宝 宝石

【原文】

凡宝石皆出井中，西番诸域最盛，中国唯出云南金齿卫与丽江两处。凡宝石自大至小，皆有石床包其外，如玉之有璞。金银必积土其上，韫结乃成，而宝则不然，从井底直透上空，取日精月华之气而就，故生质有光明。如玉产峻湍，珠孕水底，其义一也。

凡产宝之井即极深无水，此乾坤派设机关。但其中宝气如雾，氤氲井中，人久食其气多致死。故采宝之人，或结十数为群，入井者得其半，而井上众人共得其半也。下井人以长绳系腰，腰带叉口袋两条，及泉近宝石，随手疾拾入袋（宝井内不容蛇虫）。腰带一巨铃，宝气逼不得过，则急摇其铃，井上人引縆提上，其人即无恙，然已昏瞢。止与白滚汤入口解散，三日之内不得进食粮，然后调理平复。其袋内石，大者如碗，中者如拳，小者如豆，总不晓其中何等色。付与琢工虑错解开，然后知其为何等色也。

属红黄种类者，为猫精、靺羯芽、星汉砂、琥珀、木难、酒黄、喇子。猫精黄而微带红。琥珀最贵者名曰瑿（音依，此值黄金五倍价）红而微带黑，然昼见则黑，灯光下则红甚也。木难纯黄色，喇子纯红。前代何妄人，于松树注茯苓，又注琥珀，可笑也。

属青绿种类者，为瑟瑟珠、珇母绿、鸦鹘石、空青之类（空青既取内质，其膜升打为空青）。至玫瑰一种如黄豆、绿豆大者，则红、碧、青、黄数色皆具。宝石有玫瑰，如珠之有玑也。星汉砂以上，犹有煮海金丹。此等皆西番产，亦间气出。滇中井所无。

时人伪造者，唯琥珀易假。高者煮化硫黄，低者以殷红汁料煮入牛羊明角，映照红赤隐然，今亦

剖面

賣井

开采宝石

大多数宝石都在地下较深的地方，下井的人用长绳绑住腰，腰间系两个叉口袋，到井底有宝石的地方，随手将宝石赶快装入袋内。腰间系一个大铃铛，一旦宝气逼得人承受不住的时候，就急忙摇晃铃铛，井上的人就立即拉粗绳把他提上来。

最易辨认（琥珀磨之有浆）。至引灯草，原惑人之说，凡物借人气能引拾轻芥[1]也。自来《本草》陋妄，删去毋使灾木。

【译文】

　　宝石都产自矿井中，其产地以我国西部地区新疆一带为最多。中原地区就只有云南金齿卫（澜沧江到保山一带）和丽江两个地方出产宝石。宝石不论大小，外面都有石床包裹，就像玉被璞石包住一样。金银都是在土层底下经过恒久的变化而形成的。但宝石却不是这样，它是从井底直接面对天空，吸取日月的精华而形成的，因此能够闪烁光彩。这跟玉产自湍流之中，珠孕育在深渊水底的道理是相同的。

　　出产宝石的矿井，即便很深，其中也是没有水的，这是大自然的刻意安排。但井中有宝气就像雾一样弥漫着，这种宝气人呼吸的时间久了多数都会致命。因此，采集宝石的人通常是十多个人一起合伙，下井的人分得一半宝石，井上的人分得另一半宝石。下井的人用长绳绑住腰，腰间系两个叉口袋，到井底有宝石的地方，随手将宝石赶快装入袋内（宝石井里一般不藏有蛇虫）。腰间系一个大铃铛，一旦宝气逼得人承受不住的时候，就急忙摇晃铃铛，井上的人就立即拉粗绳把他提上来。这时，人即便没有生命危险，但也已经昏迷不醒了。只能往他嘴里灌一些白开水来解救，三天内都不能吃东西，然后再慢慢加以调理康复。口袋里的宝石，大的像碗，中等的像拳头，小的像豆子，但从表面上看不出里面是什么样子。交给琢工锉开后，才知道是什么宝石。

　　属于红色和黄色的宝石有：猫精、鞓鞨芽、星汉砂、琥珀、木难、酒黄、喇子等。猫精石是黄色而稍带些红色。最贵的琥珀叫瑿（音依，价值是黄金的五倍），红中而微带黑色。但在白天看起来

宝气饱闷

　　采宝石的人面对的危险就是出产宝石的矿井中的宝气，如果吸入过多的话，十分危险。如果被宝气闷晕，要往他嘴里灌一些白开水，三天内不要吃东西，然后再慢慢加以调理康复。

1.引拾轻芥：吸附轻微的东西。

却是黑色的，在灯光下看起来却很红。木难纯属黄色，喇子纯属红色。从前不知哪个随口妄言的人在"松树"条目下加注茯苓，又注释为琥珀，真是浅薄可笑！

属于蓝色和绿色的宝石有：瑟瑟珠、祖母绿、鸦鹘石、空青（空青在内层，曾青在外层）等。至于玫瑰宝石，则像黄豆或绿豆大小，红色、绿色、蓝色、黄色，各色俱全。宝石中有玫瑰，就像珠中有玑一样。比星汉砂高一级的，还有一种名为煮海金丹的。这些宝石都出产自我国的西部地区，偶然也有随着宝气而出现的，云南中部的矿井中并不出产这类宝石。

现在的人们伪造宝石，只有琥珀最容易造假。高明的造假者用硫黄熬煮，手段低劣的用黑红色的染料煮熬牛角、羊角胶，映照之下隐约可见红光，但现在看来也最容易辨认（琥珀研磨后有浆）。至于说琥珀能够吸引小草，那是骗人的说法，物体只有借助人的气息才能吸引轻微的东西。从《神农本草经》开始就有不少荒诞错漏之处传世，这些都应当删去，省得浪费雕版刻印书的木料。

玉 玉石

【原文】

凡玉入中国，贵重用者尽出于阗[1]（汉时西国号，后代或名别失八里[2]，或统服赤斤蒙古[3]，定名未详）葱岭[4]。所谓蓝田[5]，即葱岭出玉别地名，而后世误以为西安之蓝田也。其岭水发源名阿耨山，至葱岭分界两河，一曰白玉河，一曰绿玉河。后晋人高居诲作《于阗国行程记》[6]载有乌玉河[7]，此节则妄也。

玉璞不藏深土，源泉峻急激映而生。然取者不于所生处，以急湍无着手。俟其夏月水涨，璞随湍流徙，或百里，或二三百里，取之河中。凡玉映月精光而生，故国人沿河取玉者，多于秋间明月夜，望河候视。玉璞堆聚处，其月色倍明亮。凡璞随水流，仍错杂乱石浅流之中，提出辨认而后知也。

白玉河流向东南，绿玉河流向西北。亦力把里[8]地，其地有名望野者，河水多聚玉。其俗以女人赤身没水而取者，云阴气相召，则玉留不逝，易于捞取，

1.于阗：今新疆西南部的和田，汉唐至宋明称于阗，元代称斡端，自古产玉。2.别失八里：今新疆东北部乌鲁木齐市附近，元代于此地置宣慰司、都元帅府。别失为"五"，八里为"城"，故别失八里意为"五城"，这里并非于阗。确切地说，于阗所在的新疆，明代称亦力把里。3.赤斤蒙古：明代于今甘肃玉门一带设赤斤蒙古卫，亦非于阗所属。确如作者所自称，他没有弄清地名及地点。4.葱岭：今新疆昆仑山东部产玉地区，于阗便在这一地区。5.蓝田：西安附近的蓝田一带古曾产玉，新疆境内并无蓝田之地名。6.原文为"晋人张匡邺作《西域行程记》"，误。查《新五代史·于阗传》，载五代时后晋供奉官张匡邺、判官高居诲于天福三年（938）使于阗。高居诲作《于阗国行程记》言三河产玉事。此书非张匡邺作，且作者亦非晋人。为免再以讹传讹，此处做了校改。7.乌玉河：十世纪时在新疆旅行的高居诲，在《于阗国行程记》中载产玉之河有白玉河、乌玉河及绿玉河，属正确记载。这些河均为塔里木河支流，发源于昆仑山。8.原文作"亦力把力"，今改为"亦力把里"。亦力把里，包括今新疆大部分地区。

此或夷人之愚也。（夷中不贵此物，更流数百里，途远莫货，则弃而不用。）

凡玉唯白与绿两色。绿者中国名菜玉。其赤玉、黄玉之说，皆奇石、琅玕之类，价即不下于玉，然非玉也。凡玉璞根系山石流水，未推出位时，璞中玉软如棉絮，推出位时则已硬，入尘见风则愈硬。谓世间琢磨有软玉，则又非也。凡璞藏玉，其外者曰玉皮，取为砚托之类，其值无几。璞中之玉有纵横尺余无瑕玷者，古者帝王取以为玺。所谓连城之璧，亦不易得。其纵横五六寸无瑕者，治以为杯斝，此亦当世重宝也。

此外唯西洋琐里[1]有异玉，平时白色，晴日下看映出红色。阴雨时又为青色，此可谓之玉妖[2]，尚方有之。朝鲜西北太尉山有千年璞，中藏羊脂玉，与葱岭美者无殊异。其他虽有载志，闻见则未经也。凡玉由彼地缠头回（其俗人首一岁裹布一层，老则

于阗国的白玉河

　　古代人认为玉感受月之精光而生，所以沿河取石多在秋天明月之夜，守在河处观察。含玉之石堆聚的地方，就显得那里的月光倍加明亮。

1.西洋琐里：《明史·外国传》有西洋琐里之名，在今印度科罗曼德尔海沿岸。2.玉妖：一种异玉，可能指金刚石。

臃肿之甚，故名缠头回子。其国王亦谨不见发。问其故，则云见发则岁凶荒，可笑之甚）或溯河舟，或驾橐驼，经庄浪入嘉峪，而至于甘州与肃州。中国贩玉者，至此互市而得之，东入中华，卸萃燕京。玉工辨璞高下定价，而后琢之（良玉虽集京师，工巧则推苏郡）。

凡玉初剖时，冶铁为圆盘，以盆水盛沙，足踏圆盘使转，添沙剖玉，逐忽划断。中国解玉沙，出顺天玉田与真定邢台两邑，其沙非出河中，有泉流出，精粹如面，藉以攻玉，永无耗折。既解之后，别施精巧工夫，得镔铁刀者，则为利器也（镔铁亦出西番哈密卫砺石中，剖之乃得）。

凡玉器琢余碎，取入钿花用。又碎不堪者，碾筛和灰涂琴瑟，琴有玉音，以此故也。凡镂刻绝细处，难施锥刃者，以蟾酥填画而后锲之。物理制服，殆不可晓。凡假玉以砆碔充者，如锡之于银，昭然易辨。近则捣春上料白瓷器，细过微尘，以白敛诸汁调成为器，干燥玉色烨然，此伪最巧云。

凡珠玉、金银，胎性相反。金银受日精，必沉埋深土结成。珠玉、宝石受月华，不受土寸掩盖。

葱嶺陰　　　　　緑玉河

亦把力力国

于阗国的绿玉河

于阗葱岭有两条河，一条是白玉河，流向东南，一条是绿玉河，流向西北，河里盛产白玉和青玉，每年在暴涨的山洪消退之后，于阗国的人就会去河水中捞取山水冲下的美玉。

琢玉

剖玉时，用铁做个圆形转盘，将水与沙放入盆内，用脚踏动圆盘旋转，再添沙剖玉，一点点把玉划断。玉石剖开后，再用一种利器镔铁刀施以精巧工艺制成玉器。

宝石在井上透碧空，珠在重渊，玉在峻滩，但受空明、水色盖上。珠有螺城，螺母居中，龙神守护，人不敢犯。数应入世用者，螺母推出人取。玉初孕处，亦不可得。玉神推徙入河，然后恣取，与珠宫同神异云。

【译文】

贩运到中原内地的玉，贵重的都出在于阗（汉代时西域的一个地名，后代叫别失八里，或属于赤斤蒙古，具体名称未详）的葱岭。所谓蓝田，是出玉的葱岭的另一地名，而后世误以为是西安附近的蓝田。葱岭的河水发源于阿耨山，流到葱岭后分为两条河，一条叫白玉河，一条叫绿玉河。后晋人高居诲作《于阗国行程记》载有乌玉河，这段记载是错误的。

含玉的石不藏于深土，而是在靠近山间河源处的急流河水中激映而生。但采玉的人并不去原产地采，因为河水流急而无从下手。待夏天涨水时，含玉之石随湍流冲至一百里或二三百里处，再在河中采玉。玉是感受月之精光而生，所以当地人沿河取石多是在秋天明月之夜，守在河处观察。含玉之石堆聚的地方，就显得那里的月光倍加明亮。含玉的璞石随河水而流，免不了要夹杂些浅滩上的乱石，只有采出来经过辨认后才知何者为玉、何者为石。

　　白玉河流向东南，绿玉河流向西北。亦力把里地区有个地方叫望野，附近河水多聚玉。当地的风俗是由妇女赤身下水取玉，据说是由于受妇女的阴气相召，玉就会停而不流，易于捞取，这或可说明当地人不明事理。当地并不看重此物，如果沿河再过数百里，路途远，卖不出去，便弃而不用。

　　玉只有白、绿两种颜色，绿玉在中原地区叫菜玉。所谓赤玉、黄玉之说，都指奇石、琅玕（似玉的美石）之类，虽然价钱不下于玉，但终究不是玉。含玉之石产于山石流水之中，未剖出时璞中之玉软如绵絮，剖露出来后就已变硬，遇到风尘则变得更硬。世间有所谓琢磨软玉的，这又错了。玉藏于璞中，其外层叫玉皮，取来作砚和托座，值不了多少钱。璞中之玉有纵横一尺多而无瑕疵的，古时帝王用以作印玺。所谓价值连城之璧，亦不易得。纵横五六寸而无瑕的玉，用来加工成酒器，这在当世已经是重宝了。

　　此外，只有西洋琐里产有异玉，平时白色，晴天在阳光下显出红色，阴雨时又成青色，这可谓之玉妖，宫廷内才有这种玉。朝鲜西北的太尉山有一种千年璞，中间藏有羊脂玉，与葱岭所出的美玉没有什么不同。其余各种玉虽书中有记载，但笔者未曾见闻。玉由葱岭的缠头的回族人（其风俗是男人经年在头部裹一层布，故名缠头回人。其上层统治者也是不将头发露在外面，问其原因，则说一露头发就会年成不好，这种习俗很好笑）或者是沿河乘船，或者是骑骆驼，经庄浪卫运入嘉峪关，而到甘肃甘州（今张掖）、肃州（今酒泉）。内地贩玉的人来到这里从互市而得到玉后，再向东运，一直会集到北京卸货。玉工辨别玉石等级而定价后开始琢磨（良玉虽集中于北京，但琢玉的工巧则首推苏州）。

　　开始剖玉时，用铁做个圆形转盘，将水与沙放入盆内，用脚踏动圆盘旋转，再添沙剖玉，一点点把玉划断。剖玉所用的沙，在内地出自顺天府玉田（今河北玉田）和真定府邢台（今河北邢台）两地，此沙不是产于河中，而是从泉中流出的细如面粉的细沙，用以磨玉永不耗损。玉石剖开后，再用一种利器镔铁刀施以精巧工艺制成玉器（镔铁也出于新疆哈密的类似磨刀石的岩石中，剖开就能炼取）。

　　琢磨玉器时剩下的碎玉，可取来做钿花。碎不堪用的则碾成粉，过筛后与灰混合来涂琴瑟，由此使琴有玉器的音色。雕刻玉器时，在细微的地方难以下锥刀，就以蟾蜍汁填画在玉上，再以刀刻。这种一物克一物的道理很难弄清。用硵碱冒充假玉，有如以锡充银，很容易辨别。最近有将上料白瓷器捣得极碎，再用白蔹等汁液调和成器物，干燥后有发光的玉色，这种作伪方法最为巧妙。

　　珠玉与金银的生成方式相反。金银受日精，必定埋在深土内形成；而珠玉、宝石则受月华，不要一点儿泥土掩盖。宝石在井中直透青空，珠在深水里，而玉在险峻湍急的河滩，但都受着明亮的天空或河水覆盖。珠有螺城，螺母在里面，由龙神守护，人不敢犯。那些注定应用于世间的珠，由螺母推出供人取用。在原来孕玉的地方，也无法令人接近。只有由玉神将其推迁到河里，才能任人采取，与珠宫同属神异。

附：玛瑙[1] 玛瑙

【原文】

凡玛瑙非石非玉，中国产处颇多，种类以十余计。得者多为簪度、钩（音扣）结[2]之类，或为棋子，最大者为屏风及棹面。上品者产宁夏外徼羌地砂碛中，然中国即广有，商贩者亦不远涉也。今京师货者多是大同、蔚州九空山、宣府四角山所产，有夹胎玛瑙[3]、截子玛瑙[4]、锦江玛瑙[5]，是不一类。而神木、府谷出浆水玛瑙[6]、缠丝玛瑙[7]，随方货鬻，此其大端云。试法以砑木不热者为真。伪者虽易为，然真者值原不甚贵，故不乐售其技也。

【译文】

玛瑙，既不是石，也不是玉。中国出产玛瑙的地方很多，有十几个种类。所得到的玛瑙，多用做发髻上别的簪子和衣扣之类，或者做棋子，最大的做屏风及桌面。上等玛瑙产于宁夏塞外羌族地区的沙漠中，但内地也到处都有，商贩不必去那样远贩运。现在在北京所卖的，多产于山西大同、河北蔚县九空山及宣化的四角山，有夹胎玛瑙、截子玛瑙、锦江玛瑙，种类不一。而陕西神木与府谷所产的是浆水玛瑙、缠丝玛瑙，就地卖出，这是大致情况。辨试的方法是用木头在玛瑙上摩擦，不发热的是真品。伪品虽容易做，但真品价钱原来就不怎么高，所以人们也就不愿意多费手脚了。

附：水晶 水晶

【原文】

凡中国产水晶，视玛瑙少杀，今南方用者多福建漳浦产（山名铜山）北方用者多宣府黄尖山产，中土用者多河南信阳州（黑色者最美）与湖广兴国州（潘家山）产，黑色者产北不产南。其他山穴本有之而采识未到，与已经采识而官司厉禁封闭（如广信惧中官开采之类）者尚多也。凡水晶出深山穴内瀑流石罅之中，其水经晶流出，昼夜不断，流出洞门半里许，其面尚如油珠滚沸。凡水晶未离穴时如棉软，见风方坚硬。琢工得宜者，就山穴成粗坯，然后持归加功，省力十倍云。

1.玛瑙：玛瑙用作次等宝石，有许多种类，实际上它既是石又是玉，或介于石玉之间。2.原文作"钩结"，与原注"音扣"相违。疑此为"钿（音同扣）结"，钿又为扣之异体字，则实为"扣结"，即纽扣。3.夹胎玛瑙：正视莹白、侧视血红色的一物二色的玛瑙。4.截子玛瑙：黑白相间的玛瑙。5.锦江玛瑙：有锦花的红玛瑙。原文作"锦红玛瑙"，查作者所引《本草纲目》卷八《玛脑》条，则作"绵江马瑙"，故从《本草纲目》校改。6.浆水玛瑙：有淡水花的玛瑙。7.缠丝玛瑙：有红、白丝纹的玛瑙。原文为"锦缠玛瑙"，当为"缠丝玛瑙"，盖因作者引《本草纲目》时将上下文做了错误断句所致。

【译文】

  中国水晶的产量要比玛瑙少一些。现在南方所用的水晶多是福建漳浦（当地的山叫铜山）所产的；北方所用的多是河北宣化的黄尖山所出产的；中原用的，产地多是河南信阳（黑色的最美）与湖北兴国（今阳新潘家山）一带地区。黑色的水晶产于北方，南方没有。其余地方山穴中本来就有；或已经发现并被开采；而有些受到了官方的管制，严禁开采并被封闭（例如江西广信地区惧怕宫里派的宦官盘削而停采等），这种情况并不在少数。水晶产于深山洞穴之中的瀑布、石缝内。瀑布昼夜不停地冲刷着水晶。冲刷后的水就算流出洞口半里左右，水面上还会像油珠那样翻花。水晶没有离开洞穴前是绵软的，只有经过风吹后才会变得坚硬。琢工为了方便，在山穴就地制成粗坯，带回去后再进行加工，可节省很多人力。

附：琉璃 琉璃

【原文】

  凡琉璃石[1]，与中国水精、占城[2]火齐[3]其类相同，同一精光明透之义。然不产中国，产于西域。其石五色皆具，中华人艳之，遂竭人巧以肖之。于是烧瓴甋转釉成黄绿色者曰琉璃瓦。煎化羊角为盛油与笼烛者为琉璃碗。合化硝、铅写珠铜线穿合者为琉璃灯。捏片为琉璃瓶袋（硝用煎炼上结马牙者）。各色颜料汁任从点染。凡为灯、珠皆淮北齐地人，以其地产硝之故。

【译文】

  琉璃石与中国水晶，以及占城的火齐都是同类，有着光亮透明的外观。琉璃产于新疆及其以西的地区，中原内陆是没有的。这种石五色俱全，很受国内人的喜欢于是有人开始竭尽能工巧事来仿制。于是便出现了在烧成的砖瓦上挂上琉璃石釉料而制成的黄、绿颜色的琉璃瓦。将琉璃石与羊角一同煎化，便制成了琉璃碗，可以用以盛油或做灯罩。将羊角、硝石、铅与用铜线穿起来的火齐珠合在一起炼化，就能制成琉璃灯。用上述材料烧炼后，还可捏制成薄片，制成琉璃瓶。在这些制作过程中所用硝石应选用煎炼时结在上面的马牙硝。在制作过程中还可用各种颜料汁将材料染成任意颜色。因为淮北和山东一带地区出产硝石，所以制造琉璃灯和琉璃珠的都是淮北人和山东人。

1.琉璃石：从上下文义观之，此处指烧造玻璃及玻璃釉质（琉璃瓦釉）所需的矿石，主要是石英等含二氧化硅的矿石。2.占城：占婆，古称林邑，越南中南部的古地名。3.火齐：此处作者指水晶珠。

后记

【原文】

凡硝见火还空，其质本无，而黑铅为重质之物。两物假火为媒，硝欲引铅还空，铅欲留硝住世，和同一釜之中，透出光明形象。此乾坤造化隐现于容易地面。《天工》卷末，着而出之。[1]

【译文】

硝石经过灼烧后就会分解消失，其原来成分便不再存在。黑铅是重质之物。将硝和黑铅两种物质放在一起，将火作为媒介，两者之间就会发生变化，硝会消失，而铅在与硝的结合过程中保留了自己。如果将二者与琉璃石、羊角等放在同一釜中烧炼，就会得到透明发光的玻璃。这是天地自然规律在地面上的体现。在《天工开物》卷末，特地记录于此。

1.此段意在解释以硝石与铅制玻璃质的机理，但原文未提琉璃石、羊角等物，可是没有后者，只靠硝、铅两种物质是造不出玻璃质的。